信息技术人才培养系列规划教材

粤嵌

Python
程序设计入门与实战 微课版

粤嵌教育教材研发中心◎策划

张毅恒 叶文强◎主编

丁凡 王利利 田刚 闵虎 赵仲殷◎副主编

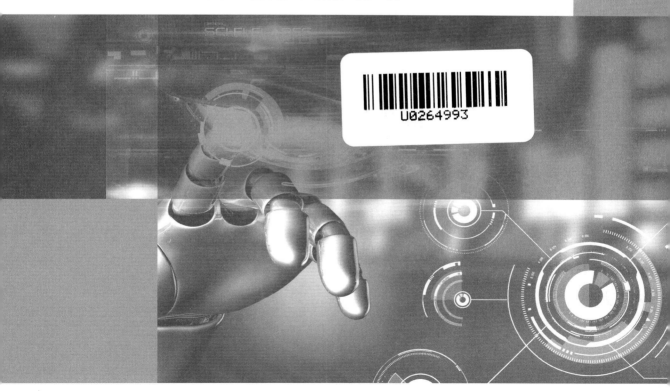

U0264993

人民邮电出版社
北京

图书在版编目（CIP）数据

Python程序设计入门与实战：微课版 / 张毅恒，叶文强
主编. -- 北京：人民邮电出版社，2022.11（2023.10重印）
信息技术人才培养系列规划教材
ISBN 978-7-115-55344-7

Ⅰ. ①P… Ⅱ. ①张… ②叶… Ⅲ. ①软件工具—程序
设计—教材 Ⅳ. ①TP311.561

中国版本图书馆CIP数据核字（2020）第228161号

内 容 提 要

本书主要从零基础读者的角度出发，通过简单易懂的语言讲解知识，内容图文并茂，知识点由浅入深，案例丰富。全书共分为 12 章，内容包括 Python 环境搭建、Python 变量命名规范、Python 中的各种数据类型、流程控制语句、继承、多态、类与方法、文件的读写、文件的编码、正则表达式、栈、堆、链表、树、查找算法、排序算法、递归算法和五子棋对战项目等。本书配有丰富的课后习题，能快速帮助读者提高编程水平，提升对问题的思考能力和解决能力。

本书可作为本科和高职院校 Python 相关课程的教材，也可供 Python 语言初学者、爱好者和相关培训机构使用。

◆ 主　　编　张毅恒　叶文强
　　副主编　丁　凡　王利利　田　刚　闵　虎　赵仲殷
　　责任编辑　张　斌
　　责任印制　王　郁　陈　犇
◆ 人民邮电出版社出版发行　　北京市丰台区成寿寺路 11 号
　　邮编　100164　电子邮件　315@ptpress.com.cn
　　网址　https://www.ptpress.com.cn
　　北京市鑫霸印务有限公司印刷
◆ 开本：787×1092　1/16
　　印张：18.5　　　　　　　　　2022 年 11 月第 1 版
　　字数：469 千字　　　　　　　2023 年 10 月北京第 2 次印刷

定价：69.80 元

编审委员会

当今世界，综合国力的竞争就是人才的竞争。当前，我们比历史上任何时期都更加接近实现中华民族伟大复兴的宏伟目标，也比历史上任何时期都更加渴求人才。我国实现高水平科技自立自强，归根结底要靠高水平创新型人才。这就要求我们要更加重视人才自主培养，努力造就一批具有世界影响力的顶尖科技人才，努力培养更多高素质技术技能人才、能工巧匠、大国工匠。

我们要明确人才培养目标，完善质量测评体系。"更加重视科学精神、创新能力、批判性思维的培养培育"是国家对培养创新型人才提出的明确要求。我们应加快完善以学生为中心的高等教育质量测评体系，更加关注学生的学习过程、学习经验以及学习效果，有效激发学生创新意识与发展潜能，实现培养目标与学生发展相统一。

我们要不断创新人才培养模式，强化科学精神和创造性思维培养；坚持以人为本，结合科教融合、校企联合等模式的实施，建立"全方位、开放式、层次化"的培养模式；通过丰富的创新项目，培养造就一大批熟悉行业应用、具备科技创新能力的青年科技人才。

粤嵌科技是教育部产学合作协同育人项目合作单位、教育部 1+X 职业教育培训评价组织。粤嵌科技创立于 2005 年，是 IT 技术产品研发及教育服务机构，为业界提供全面的 IT 技术服务和产品。近年来，粤嵌科技为多所高校量身打造产业学院课程，与高校教师一起组建双师双创型师资队伍，共同商定应用型特色专业规划、制定人才培养标准及建设一体化实践实训平台，为学生提供优良的实践条件及真实工程项目。另外，粤嵌科技组织了多次"粤嵌杯"大学生创新创业大赛，为高校学生提供了一个学以致用、理论联系实际、发挥自我创造力的平台。

经过多年的发展，粤嵌科技具备了在 IT 技术自主创新方面的优势和能力，积累了嵌入式、Java 全栈+大数据、HTML5 前端、UI 设计、网络工程、Python 人工智能、Unity 游戏开发等多个方向的教学资源，并组织编写了本系列教材。

一套好的教材，是人才培养的基础，也是教学质量的重要保障。本系列教材的出版，是粤嵌科技在人才培养领域的重要举措，是粤嵌科技各位讲师多年教学经验的结晶和成果。在此，我向各位作者表示衷心的感谢！并希望本系列教材能够帮助读者解决在学习和工作中遇到的困难，能够为读者提供更多的启发和帮助，为读者的成功添砖加瓦。

粤嵌科技董事长　钟锦辉

2022 年 5 月

前言 INTRODUCTION

Python 语言是当前较为活跃的开发语言，它在爬虫、数据分析、自动化运维等领域有着非常广泛的应用。随着大数据时代的来临，Python 迎来前所未有的发展机遇。

目前越来越多高等院校的计算机相关专业都开设了"Python 程序设计"这门课程。作为这样一门实践性较强的课程，需要读者更多地上机编程。本书以培养读者动手能力为目的，提供了大量程序清单和相应的内存分析原理，并配有习题以供读者巩固所学知识，帮助读者掌握编程技术，以解决实际的技术问题。

本书内容

本书将 Python 从入门到实战所需要的知识点分为 5 篇 12 章进行讲解，具体内容如下。

第一篇：基础篇（第 1～5 章）。本篇主要阐述 Python 的发展史，介绍开发环境，普及一些计算机的基本原理，介绍 Python 的命名规范、基本语法、Python 中的各种数据类型、流程控制语句、Python 函数等内容，目的是使读者快速掌握 Python 环境的搭建方法并选择合适的编译工具，掌握基本的语法规则，为项目的开发打下必要的基础。

第二篇：面向对象篇（第 6 章）。本篇主要介绍面向对象的思想，让读者对继承、多态、类与方法有深入的理解。通过本篇的学习，读者将对面向对象有基本的认识，能够理解类、对象、面向对象的基本特征以及面向对象与面向过程的异同。

第三篇：高级篇（第 7～9 章）。本篇主要介绍如何捕获异常和处理异常，文件的读写、序列化与反序列化和编码问题，常用正则函数、正则模式的特殊字符等。通过本篇的学习，读者将能理解编译时异常及运行时异常的异同，了解如何处理异常，掌握外部文件读写的方法，对编码的概念有基本的了解，并可以掌握更强大的字符串检索方法。

第四篇：数据结构与算法篇（第 10～11 章）。本篇介绍了常用的数据结构与算法，包括栈、堆、链表、树、查找算法、排序算法和递归算法等。通过本篇的学习，读者可以对一些较复杂的数据进行整理和归类，并根据项目实际场景选择合适的算法对数据进行快速的搜索和排序。

第五篇：实战篇（第 12 章）。本篇详细介绍如何开发一个五子棋对战项目。通过本篇的学习，读者可以完成一个锻炼思维的经典项目。

本书特点

- **图文并茂，由浅入深**。本书主要以 Python 语言编程的初学者为对象。首先，从 Python 语言基础讲起，生动详细地讲解各个知识点；其次，讲解 Python 语言的面向对象、异常处理、文件、正则等核心内容；最后，讲解 Python 语言中的数据结构、算法、实战项目等高级技术。本书以图文并茂、由浅入深的方式讲解内容，重难点内容配有视频讲解，可使读者在学习时一目了然，快速地掌握相关知识。

- **案例充足，动手实践**。动手实践是学习编程最有效的方式之一。本书中的重点知识点都以案例进行讲解，代码完善，注释齐全。读者通过动手实践，可以进一步加强对知识点和代码的理解。

- **课后习题，巩固知识**。本书每章（除第 12 章）都包含丰富的课后习题，基本涵盖所在章的知识点，让读者对本章所学内容进行全面的巩固。习题的题型多样，包括选择、填空、编程等，可使读者进一步加强动手能力和思考能力。习题答案、代码等相关的配套资源可登录人邮教育社区（www.ryjiaoyu.com）下载。

致谢

感谢在粤嵌公司参与 Python 课程学习的同学们，他们在学习过程中与笔者有很多讨论，这些讨论帮助笔者讲清了很多重要的问题。感谢参与授课工作的各位老师，他们对本书的内容和编排提出了很好的建议。感谢粤嵌公司的各位领导，他们给笔者提供了足够大的平台和足够多的资源，使本书得以成型。最后，希望得到读者的意见和反馈，在此表示感谢。

张毅恒

2022 年 3 月

目 录 CONTENTS

第一篇 基础篇

1

第二篇　面向对象篇

第三篇　高　级　篇

第四篇　数据结构与算法篇

第五篇　实　战　篇

第一篇

基　础　篇

01 第1章 Python简介

学习目标

- 了解 Python 发展史。
- 了解 Python2 与 Python3 的区别。
- 掌握 Python 开发环境的搭建和使用方法。

本章首先介绍 Python 的概念及其发展历史，然后介绍 Python2 和 Python3 这两个版本的主要区别，接着介绍 Python 开发环境的搭建，最后介绍 Python 程序的编写和运行。

1.1 Python 概述

Python 是一种跨平台的计算机程序设计语言，是一个结合了解释性、编译性、互动性和面向对象的脚本语言。Python 的创始人是吉多·范罗苏姆（Guido van Rossum）。1989 年，他为了打发圣诞节假期，决定开发一个新的脚本解释程序，以作为 ABC 语言的一种继承。Python 这个名字就来源于吉多喜欢的一部电视剧 *Monty Python's Flying Circus*。

ABC 语言是由吉多参与设计的一种教学语言，其设计目标是"让用户感觉好用"。吉多设计 ABC 语言的初衷是让语言本身变得容易阅读、容易使用、容易记忆，并能激发人们对编程的兴趣。但是 ABC 语言并没有取得成功，吉多认为没成功的原因是 ABC 语言不具有开放性。他决定在 Python 中避免这一错误。

就这样，Python 诞生了。Python 结合了 C 语言和 Shell 的编程习惯。Python 的编译器是用 C 语言实现的，并且能够调用 C 语言的库文件。Python 诞生时就已经具有字典、类、函数、异常处理等核心概念。Python 的很多语法来源于 C 语言，如等号赋值等，这些现在都是编程语言的常识。同时 Python 又受到 ABC 语言的影响，如强制缩进，这些语法规定可以让 Python 容易被理解。

Python 最初由吉多本人开发，后来逐渐受到吉多同事们的欢迎，他们开始参与到 Python 的改进中，并构成了 Python 的核心团队。Python 将很多机器层面的细节隐藏并交给编译器处理，语言本身更侧重逻辑层面的编程思考。Python 程序员可以把更多时间放到程序逻辑的思考，而不是具体实现细节上。该特征吸引了广大的程序员，这样 Python 就开始流行起来了。

1.2　Python 的特点

由于 Python 的简洁性、易读性、可扩展性，用 Python 进行科学计算和研究的机构越来越多。很多开源的科学软件包都提供了 Python 的调用接口，包括计算机视觉库 OpenCV、三维可视化库 VTK 等。Python 专用的科学计算库常见的有 NumPy、Pandas、Matplotlib，可以为 Python 提供矩阵处理、数值运算、绘图等功能。因此 Python 特别适合科学研究人员处理实验数据、制作图表、运行机器学习算法等。

Python 目前已经成为非常受欢迎的程序设计语言之一。特别是人工智能时代的来临，进一步稳固了 Python 在编程语言中的地位。在近年的 TIOBE 编程语言排行榜上，Python 始终处于领先的位置，如图 1.1 所示。

Mar 2022	Mar 2021	Change	Programming Language	Ratings	Change
1	3	^	Python	14.26%	+3.95%
2	1	v	C	13.06%	-2.27%
3	2	v	Java	11.19%	+0.74%
4	4		C++	8.66%	+2.14%
5	5		C#	5.92%	+0.95%
6	6		Visual Basic	5.77%	+0.91%
7	7		JavaScript	2.09%	-0.03%
8	8		PHP	1.92%	-0.15%
9	9		Assembly language	1.90%	-0.07%
10	10		SQL	1.85%	-0.02%

图 1.1　TIOBE 编程语言排行榜

1.3　Python2 和 Python3 的区别

Python 常见的有两个版本，一个是 Python 2.x 版本（简称“Python2”），另一个是 Python 3.x 版本（简称“Python3”）。这两个版本有一些语法上的差异，是不兼容的。2020 年，Python 官方终止了对 Python 2.7 版本（最后一个 Python 2.x 版本）的支持。目前大部分公司都基于 Python3 的环境来进行开发，本书也以 Python3 为基础来进行介绍，本书中的实例都是基于 Python 3.8.2 版本来进行编写的。

尽管 Python2 已退出历史舞台，但仍有一些公司在使用 Python2 开发程序，而且也有读者需要把基于 Python2 编写的程序移植到 Python3 的环境中，因此我们有必要去了解 Python 两个版本之间的区别。

1. print()函数

Python2 中的 print 是关键字，print 后面不需要圆括号。

Python3 中的 print 变成了函数，因此需要使用圆括号把要输入的信息括起来。如果 Python3 中使用 print 时不写括号，则会报告 SyntaxError，即语法错误。

2. 除法

Python2 中用除法运算符“/”进行的除法运算并没有保留小数部分（向下取整），如 Python2 中 7/2 运算的结果为 3。

Python3 中的"/"运算符表示保留小数部分的除法，例如 7/2 运算的结果为 3.5。另外 Python3 还提供了"//"运算符，表示不保留小数部分的除法（向下取整），例如 7//2 运算的结果为 3。

3. xrange()函数

Python2 中用于创建一个序列的有 range()和 xrange()两个函数，它们都可以用在 for 循环中。区别在于：range()函数直接返回列表，而 xrange()函数则返回一个可迭代的对象。一般情况下，xrange()函数用于循环的性能比 range()函数要好。

Python3 中则只有 range()函数，实现方式与 Python2 的 xrange()函数相同。但 Python3 中不存在 xrange()函数。

4. 编码问题

Python 中有两种表示字符序列的类型，分别是 bytes 和 str。其中 bytes 表示长度为 8 位的二进制数值，而 str 则表示 unicode 字符。

Python2 中的字符串默认为 bytes 类型。如果需要使用 unicode，则必须在字符串前面加一个前缀 u。

Python3 中的字符串默认为 str 类型，即 unicode 字符。如果要使用 bytes，则必须在字符串前面加一个前缀 b。

5. 异常

Python2 的异常处理 except 子句中，异常类和异常对象间使用逗号分隔。

Python3 的异常处理 except 子句中，异常类和异常对象间使用关键字 as 分隔。

6. 读取终端输入

Python2 中读取用户终端输入有 input()和 raw_input()两个函数。这两个函数的区别在于：input()函数接收的输入必须是表达式，而 raw_input()函数会把输入的任何内容都当作字符串来处理。

Python3 中则只有 input()函数，实现方式与 Python2 的 raw_input()函数相同。但 Python3 中不存在 raw_input()函数。

1.4 搭建 Python 开发环境

搭建 Python 开发环境

在开始编程前，需要准备好相关工具。下面简单介绍如何搭建 Python 开发环境。

用户可自行在 Python 官网上下载 Python 安装工具。双击下载好的软件，安装界面底部有两个复选框，第一个已经默认勾选，可不需要理会，保持勾选状态即可；第二个复选框默认没有勾选，用户需要手动勾选，表示把 Python 安装路径添加到环境变量 PATH 中。另外系统会给 Python 软件的安装指定一个默认路径，选择"Install Now"选项即可直接开始将 Python 软件安装到该路径。如果需要将 Python 安装到一个指定路径下，可选择"Customize installation"选项，如图 1.2 所示。

弹出窗口如图 1.3 所示，这里直接单击"Next"按钮即可。

弹出窗口如图 1.4 所示，文本框中就是 Python 的默认安装路径。如果需要修改安装路径，可单击"Browse"按钮，然后选择安装路径。

这里将安装路径修改为 D:\Python\Python38，如图 1.5 所示。此时单击"Install"按钮即可开始安装。

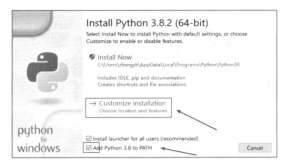

图 1.2 安装 Python

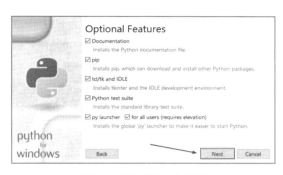

图 1.3 单击"Next"按钮

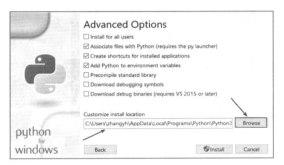

图 1.4 修改安装路径

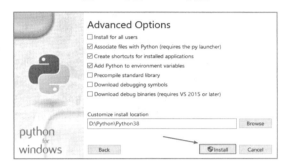

图 1.5 安装到指定路径

单击按钮后,等待安装结束即可,如图 1.6 所示。

安装完成,如果看到"Setup was successful"的字样,即表示安装成功,如图 1.7 所示。此时单击"Close"按钮即可退出安装。

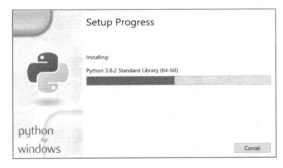

图 1.6 正在安装

图 1.7 安装成功

安装成功后,需要查看安装的程序是否能正常运行(这里以 Windows 10 操作系统为例)。右击计算机左下角的 Windows 按钮,选择"运行"选项,如图 1.8 所示。

在"打开"文本框中输入"cmd",然后单击"确定"按钮,如图 1.9 所示。

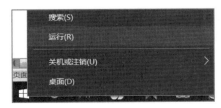

图 1.8 选择"运行"选项

图 1.9 在"打开"文本框中输入"cmd"

此时，进入 cmd 命令行界面，如图 1.10 所示。

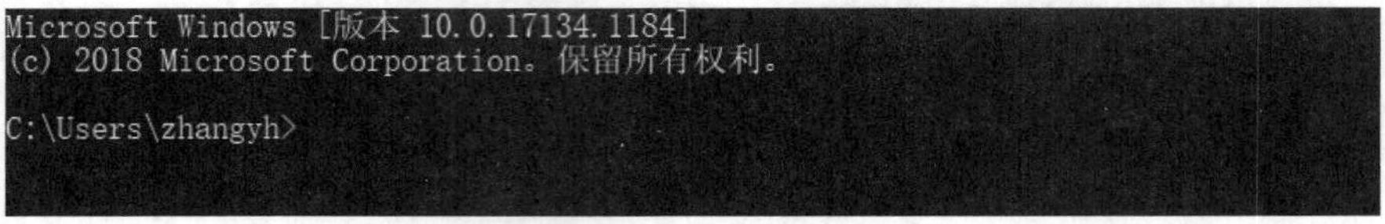

图 1.10   cmd 命令行界面

在 cmd 命令行界面中输入 "python" 并按回车键，如果进入 Python 命令行，即说明 Python 环境已经安装成功。注意 Python 命令行前面有 3 个大于号（>>>），与 cmd 命令行不同，如图 1.11 所示。

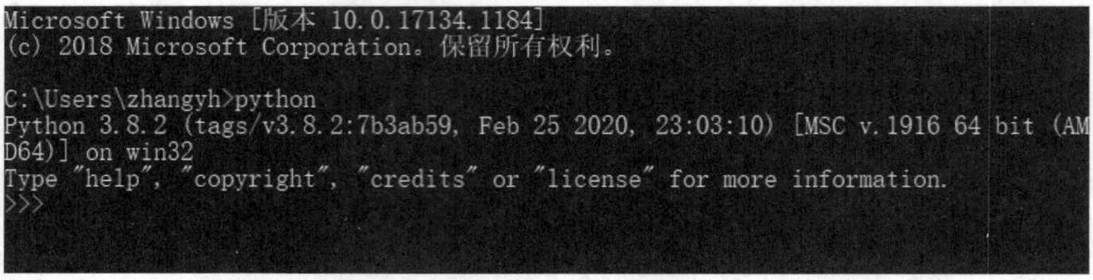

图 1.11   Python 命令行界面

1.5   第一个 Python 程序

在进入 Python 命令行后，可以输入一条输出语句：

```
print('hello')
```

如果在按回车键后输出 "hello" 字样，即说明已经可以运行简单的 Python 程序了，如图 1.12 所示。

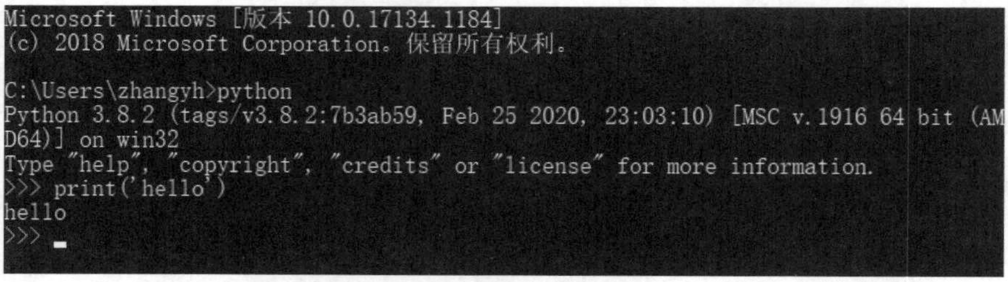

图 1.12   在 Python 命令行中运行简单的命令

当然，一般情况下 Python 命令行仅仅可以测试一些简单的功能。在实际的项目中，Python 程序有成百上千行甚至更多，全部用 Python 命令行输入不太实际，而且无法保存。我们通常需要把 Python 程序写入一个文件中。

可以使用任意一种文本编辑器编辑 Python 程序，例如 UltraEdit、EditPlus、NotePad++、Sublime 等，只要把编辑好的文件存储为扩展名为.py 的文件即可。当然也可以使用集成开发环境，例如 PyCharm。下面先用文本编辑器来编辑第一个程序。

在当前目录下新建一个文件，命名为 hello.py，然后使用文本编辑器编辑内容，具体代码参见例 1.1。

【例 1.1】输出一串字符，代码如下。

```
print('hello')
```

然后进入 cmd 命令行界面，切换到文件所在目录（例如所在目录为 D:\python\code），输入如下命令：

```
cd /d D:\python\code
```

然后用安装好的 Python 程序去执行该文件。在 cmd 命令行界面中输入如下命令：

```
python hello.py
```

如果能够顺利在终端看到输出 "hello" 字样，说明可以运行简单的 Python 程序，如图 1.13 所示。

```
Microsoft Windows [版本 10.0.17134.1184]
(c) 2018 Microsoft Corporation。保留所有权利。

C:\Users\zhangyh>cd /d D:\python\code

D:\python\code>python hello.py
hello

D:\python\code>
```

图 1.13　执行 Python 文件

由例 1.1 可以看到，在 Python 中输出一串字符比其他编程语言都要简单，只需要通过 print() 函数执行一条语句即可。

1.6　集成开发环境 PyCharm

PyCharm 是一种 Python IDE。它带有一整套可以帮助用户在使用 Python 语言开发时提高效率的功能，例如编码协助、代码分析等。PyCharm 的下载安装步骤如下。

进入 PyCharm 官网，单击 "DOWNLOAD NOW" 按钮，如图 1.14 所示。

在打开的新界面中显示了可以下载的 PyCharm 的两个版本。

① Professional：专业版，可以使用 PyCharm 的全部功能，但是收费。

② Community：社区版，可以满足 Python 开发的大多数功能，完全免费，如图 1.15 所示。

图 1.14　进入 PyCharm 官网

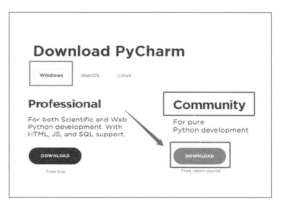

图 1.15　PyCharm 社区版下载

这里使用 Windows 操作系统的 PyCharm 社区版，单击 "Windows" 选项中 "Community" 下的 "DOWNLOAD" 按钮，在弹出的 "下载对话框" 中单击 "下载" 按钮。

下载成功后将会得到一个类似 "pycharm-community-202x.x.x.exe" 的可执行文件，双击 Community pycharm.exe 应用程序，在打开的对话框中单击"Next"按钮，进入下一个安装路径界面，如图 1.16 所示。

　　进入安装路径界面后，可自定义 PyCharm 的安装路径，如图 1.17 所示，建议程序安装路径中不要有中文。

图 1.16　PyCharm 安装

图 1.17　PyCharm 安装路径

　　选好路径并单击"Next"按钮后，跳转到 PyCharm 程序选择系统版本界面，此时需要用户自行查看系统版本。本书采用的是 64 位系统，因此勾选"64-bit launcher"复选框。再勾选另外两个复选框后，单击"Next"按钮，如图 1.18 所示。

　　进入选择开始菜单文件夹界面，此处使用默认选择即可，然后单击"Install"按钮，如图 1.19 所示。

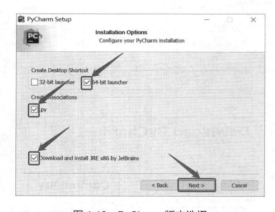
图 1.18　PyCharm 版本选择

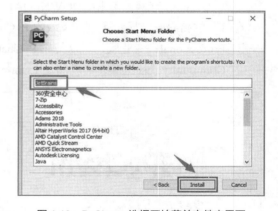
图 1.19　PyCharm 选择开始菜单文件夹界面

　　PyCharm 程序开始安装，接下来等待程序安装完成，如图 1.20 所示。

　　安装完成后，先不运行程序，因此不勾选"Run PyCharm"复选框，如图 1.21 所示。

　　至此，PyCharm 社区版安装完毕。在开始使用 PyCharm 编辑器编写程序之前，需要创建 PyCharm 项目工程。双击桌面上的 PyCharm 快捷方式图标，如图 1.22 所示。

　　进入 PyCharm 开发环境配置文件导入界面，选中"Do not import settings"（不导入）单选按钮，单击"OK"按钮，进入下一步，如图 1.23 所示。

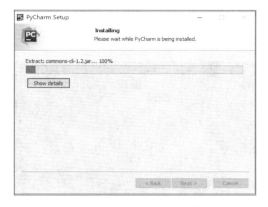

图 1.20 PyCharm 程序安装

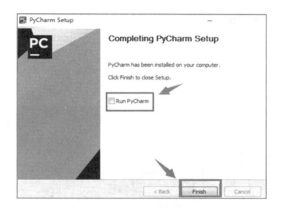

图 1.21 PyCharm 安装完成

图 1.22 双击 PyCharm 桌面图标

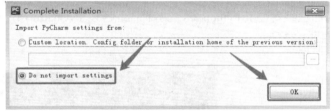

图 1.23 PyCharm 开发环境配置文件导入界面

进入主题选择界面，此处选择 "Darcula"，用户可根据个人喜好选择主题。然后单击左下角的 "Skip Remaining and Set Defaults" 按钮，其余设置使用默认设置，如图 1.24 所示。

图 1.24 PyCharm 主题选择界面

设置完成后，会出现一个绿色界面，表示 PyCharm 正在配置环境，如图 1.25 所示。

等待程序配置完毕后，选择"Creat New Project"选项，创建一个测试项目程序，如图 1.26 所示。

图 1.25　PyCharm 正在配置环境

图 1.26　PyCharm 创建项目

接下来配置项目工程的路径和解释器。路径通常指定在一个工作目录"D:\workSpace"下，因为前面已经安装了 Python 3.8 的解释器，所以 PyCharm 指定使用现有的解释器"Existing interpreter"，如图 1.27 所示。

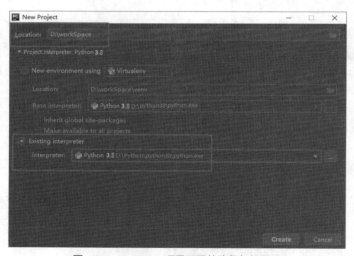

图 1.27　PyCharm 项目工程的路径与解释器

创建好项目工程之后，创建一个 Python 文件。将鼠标指针放在项目工程 workSpace 文件夹上，单击鼠标右键，在弹出快捷菜单中选择"New→Python File"选项，如图 1.28 所示。

弹出一个对话框，表示让用户为创建的文件命名，命名后单击"OK"按钮。这里创建一个 hello.py 文件，如图 1.29 所示。

创建 Python 文件，编辑代码内容，使其输出"hello world"，在代码空白处单击鼠标右键，在弹出的快捷菜单中选择"Run 'hello'"选项即可运行程序，如图 1.30 所示。

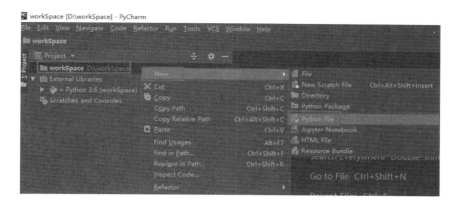

图 1.28　在 PyCharm 中创建 Python 文件

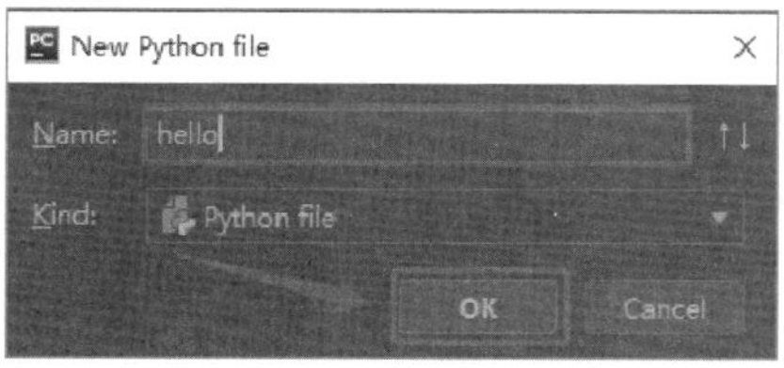

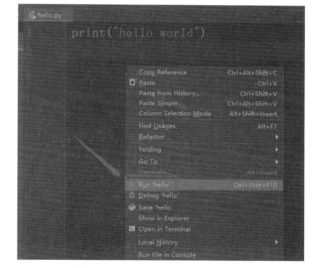

图 1.29　创建 Python 文件并输入文件名　　　　图 1.30　PyCharm 运行 Python 程序

运行程序后，得出运行结果，如图 1.31 所示。

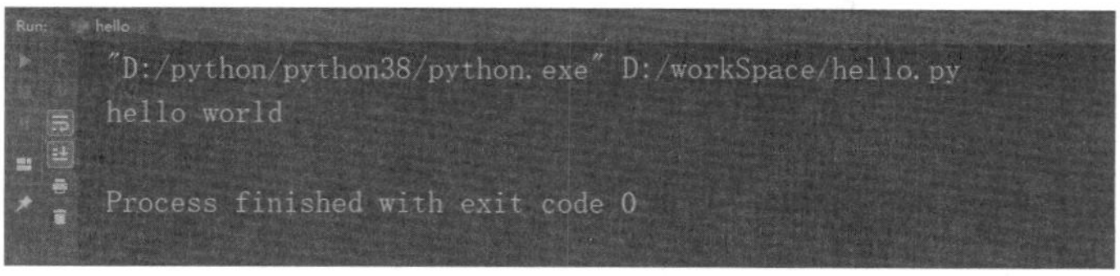

图 1.31　PyCharm 运行结果

至此，PyCharm 集成开发环境的搭建就完成了。

习题

一、选择题

1. 下列选项中，对 Python 语言描述正确的是（　　　）。

    A. Python 语言属于机器语言   B. Python 语言属于高级语言

    C. Python 语言属于汇编语言   D. Python 语言属于科学计算语言

2. 下列选项中，不属于 Python 语言特点的是（   ）。

    A. 面向过程   B. 面向对象   C. 可读性好   D. 开源

3. 在 Python 语言中，程序文件的扩展名是（   ）。

    A. .pyt   B. .python   C. .Python   D. .py

4. 下列选项中，正确的是（   ）。

    A. Python2 和 Python3 是完全一样的

    B. Python2 和 Python3 中的读取终端输入函数是一样的

    C. Python 是解释型语言

    D. Python 语言不属于开源语言

5. 在 cmd 命令行界面，输入（   ）命令可以进入 Python 环境。

    A. py   B. pythonversion   C. Pythons   D. python

二、编程题

使用集成开发环境 PyCharm 编写一个程序，使其可输出如下信息。

姓名：小明

年龄：30

性别：男

职业：Python 开发工程师

地址：广州市黄埔区

电话：12345678901

爱好：唱歌、跳舞、打篮球

座右铭：人生苦短、我用 Python

02 第2章 Python基础语法

学习目标

- 掌握 Python 中注释的几种写法。
- 了解标识符的基本格式，并能识别出常用的 Python 关键字。
- 熟悉变量的使用。
- 掌握常用的运算符的使用方法。

Python 是一种计算机编程语言，任何一种编程语言都有自己的一套语法，编译器或解释器把符合语法的程序代码转换成计算机能够执行的机器码，然后执行。第 1 章简单介绍了第一个 Python 程序，本章将讲解 Python 的基础语法，包括注释、标识符、关键字等。

2.1 注释

注释就是对代码的解释和说明，目的是让所有人容易看懂这段代码是做什么用的。规范的程序注释一般包括序言性注释和功能性注释。序言性注释主要包括模块的接口、数据的描述和模块的功能；功能性注释主要包括程序段的功能、语句的功能和数据的状态。

在 Python 中，注释有两种形式：单行注释、多行注释。

2.1.1 单行注释

单行注释就是在程序中注释一行代码。Python 中使用"#"表示单行注释，后面的都是注释的内容，这种写法只能注释一行。单行注释可以作为单独的一行放在被注释代码行的上面，也可以放在语句或表达式之后。单行注释的格式为：

```
# 这里是注释的内容
```

例如：

```
age = 23  # 定义 age，表示年龄
```

一般来说，当单行注释作为单独的一行放在被注释代码行上面的时候，为了保证代码的可读性，建议在"#"后面添加一个空格，再写注释内容。

当单行注释放在语句或表达式之后时，为了保证代码的可读性，建议在注释和语句（表达式）之间至少添加两个空格。

2.1.2 多行注释

多行注释就是一次性对程序中的代码用多行文字进行注释。当注释内容过多，一行无法全部显示的时候，就可以使用多行注释。Python 中使用 3 个单引号或 3 个双引号将多行注释的内容引起来。多行注释通常用于提供文件、方法函数、数据结构等意义与用途的说明，或者是算法的描述。它一般位于文件或方法函数的前面，起到引导的作用，也可以根据需要放在合适的位置。多行注释的格式为：

```
'''
第一行注释
第二行注释
第三行注释
'''
```

例如：

```
'''
该布尔值变量用于表示输入/输出状态。
当值为 True 时，表示输入（默认值）；当值为 False 时，表示输出。
'''
bRead = True
```

2.2　标识符

在编程语言中，标识符就是程序员自己规定的具有特定含义的词。

在 Python 中，类、对象、变量、方法、函数等的名称，都需要使用标识符来表示，以建立起名称与使用方法之间的关系。

Python 中的标识符只能由数字、字母、下画线 "_" 组成，但第一个字符不能是数字。标识符命名有如下的注意事项。

① 数字不能作为标识符的首字母。

② 标识符中不可以包含空格、@、%、\$ 等特殊字符。

③ 标识符不能使用 Python 的关键字。

④ 标识符的长度没有限制。

例如：HelloWorld、radius、displayMessage、set_age 等都是合法的标识符；3A、x-2、7hello 都是非法的标识符，因为不符合上面的命名规则。当程序中出现这些非法的标识符时，Python 解释器会识别出来，并报告语法错误。

尽管如此，标识符命名所限定的范围还是比较宽的，因此在约定的习俗和常用的编程规范中，一般还会定义如下的标识符命名规范。

（1）Python 中标识符对大小写敏感，所以 hello、Hello、HELLO 分别表示不同的标识符。

（2）在编程过程中，建议使用统一的命名法则。目前业界有 4 种命名法则：驼峰命名法、匈牙利命名法、帕斯卡命名法、下画线命名法。本书中的 Python 代码统一使用驼峰命名法，就是指标识符中的每一个逻辑断点都由一个大写字母来标记。

① 类名使用大驼峰法，就是每个单词的首字母大写，其余字母小写，例如 Test、Date、

TimerTask 等。

② 方法名使用小驼峰法，就是第一个单词的首字母小写，其余单词的首字母大写，其余字母小写。方法名第一个单词通常为动词，例如 setTime、getAge、showTime 等。

③ 变量名使用小驼峰法，就是第一个单词的首字母小写，其余单词的首字母大写，其余字母小写。变量名第一个单词通常不为动词，例如 age、curTime、oldDateTime 等。

④ 常量名全部使用大写字母，并且单词与单词之间用下画线分隔，例如 SIZE_NAME。

读者也可以根据自己的喜好和习惯使用其他命名法。

2.3　关键字

关键字即保留字，不能把它们用作任何标识符名称。

Python 语言把一些有特殊用途的单词作为关键字。Python 关键字有些用于表示数据类型，有些用于表示程序的结构。

Python 有 35 个关键字，如表 2.1 所示。

表 2.1　Python 的关键字

序号	关键字	序号	关键字	序号	关键字	序号	关键字
1	and	10	del	19	if	28	pass
2	as	11	elif	20	import	29	raise
3	assert	12	else	21	in	30	return
4	async	13	except	22	is	31	try
5	await	14	finally	23	lambda	32	True
6	break	15	for	24	nonlocal	33	while
7	class	16	from	25	not	34	with
8	continue	17	False	26	None	35	yield
9	def	18	global	27	or		

Python 的标准库提供了一个 keyword 模块，通过该模块中的 kwlist 列表可以展示当前版本的所有关键字。

【例 2.1】输出 Python 中的各个关键字，代码如下。

Example_keyword\keyword.py

```
# 导入 keyword 模块
import keyword

# 访问 keyword 模块中的 kwlist 列表
print(keyword.kwlist)
```

运行程序，输出结果如下：

```
['False', 'None', 'True', 'and', 'as', 'assert', 'async', 'await', 'break', 'class',
'continue', 'def', 'del', 'elif', 'else', 'except', 'finally', 'for', 'from', 'global',
'if', 'import', 'in', 'is', 'lambda', 'nonlocal', 'not', 'or', 'pass', 'raise', 'return',
'try', 'while', 'with', 'yield']
```

下面对 Python 的关键字进行简单的分类描述。

1. 特殊值的关键字

Python 中，与特殊值相关的关键字如表 2.2 所示。

表 2.2　与特殊值相关的关键字

关键字	解　释
True	这个关键字表示布尔类型的真值
False	这个关键字表示布尔类型的假值
None	这个关键字表示空值

注意，这 3 个特殊值的首字母均为大写。

2. 运算符的关键字

Python 中，与运算符相关的关键字如表 2.3 所示。

表 2.3　与运算符相关的关键字

关键字	解　释
and	这个关键字表示与运算符，它是一个双目运算符。只有前后两个操作数均为 True 的时候，结果才为 True
or	这个关键字表示或运算符，它是一个双目运算符。前后两个操作数其中一个为 True 的时候，结果就为 True
not	这个关键字表示非运算符，它是一个单目运算符。当操作数为 True 的时候，结果为 False；当操作数为 False 的时候，结果为 True
is	这个关键字表示 is 运算符，它是一个双目运算符。当两个操作数对应的实例对象完全相同时，结果为 True，否则为 False
in	这个关键字表示 in 运算符，它是一个双目运算符。当第一个操作数作为键出现在第二个操作数对应的字典中时，结果为 True，否则为 False

3. 函数和类的关键字

Python 中，函数和类的关键字如表 2.4 所示。

表 2.4　函数和类的关键字

关键字	解　释
def	这个关键字表示函数或方法的定义
global	这个关键字表示全局变量的声明
nonlocal	这个关键字表示非局部变量的声明
lambda	这个关键字表示 lambda 表达式的声明
yield	这个关键字表示生成器中的返回值
class	这个关键字表示类

4. 流程控制的关键字

Python 中，与流程控制相关的关键字如表 2.5 所示。

表 2.5　与流程控制相关的关键字

关键字	解　释
break	这个关键字表示中断，一般是在 while、for 等循环语句中使用，表示结束循环
continue	这个关键字表示跳出本次循环，继续执行下一次循环
while	这个关键字表示 while 循环的开始
for	这个关键字表示 for 循环的开始
if	这个关键字表示条件判断语句的开始
elif	这个关键字表示否则如果，与 if 一起使用，当上一个 if 的条件判断不正确的时候继续进行下一个条件的判断
else	这个关键字表示否则，一般与 if 一起使用，当 if 的条件判断不正确时，执行 else 的语句。else 也可以在 while、for、try 等语句中使用
return	这个关键字表示返回，一般是指退出函数或方法

5. 异常处理的关键字

Python 中，与异常处理相关的关键字如表 2.6 所示。

表 2.6　与异常处理相关的关键字

关键字	解　释
try	这个关键字表示尝试执行。当 try 语句中出现了异常，会终止程序的运行，并跳转到 except 语句中执行
except	这个关键字表示捕获错误的语句
finally	这个关键字表示 try 语句中完成执行的代码。无论 try 中是否出现异常，最后都要执行 finally 的代码
raise	这个关键字表示抛出异常。如果由于某个原因，在代码中希望主动抛出一个异常，则应该使用该关键字

6. 导包的关键字

Python 中，与导包相关的关键字如表 2.7 所示。

表 2.7　与导包相关的关键字

关键字	解　释
import	这个关键字表示导入模块包。如果只使用 import，则格式为 import ...
as	这个关键字表示给导入的包取个别名，写在导入的包名之后，格式为 import ... as ...。另外 as 也可以用到 with 语句中
from	这个关键字表示从包中导入具体实体，格式为 from ... import ...

7. 其他关键字

另外，Python 中还有一些属于其他类别的关键字，如表 2.8 所示。

表 2.8　其他关键字

关键字	解　释
assert	这个关键字表示断言，一般用于单元测试中
pass	这个关键字表示空语句。当方法、函数或类等代码块中没有实体代码时，可以写上 pass 避免解释器报错
with	这个关键字表示 with 表达式，后面可以跟 as 关键字。with 表达式实际上是 try...finally 的简写形式
del	这个关键字表示删除，可以删除变量，也可以删除列表中的某个元素

本节只是对各个关键字进行一些简单的描述。当后面涉及具体的技术点的时候，会再进行深入的介绍。

2.4　变量

相信大家都听到过"变量"一词，那么变量是什么呢？变：变化，重在变字。量：计量、衡量，表示一种状态。变量的概念基本上和初中代数的方程变量是一致的，指程序在执行的过程中其值可以发生改变的量，可以将变量理解为一个名字或标识。Python 程序中，变量通常是用一个标识符表示。

每个变量在使用前都必须赋值，给变量赋值以后该变量才会被创建。在 Python 中，变量没有类型，通常所说的"类型"是变量所指的内存中对象的类型。一般使用赋值运算符"="来给变量赋值，赋值运算符"="左边是一个变量名，右边是存储在变量中的值。

在 Python 中，声明变量的语法如下：

变量名 = 值

其中变量的数据类型需要通过具体的值来进行判断。

如果读者有使用 C 语言或 Java 等编程语言的经验，应该知道在这些编程语言中，当一个变量被声明后，就无法修改它的数据类型。但是在 Python 中，变量的数据类型是可以随意切换的，参见例 2.2。

【例 2.2】在 Python 中声明变量，代码如下。

Example_vars\vars1.py

```
a = 1              # 将变量 a 赋值为整型的数值 1
print(a)           # 输出该变量的值
print(type(a))     # 输出该变量的数据类型

a = False          # 将变量 a 赋值为布尔型的数值 False
print(a)           # 输出该变量的值
print(type(a))     # 输出该变量的数据类型
```

运行程序，输出结果如下：

```
1
<class 'int'>
False
<class 'bool'>
```

这里的变量 a，首先赋值为 1。由于 1 为整型数值，因此变量 a 即为整型。然后变量 a 赋值为 False，由于 False 为布尔型数值，因此变量 a 就变成布尔型了。

如果变量用完后，后面的代码也不需要了，可以使用 del 关键字删除变量，参见例 2.3。

【例 2.3】使用 del 关键字删除变量，代码如下。

Example_vars\vars2.py

```
a = 1 # 将变量 a 赋值为整型的数值 1
print(a)
del a # 删除变量 a
print('删除变量 a 后')
print(a)
```

运行程序，输出结果并报告错误如下：

```
1
删除变量 a 后
Traceback (most recent call last):
  File "D:\python\workspace\ch02\src\p2_4\Example_vars\vars2.py", line 5, in <module>
    print(a)
NameError: name 'a' is not defined
```

这里的变量 a 在使用后通过 del 关键字删除，因此再次访问变量 a 的时候，程序就会报告错误说找不到了。

在 Python 中，变量的赋值其实就是对象的引用。例如在例 2.2 中，当对变量 a 执行 a=1 赋值操作之后会在内存中创建变量 a，然后把 a 指向常量 1 所在的地址；当执行 a=False 赋值操作之后会将 a 指向另一个常量 False 所在的地址，如图 2.1 所示。

可以通过 id()函数查看变量的内存地址，了解变量赋值时内存地址的变化，参见例 2.4。

【例2.4】使用 id()函数查看变量的内存地址，代码

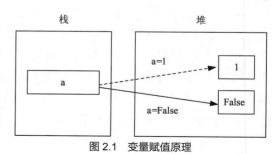

图 2.1　变量赋值原理

如下。

Example_vars\vars3.py
```
a = 1
print(id(a))
a = False
print(id(a))
```
运行程序，输出结果如下：
```
140711893718688
140711893440368
```
可以看到，当给变量 a 赋予不同的值时，a 所指向的内存地址发生了改变，说明它前后指向了不同的内存地址。

注意：上面的程序在使用变量的时候，不需要提前声明，只需要给这个变量赋值即可。而如果不给变量赋值，那么 Python 解释器会认为这个变量没有定义，参见例 2.5。

【例 2.5】没有给变量赋值，代码如下。

Example_vars\vars4.py
```
c
print(c)
```
运行程序，会报告如下错误：
```
Traceback (most recent call last):
  File "D:\python\workspace\ch02\src\p2_4\Example_vars\vars4.py", line 1, in <module>
    c
NameError: name 'c' is not defined
```
可以看到，如果变量没有赋值，系统会认为这个变量没有定义，从而提示错误。

2.5　输入与输出

1．等待用户输入——input()函数

当一个程序需要和用户交互时，例如要求用户输入自己的电话号码，我们该怎么实现呢？这时候就要用到 input()输入函数了，下面从最简单的开始讲起。

执行下面的程序，然后等待用户输入：
```
input()
```
这样可以接收一个字符串，包括空格，但不接收回车字符，因为回车是结束符，按回车键之后程序将退出。

但是这样会有一个问题，运行之后没有一点提示，用户根本不知道是要他执行输入操作，因此一般会加上提示：
```
input('请输入你的电话号码: ')
```
这样运行之后就会提醒用户输入电话号码：
```
请输入你的电话号码:
```
在冒号后面输入信息后按回车键即可结束。

2．输出——print()函数

有输入就有输出，前面让用户输入自己的电话号码，接下来再把用户输入的信息显示出来让其

确认，参见例 2.6。

【例 2.6】读取用户输入的信息并输出，代码如下。

print 各种输出格式

Example_input\input1.py

```
phonenum = input('请输入你的电话号码：')  # 读取用户终端输入的信息
print('请稍等，稍后请确认电话号码是否正确！')
print(phonenum)  # 把信息输出到终端
```

运行程序，并在提示输入电话号码的时候输入对应的信息：

请输入你的电话号码：18012345678
请稍等，稍后请确认电话号码是否正确！
18012345678

注意：print()函数默认输出是换行的，如果要实现不换行，则需要给 print()函数传递参数 end=''，参见例 2.7。

【例 2.7】读取用户输入的信息并输出，输出时不换行，代码如下。

Example_input\input2.py

```
phonenum = input('请输入你的电话号码：')  # 读取用户终端输入的信息
print('请稍等，稍后请确认电话号码是否正确！', end=' ')
print(phonenum, end=' ')  # 把信息输出到终端，不换行
```

运行程序，并在提示输入电话号码的时候输入对应的信息：

请输入你的电话号码：18012345678
请稍等，稍后请确认电话号码是否正确！ 18012345678

可以看到，通过给 print()函数指定 end 参数为空，可以实现不换行输出的效果。

2.6　运算符

运算符是指对操作数进行运算的符号。运算符按照操作数数目来分，有单目运算符、双目运算符、三目运算符；按功能来分，有算术运算符、赋值运算符、关系运算符、逻辑运算符、位运算符、成员运算符、身份运算符等。

下面对各种运算符进行介绍。

1. 算术运算符

算术运算符即算术运算符号，就是用来处理四则运算的符号。这是最简单且最常用的符号，尤其是数字的处理，都会用到算术运算符。Python 的算术运算符如表 2.9 所示。

表 2.9　算术运算符

运算符	描　　述	举　　例
+	加。两个值相加	7 + 3 = 10
−	减。第一个数减去第二个数	7 − 3 = 4
*	乘。两个数相乘	7 * 3 = 21
**	幂。第一个数的第二个数次幂	7 ** 3 = 343
/	除。第一个数除以第二个数	7 / 3 = 2.333333333333333
//	取整除。返回除操作结果的整数部分	7 // 3 = 2
%	求模。返回除操作结果的余数	7 % 3 = 1

注意，+和-既可以表示取正和取负，也可以表示加和减。它们在不同的地方使用，得到的结果也不同。例如：

```
a = +4
b = -a
```

上面的+和-，由于只对应一个操作数，因此表示取正和取负。

```
a = 12 + 4
b = 10 - a
```

上面的+和-，由于对应两个操作数，因此表示加和减。

2. 赋值运算符

基本的赋值运算符是"="。除此之外，还有一些通过其他运算符和它组合形成的赋值运算符。"="的优先级别低于其他的运算符，因此往往最后读取该运算符。Python 的赋值运算符如表 2.10 所示。

表 2.10　赋值运算符

运 算 符	描　　述	举　　例
=	简单的赋值运算符	a = 7 即 a 的值为 7
+=	加法赋值运算符	a += 7 相当于 a = a + 7
-=	减法赋值运算符	a -= 7 相当于 a = a - 7
*=	乘法赋值运算符	a *= 7 相当于 a = a * 7
**=	求幂赋值运算符	a **= 7 相当于 a = a ** 7
/=	除法赋值运算符	a /= 7 相当于 a = a / 7
//=	取整除赋值运算符	a //= 7 相当于 a = a // 7
%=	取模赋值运算符	a %= 7 相当于 a = a % 7

3. 关系运算符

关系运算符也叫比较运算符，可以比较两个值。当用关系运算符比较两个值时，结果是一个布尔值，不是 True（成立）就是 False（不成立）。Python 的关系运算符如表 2.11 所示。

表 2.11　关系运算符

运 算 符	描　　述	举　　例
==	等于。比较两个值是否相等	7 == 3 返回 False
!=	不等于。比较两个值是否不相等	7 != 3 返回 True
>	大于。判断第一个数是否大于第二个数	7 > 3 返回 True
<	小于。判断第一个数是否小于第二个数	7 < 3 返回 False
>=	大于等于。判断第一个数是否大于等于第二个数	7 >= 3 返回 True
<=	小于等于。判断第一个数是否小于等于第二个数	7 <= 3 返回 False

4. 逻辑运算符

在形式逻辑中，逻辑运算符或逻辑连接词把语句连接成更复杂的语句。例如，假设有两个逻辑命题，分别是"正在下雨"和"我在屋里"，我们可以将它们组成复杂命题"正在下雨，并且我在屋里""没有下雨，且我没有在屋里"或"没有下雨，且我在屋里"。一个由两个语句组成的新的语句或命题叫作复合语句或复合命题。Python 的逻辑运算符如表 2.12 所示。

表 2.12　逻辑运算符

运 算 符	描　述	举　例
and	逻辑与 两个数都为 True 时，结果为 True，否则为 False	True and True = True True and False = False False and False = False
or	逻辑或 两个数中有一个为 True 时，结果为 True，否则为 False	True or True = True True or False = True False or False = False
not	逻辑非 操作数如果为 True，结果为 False；操作数如果为 False，结果为 True	not True = False not False = True

5. 位运算符

位运算是指计算机按照数据在内存中的二进制位进行的运算操作。Python 的位运算符如表 2.13 所示。

表 2.13　位运算符

运 算 符	描　述	举　例
&	按位与 两个数中对应的位都为 1 时，该位的结果为 1，否则为 0	85 & 60 = 20 即 0b01010101 & 0b00111100 = 0b00010100
|	按位或 两个数中对应的位有一个为 1 时，该位的结果为 1，否则为 0	85 | 60 = 125 即 0b01010101 | 0b00111100 = 0b01111101
^	按位异或 两个数中对应的位不同时，该位的结果为 1，否则为 0	85 ^ 60 = 105 即 0b01010101 ^ 0b00111100 = 0b01101001
~	按位取反 操作数中对应的位如果为 0，结果为 1；操作数如果为 1，结果为 0	~85 = −86 即~0b01010101 = 0b10101010。需要以有符号的形式实现
<<	左移 各个二进制位全部左移，高位丢弃，低位补 0	85 << 1 = 170 即 0b01010101 << 1 = 0b10101010
>>	右移 各个二进制位全部右移，低位丢弃，高位补 0	85 >> 1 = 42 即 0b01010101 >> 1 = 0b00101010

6. 成员运算符

除了以上的一些运算符之外，Python 还支持成员运算符。成员运算符一般和结构或者联合一起使用，指定结构或者联合中的某个成员。Python 的成员运算符如表 2.14 所示。

表 2.14　成员运算符

运 算 符	描　述	举　例
in	判断序列中是否有指定的元素	3 in [1, 3, 5] 返回 True 2 in [1, 3, 5] 返回 False
not in	判断序列中是否没有指定的元素	2 not in [1, 3, 5] 返回 True 3 not in [1, 3, 5] 返回 False

7. 身份运算符

身份运算符用于比较两个对象的存储单元。Python 的身份运算符如表 2.15 所示。

表 2.15　身份运算符

运　算　符	描　述	举　例
is	判断两个值是否是同一个对象	'hello' is 'hello' 返回 True 'hello' is 'helloworld' 返回 False
is not	判断两个值是否不是同一个对象	'hello' is not 'hello' 返回 False 'hello' is not 'helloworld' 返回 True

8. 三目运算符

以上介绍的运算符均为单目或双目的运算符，Python 不支持"?:"这种三目运算符，其三目运算符的语法为：

为真时的结果 if 判断条件 else 为假时的结果

例如：

x = a if a > b else b

这里就相当于 x 取 a 和 b 中较大的值。

9. 运算符的优先级

在一个表达式中可能包含多个由不同运算符连接起来的、具有不同数据类型的数据对象。由于表达式有多种运算，不同的运算顺序可能得出不同结果甚至出现运算错误，因此当表达式中含多种运算时，必须按一定顺序进行运算，这样才能保证运算的合理性和结果的正确性、唯一性。

在表 2.16 中，运算符的优先级从上到下依次递减，最上面的运算符具有最高的优先级，最下面的运算符具有最低的优先级。表达式的运算顺序取决于表达式中各种运算符的优先级。优先级高的运算符先运算，优先级低的运算符后运算，同一行中的运算符的优先级相同。

Python 中各个运算符的优先级如表 2.16 所示。

表 2.16　Python 运算符的优先级

优　先　级	运　算　符	描　述
1	**	幂运算
2	~、+、-	按位取反、正号、负号
3	*、/、%、//	乘、除、求模、取整除
4	+、-	加法、减法
5	>>、<<	右移、左移
6	&	按位与
7	^、|	按位异或、按位或
8	<=、<、>、>=	小于等于、小于、大于、大于等于
9	==、!=	等于、不等于
10	=、%=、/=、//=、-=、+=、*=、**=	赋值运算符
11	is、is not	身份运算符
12	in、not in	成员运算符
13	not、and、or	逻辑运算符

对于运算符的优先级问题，在平时工作中用以下方法处理。

① 用圆括号按照想要的顺序对表达式进行包裹。

② 把表达式拆分，一步步进行运算。

习题

一、选择题

1. 下面程序输出的结果是（　　　　）。
```
print ('a' < 'b' < 'c')
```
    A. a   B. b   C. False   D. True

2. 下面程序输出的结果是（　　　）。
```
a = 'a'
print (a > 'b' or 'c')
```
    A. a   B. b   C. c   D. True

3. 下面程序输出的结果是（　　　）。
```
print(hex(22))
```
    A. 0x16   B. 0x22   C. 0f16   D. 0o22

4. 下面程序输出的结果是（　　　）。
```
print( 0 and 2 or 3 or 4)
```
    A. 0   B. 2   C. 3   D. 4

二、填空题

1. 下面程序输出的结果是_____。
```
x = 5
y = 3
print((x < y and [x] or [y])[0])
```

2. 下面程序输出的结果是_____、_____、_____。
```
a = bin(1)
b = hex(1)
c = oct(1)
print(a)
print(b)
print(c)
```

三、编程题

1. 输入两个数字，完成两个数的"+""-""*""/""//"操作。

2. 编写程序以制作名片，输入姓名、年龄、学号等，并将全部信息输出，如下所示。

请输入姓名：Python
请输入年龄：28
请输入学号：20200408
姓名:Python,年龄:28,学号:20200408

03 第3章 Python数据类型

学习目标

- 熟悉 Python 的几种数据类型以及它们之间的运算。
- 了解使用科学记数法表示数值的方式，掌握常用的数学运算方法，了解精确的分数和小数的表示方法。
- 熟悉字符串中字符的访问方式，掌握字符串格式化的方法与字符串常用的处理函数和方法。
- 熟悉列表中元素的访问方法，熟悉列表中添加和删除元素的方法，了解二维列表，掌握常用的列表处理函数和方法，了解浅拷贝和深拷贝的概念。
- 熟悉元组中元素的访问方法，掌握列表与元组的差别以及元组与列表的转换方式。
- 了解集合的特点，掌握集合与列表和元组的转换方式。
- 掌握字典中元素的访问方法和字典遍历的方法，掌握字典与列表的结合使用方式与应用场景，了解 zip() 函数的作用。

在所有的程序设计语言中都需要定义数据类型，而数据类型在数据结构中的定义是一个值的集合以及定义在这个值集上的一组操作。在程序设计语言中定义数据类型的作用如下。

① 该种数据类型数据在内存上应该占据多大的存储空间。

② 基于该种数据类型可以进行什么样的操作或运算。

Python 中有 6 种基本数据类型：数值型、字符串、列表、元组、集合、字典。其中，数值型、字符串、元组属于不可变数据类型；列表、集合、字典属于可变数据类型。

本章将详细介绍这些数据类型。

3.1 数值型

Python 的数值型（number）用于存储数值。该数据类型是不允许改变的，这就意味着如果改变该数据类型的值，将重新分配内存空间。Python 中的数值型包括整型（int）、浮点型（float）、布尔型（bool）、复数型（complex）。

注意与 C 语言、Java 等其他编程语言不同，Python 中的整型只有 int，没有 short、long 等类型；Python 中的浮点型只有 float，没有 double 类型。

使用 Python 内置的 type() 函数可以查询变量的数据类型，参见例 3.1。

【例 3.1】定义各种数值型，代码如下。

Example_number\number1.py
```
a = 2 # 将变量 a 赋值为整型的数值
print(a) # 输出该变量的值
print(type(a)) # 输出该变量的数据类型

b = 3.14 # 将变量 b 赋值为浮点型的数值
print(b)
print(type(b))

c = True # 将变量 c 赋值为布尔型的数值
print(c)
print(type(c))

d = 3-2j # 将变量 d 赋值为复数型的数值
print(d)
print(type(d))
```
运行程序，输出结果如下：
```
2
<class 'int'>
3.14
<class 'float'>
True
<class 'bool'>
(3-2j)
<class 'complex'>
```
这里，变量 a 属于整型 int，变量 b 属于浮点型 float，变量 c 属于布尔型 bool，变量 d 属于复数型 complex。

注意：Python 中的变量无须先定义再使用，Python 会自动判断变量的类型，程序员不必关心究竟是什么类型，只用对这个数值进行操作，Python 会对这个数值的生命周期负责。

关于数值型的特征与相关操作，下面逐一进行介绍。

3.1.1　不同数值型之间的运算

我们可以把 4 个数值型从简单到复杂进行排序，如图 3.1 所示。

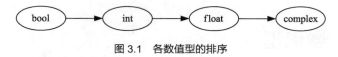

图 3.1　各数值型的排序

如果两个不同类型的数值之间进行运算符操作，则首先需要把图中箭头左边的类型转换成箭头右边的类型，再进行运算。

下面简单列出了一些数值型之间的运算结果，参见例 3.2。

【例 3.2】各种数值型的描述与运算，代码如下。

Example_number\number2.py
```
# 布尔型只有 True 和 False 这两个值
# not 运算符会把操作数转换为布尔值，再进行取非操作
```

```
print('not False : ', not False)            # 非 False 则为 True
print('not True : ', not True)              # 非 True 则为 False
# 数值型 0 对应布尔值 False, 数值型非 0 对应布尔值 True
print('not 0 : ', not 0)                    # 0 对应 False, 非 0 则为 True
print('not 1 : ', not 1)                    # 1 对应 True, 非 1 则为 False
print('not 3 : ', not 3)                    # 3 对应 True, 非 3 则为 False
print('not -1 : ', not -1)                  # -1 对应 True, 非-1 则为 False
# == 运算符会把图 3.1 中箭头左边的类型转换为箭头右边的类型, 再进行运算
# 布尔型的 True 和 False 对应数值型的 0 和 1
print('0 == 0.0 : ', 0 == 0.0)              # 把 0 转换为 0.0, 再比对 0.0==0.0, 结果为 True
print('1 == 1.0 : ', 1 == 1.0)              # 把 1 转换为 1.0, 再比对 1.0==1.0, 结果为 True
print('False == 0 : ', False == 0)          # 把 False 转换为 0, 再比对 0==0, 结果为 True
print('True == 3 : ', True == 3)            # 把 True 转换为 1, 再比对 1==3, 结果为 False
print('True == 1 : ', True == 1)            # 把 True 转换为 1, 再比对 1==1, 结果为 True
# is 运算符需要同时比较类型和值, 两者都相同才为 True, 否则为 False
print('True is 1 : ', True is 1)            # 1 与 True 值相同, 但类型不同, 结果为 False
# + 运算符会把图 3.1 中箭头左边的类型转换为箭头右边的类型, 再进行运算
print('1 + True : ', 1 + True)              # 把 True 转换为 1, 再计算 1+1, 结果为 2
```

运行程序，输出结果如下：

```
not False : True
not True : False
not 0 : True
not 1 : False
not 3 : False
not -1 : False
0 == 0.0 : True
1 == 1.0 : True
False == 0 : True
True == 3 : False
True == 1 : True
True is 1 : False
1 + True : 2
```

3.1.2　强制类型转换

如果需要把某种数值型强制转换为另一种数值型，可以使用如下函数。

（1）int()：把其他类型转换成整型。

【例 3.3】把其他数值型转换为整型，代码如下。

Example_number\number3.py

```
a1 = 3.14 # 将变量 a1 赋值为浮点型的数值
b1 = int(a1) # 把变量 a1 的值转换为整型, 并赋给变量 b1
print('a1 = ', a1)
print('type(a1) = ', type(a1))
print('b1 = int(a1) = ', b1)
print('type(b1) = ', type(b1))

a2 = True # 将变量 a2 赋值为布尔型的数值
```

```
b2 = int(a2)  # 把变量 a2 的值转换为整型，并赋给变量 b2
print('a2 = ', a2)
print('type(a2) = ', type(a2))
print('b2 = int(a2) = ', b2)
print('type(b2) = ', type(b2))


a3 = '9527'  # 将变量 a3 赋值为字符串型
b3 = int(a3)  # 把变量 a3 的值转换为整型，并赋给变量 b3
print('a3 = ', a3)
print('type(a3) = ', type(a3))
print('b3 = int(a3) = ', b3)
print('type(b3) = ', type(b3))
```

运行程序，输出结果如下：
```
a1 = 3.14
type(a1) = <class 'float'>
b1 = int(a1) = 3
type(b1) = <class 'int'>
a2 = True
type(a2) = <class 'bool'>
b2 = int(a2) = 1
type(b2) = <class 'int'>
a3 = 9527
type(a3) = <class 'str'>
b3 = int(a3) = 9527
type(b3) = <class 'int'>
```

（2）float()：把其他类型转换成浮点型。

【例 3.4】把其他数值型转换为浮点型，代码如下。

Example_number\number4.py
```
a4 = 3  # 将变量 a4 赋值为整型的数值
b4 = float(a4)  # 把变量 a4 的值转换为浮点型，并赋给变量 b4
print('a4 = ', a4)
print('type(a4) = ', type(a4))
print('b4 = float(a4) = ', b4)
print('type(b4) = ', type(b4))


a5 = True  # 将变量 a5 赋值为布尔型的数值
b5 = float(a5)  # 把变量 a5 的值转换为浮点型，并赋给变量 b5
print('a5 = ', a5)
print('type(a5) = ', type(a5))
print('b5 = float(a5) = ', b5)
print('type(b5) = ', type(b5))


a6 = '520.1314'  # 将变量 a6 赋值为字符串型
b6 = float(a6)  # 把变量 a6 的值转换为浮点型，并赋给变量 b6
print('a6 = ', a6)
print('type(a6) = ', type(a6))
print('b6 = float(a6) = ', b6)
print('type(b6) = ', type(b6))
```

运行程序，输出结果如下：
```
a4 = 3
type(a4) = <class 'int'>
b4 = float(a4) = 3.0
type(b4) = <class 'float'>
```

```
a5 = True
type(a5) = <class 'bool'>
b5 = float(a5) = 1.0
type(b5) = <class 'float'>
a6 = 520.1314
type(a6) = <class 'str'>
b6 = float(a6) = 520.1314
type(b6) = <class 'float'>
```

（3）bool()：把其他类型转换成布尔型。

【例 3.5】把其他数值型转换为布尔型，代码如下。

Example_number\number5.py

```
a7 = 3 # 将变量 a7 赋值为整型的数值
b7 = bool(a7) # 把变量 a7 的值转换为布尔型，并赋给变量 b7
print('a7 = ', a7)
print('type(a7) = ', type(a7))
print('b7 = bool(a7) = ', b7)
print('type(b7) = ', type(b7))

a8 = -0.1 # 将变量 a8 赋值为浮点型的数值
b8 = bool(a8) # 把变量 a8 的值转换为布尔型，并赋给变量 b8
print('a8 = ', a8)
print('type(a8) = ', type(a8))
print('b8 = bool(a8) = ', b8)
print('type(b8) = ', type(b8))

a9 = '' # 将变量 a9 赋值为字符串型
b9 = bool(a9) # 把变量 a9 的值转换为布尔型，并赋给变量 b9
print('a9 = ', a9)
print('type(a9) = ', type(a9))
print('b9 = bool(a9) = ', b9)
print('type(b9) = ', type(b9))
```

运行程序，输出结果如下：

```
a7 = 3
type(a7) = <class 'int'>
b7 = int(a7) = True
type(b7) = <class 'bool'>
a8 = -0.1
type(a8) = <class 'float'>
b8 = int(a8) = True
type(b8) = <class 'bool'>
a9 =
type(a9) = <class 'str'>
b9 = int(a9) = False
type(b9) = <class 'bool'>
```

3.1.3　科学记数法

浮点型可以使用科学记数法来表示。例如数值 1230，使用科学记数法表示为 1.23×10^3。在计算机中可以表示为 1.23E3。注意，在 Python 中，使用科学记数法表示的数值一定是浮点型。

【例 3.6】使用科学记数法标记数值，代码如下。

Example_number\number6.py

```
a = 1230 # 普通数值
```

```
print('a = ', a)
print('type(a) = ', type(a))

b = 1.23E3 # 科学记数法
print('b = ', b)
print('type(b) = ', type(b))
```

运行程序，输出结果如下：

```
a = 1230
type(a) = <class 'int'>
b = 1230.0
type(b) = <class 'float'>
```

可以看到，如果数值使用科学记数法标记，则它的类型固定为浮点型。

3.1.4 常用数学运算

Python 中有如下常用的数学常量或函数，如表 3.1 所示。注意部分数学常量或函数需要导入 math 模块。

表 3.1   Python 中常用的数学常量或函数

常用的数学常量或函数	常量/函数解释	需要导入的模块
pi	圆周率	import math
e	自然对数	import math
abs(x)	绝对值	
ceil(x)	向上取整	import math
floor(x)	向下取整	import math
round(x)	四舍五入	
exp(x)	自然对数 e 的 x 次幂	import math
log(x)	求以自然对数 e 为底的对数	import math
log10(x)	求以 10 为底的对数	import math
max(x1, x2, ...)	求最大值	
min(x1, x2, ...)	求最小值	
pow(x, y)	求 x 的 y 次幂	
sqrt(x)	开方	import math

注意，如果要开多次方，可以使用 pow() 函数代替。例如，125 开 3 次方可以写成 pow(125, 1/3)。

在 Python 中如果要生成随机数，则需要导入 random 模块，并选择一个方法来使用。random 模块中有如下生成随机数的方法，如表 3.2 所示。

表 3.2   生成随机数的方法

随机数函数	函数解释	需要导入的模块
choice(seq)	从序列中随机选择一个元素	import random
random()	随机生成 0~1 的浮点数	import random
shuffle(seq)	把序列重新打乱，俗称洗牌	import random
uniform(x,y)	随机生成 x~y 的浮点数（不包含 x，不包含 y）	import random
randint(x,y)	随机生成 x~y 的整数（包括 x，包括 y）	import random
sample(seq, length)	随机在序列中获取 length 个元素	import random

例如，模拟扔骰子的效果，随机生成 1~6 的一个整数，参见例 3.7。

【例 3.7】随机生成 1~6 的一个整数，代码如下。

Example_number\number7.py
```python
import random  # 导入生成随机数的模块

print('扔 10 次骰子，各次的结果为：')
for i in range(10):
    # 随机生成 1~6 的整数
    value1 = random.randint(1, 6)
    print(value1, end = ' ')
```
运行程序，输出结果如下：

扔 10 次骰子，各次的结果为：
2 5 4 6 6 3 1 4 1 2

可以看到，使用随机函数，每次生成的结果可能不相同。

3.1.5　分数与小数

在 Python 中如果要表示分数，除了使用简单的 "/" 符号外，还可以使用 Fraction 对象。相对来说，Fraction 表达的分数更精确。

另外，在 Python 中 Decimal 表示小数，它比普通 float 具有更高的精确度。参见例 3.8。

【例 3.8】普通 float 浮点型与 Fraction 分数、Decimal 小数的比较。代码如下。

Example_number\number8.py
```python
print('计算浮点数加法：')
a = 1 / 3
b = 2 / 3
result = a + b
print('a = ', a)
print('b = ', b)
print('a + b = ', result)

print('计算分数加法：')
from fractions import Fraction
a = Fraction(1, 3)
b = Fraction(2, 3)
result = a + b
print('a = ', a)
print('b = ', b)
print('a + b = ', result)

print('计算浮点数除法：')
a = 1.0
b = 3.0
result = a / b
print('a = ', a)
print('b = ', b)
print('a / b = ', result)

print('计算小数除法：')
from decimal import Decimal
```

```
a = Decimal('1.0')
b = Decimal('3.0')
result = a / b
print('a = ', a)
print('b = ', b)
print('a / b = ', result)
```

运行程序，输出结果如下：

```
计算浮点数加法：
a =  0.3333333333333333
b =  0.6666666666666666
a + b =  1.0
计算分数加法：
a =  1/3
b =  2/3
a + b =  1
计算浮点数除法：
a =  1.0
b =  3.0
a / b =  0.3333333333333333
计算小数除法：
a =  1.0
b =  3.0
a / b =  0.3333333333333333333333333333333
```

可以看到，Fraction 分数和 Decimal 小数比普通浮点型有更高的精度。

3.2　字符串

字符串的类型是 str。字符串就是一串字符，是编程语言中表示文本的数据类型。在 Python 中，可以使用一对双引号（""）或者一对单引号（''）定义一个字符串。由于字符串是序列类型，因此可以使用 len()函数查看字符串的长度。参见例 3.9。

【例 3.9】定义字符串，查看字符串的长度。代码如下。

Example_str\str1.py
```
# 将变量 str1 赋值为字符串型。字符串既可以使用单引号括起来，也可以使用双引号括起来
str1 = 'Hello' # str1="Hello"
print('str1 = ', str1)
print('type(str1) = ', type(str1))
print('len(str1) = ', len(str1))
```

运行程序，输出结果如下：

```
str1 =  Hello
type(str1) =  <class 'str'>
len(str1) =  5
```

关于字符串的特征与相关操作，下面来逐一进行介绍。

3.2.1　索引

在超市中经常可见到储物柜，其中的每个存储空间都会有一个对应的编号，存取东西的时候通过这个编号就能找到对应的存储空间。在字符串中也有类似的机制，它就是索引，例如定义一个字

符串 str1='HelloWorld'，该字符串的索引如图 3.2 所示。

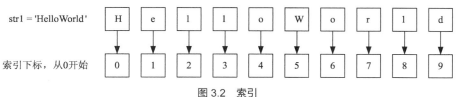

图 3.2　索引

　　Python 会从 0 开始按顺序给每个元素指定一个编号，这样可以通过这个编号直接获取对应的元素。索引就是这个位置编号，又可以称为下标。

　　可以通过索引访问 Python 中的字符串、列表、元组类型中的元素。

3.2.2　访问字符串中的元素

　　利用索引的方式，可以获取字符串中的数据，方式如下。

　　（1）访问单个元素。格式如下：

```
str[index]
```

【例 3.10】使用索引访问字符串中的元素，代码如下。

Example_str\str2.py
```
str1 = 'HelloWorld'
print('str1 = ', str1)
print('str1[0] = ', str1[0])          # 索引 0 取出第一个元素 H
print('str1[3] = ', str1[3])          # 索引 3 取出第四个元素 l
print('str1[-1] = ', str1[-1])        # 索引 -1 取出倒数第一个元素 d
print('str1[-3] = ', str1[-3])        # 索引 -3 取出倒数第三个元素 r
```

运行程序，输出结果如下：
```
str1 = HelloWorld
str1[0] = H
str1[3] = l
str1[-1] = d
str1[-3] = r
```

注意，如果访问索引 10：
```
print('str1[10] = ', str1[10])
```

运行程序后会报错：
```
Traceback (most recent call last):
  File "D:\python\workspace\ch03\src\p3_3\Example_str\str2.py", line 7, in <module>
    print('str1[10] = ', str1[10])
IndexError: string index out of range
```

　　为什么会报错？ str1 中索引为 10 的元素就是第 11 个元素，但是 str1 根本就没有这么多元素，就像是去超市储物柜取东西的时候取一个根本不存在的柜子里的东西一样。这在 Python 中叫作越界，是指采用索引获取内容时超出最大索引，这时 Python 会报错。

　　（2）访问多个元素。

　　上面是获取一个元素，但是有时不仅只取一个元素，而是需要取多个元素，那该怎么做呢？这在 Python 里面也有专门应对的方法，这就是切片。切片是指截取字符串其中的一段内容。

切片格式如下：

```
str[begin:end:step]
```

各参数描述如下。

- begin：起始索引。
- end：结束索引。
- step：步长。

注意切片截取的内容不包含结束索引对应的数据。如果起始索引值没有写，则默认从字符串头开始访问；如果结束索引值没有写，则默认访问到字符串最后。

另外步长可以不写，表示取默认值 1。步长也可以为负数，此时表示从后往前访问字符串。参见例 3.11。

【例 3.11】使用索引切片访问字符串中的多个元素，代码如下。

Example_str\str3.py
```
str1 = 'HelloWorld'
print('str1 = ', str1)
print('str1[1:3] = ', str1[1:3])
# 从索引 1 开始到索引 3 结束，包含开始位置，不包含结束位置
print('str1[1:] = ', str1[1:]) # 从索引 1 开始到最后，包含开始位置
print('str1[:3] = ', str1[:3]) # 从头开始到索引 3 结束，不包含结束位置
print('str1[:] = ', str1[:]) # 从头开始到最后
print('str1[1:6:2] = ', str1[1:6:2])
# 从索引 1 开始到索引 6 结束，包含开始位置，不包含结束位置，步长为 2
print('str1[::2] = ', str1[::2]) # 从头开始到最后，步长为 2
print('str1[::-1] = ', str1[::-1]) # 从后往前
```

运行程序，输出结果如下：

```
str1 = HelloWorld
str1[1:3] = el
str1[1:] = elloWorld
str1[:3] = Hel
str1[:] = HelloWorld
str1[1:6:2] = elW
str1[::2] = Hlool
str1[::-1] = dlroWolleH
```

之前通过索引获取数据的时候出现了越界的情况，那么切片会不会有越界呢？尝试一下：

```
print('str1[12:15] = ', str1[12:15])
```

运行结果：

```
str1[12:15] =
```

切片的开始索引和结束索引都已经超出最大索引了，可是程序没有报错，只是收到一个空字符串，因此切片是不会存在越界的。

3.2.3 转义字符

有些特殊字符在字符串中不能直接使用，此时需要使用反斜杠（\）进行转义，Python 中的转义字符如表 3.3 所示。

其中，如果字符串中包含了双引号（"）或单引号（'），虽然可以使用\"或者\'进行转义，但是在实际开发中，如果字符串内部需要使用双引号（"），可以使用单引号（''）来定义字符串；如果字符

串内部需要使用单引号（'），可以使用双引号（" "）来定义字符串。

3.2.4 字符串格式化

字符串格式化就是使用一个字符串作为模板，模板中使用了格式符，为真实值预留了位置，并说明真实值应该呈现的格式。Python 中使用一个元组把多个值包含起来并传递给模板，元组中每个值对应一个格式符。

Python 字符串格式化指令如表 3.4 所示。

【例 3.12】按不同字符串格式输出数值，代码如下。

Example_str\str4.py

```
value = 23.14
print('value = ', value) # 输出原数值
# 注意%%表示输出百分号%本身
print('%%s = %s' % value) # %s 表示按字符串格式输出
print('%%f = %f' % value)  # %f 表示按浮点型格式输出
print('%%d = %d' % value)  # %d 表示按整型格式输出
print('%%x = %x' % int(value))# %x 表示按十六进制数值格
                              式输出
```

运行程序，输出结果如下：

```
value =  23.14
%s =  23.14
%f = 23.140000
%d = 23
%x = 17
```

另外，字符串格式化还有辅助指令，如表 3.5 所示。

【例 3.13】按不同字符串格式输出数值，代码如下。

Example_str\str5.py

```
pi = 3.14159265358979323846
print('pi = |%f|' % pi) # 默认小数点后保留 6 位
print('%%.2f = |%.2f|' % pi) # 保留小数点后 2 位
print('%%6.2f = |%6.2f|' % pi) # 总长度为 6 位
print('%%-6.2f = |%-6.2f|' % pi) # 左对齐
print('%%+6.2f = |%+6.2f|' % pi) # 前面添加 "+" 符号
print('%%06.2f = |%06.2f|' % pi)  # 前面添加 0
print('%%f%%%% = |%f%%|' % pi)     # %%输出一个%
```

运行程序，输出结果如下：

```
pi = |3.141593|
%.2f = |3.14|
%6.2f = |  3.14|
%-6.2f = |3.14  |
%+6.2f = | +3.14|
%06.2f = |003.14|
%f%% = |3.141593%|
```

表 3.3 Python 中的转义字符

转义字符	解　释
\\	反斜杠符号
\'	单引号
\"	双引号
\b	退格
\n	换行
\r	回车
\t	制表符
\oyy	以\o 开头的表示八进制数
\xyy	以\x 开头的表示十六进制数

表 3.4 Python 字符串格式化指令

指　令	解　释
%c	输出字符 ASCII
%d	输出整数
%u	输出无符号整数
%f	输出浮点数
%s	输出字符串
%x	输出十六进制数
%o	输出八进制数

表 3.5 Python 字符串格式化辅助指令

指　令	解　释
%m.nf	长度为 m，保留 n 位有效小数
–	左对齐
+	在正数前添加符号 "+"
0	在前面补充 0
%	%%将输出一个%

在输出多个相同属性信息的时候，可能会由于属性值的长度不一样而导致输出的信息未对齐。如果希望输出多行时相同的属性能够对齐，可以使用格式化的方式，参见例 3.14。

【例 3.14】使用字符串格式化，将输出信息对齐，代码如下。

Example_str\str6.py
```
name1 = 'zhangsan'
age1 = 23
height1 = 172.3
print('name: %10s, age: %3d, height: %5.1f' % (name1, age1, height1))
name2 = 'lisi'
age2 = 9
height2 = 93.4
print('name: %10s, age: %3d, height: %5.1f' % (name2, age2, height2))
name3 = 'wangwu'
age3 = 105
height3 = 155.5
print('name: %10s, age: %3d, height: %5.1f' % (name3, age3, height3))
```

运行程序，输出结果如下：
```
name:   zhangsan, age:  23, height: 172.3
name:       lisi, age:   9, height:  93.4
name:     wangwu, age: 105, height: 155.5
```

可以看到，无论各个变量的长度是多少，通过格式化的方式，都可以变成指定长度的数据。

3.2.5 与字符串相关的运算符

Python 中可以使用运算符对字符串进行操作，表 3.6 所示为与字符串相关的运算符。

【例 3.15】使用运算符对字符串进行操作，代码如下。

Example_str\str7.py
```
str1 = 'Hello'
str2 = 'World'
str3 = str1 + str2
print('%s + %s = %s' % (str1, str2, str3))
print('id(%s) = %s' % (str1, id(str1)))
print('id(%s) = %s' % (str2, id(str2)))
print('id(%s) = %s' % (str3, id(str3)))

str1 = 'Hello'
str2 = str1 * 3
print('%s * 3 = %s' % (str1, str2))
print('id(%s) = %s' % (str1, id(str1)))
print('id(%s) = %s' % (str2, id(str2)))

str1 = 'Hello'
str2 = 'He'
print('%s in %s is %s' % (str2, str1, str2 in str1))
print('%s not in %s is %s' % (str2, str1, str2 not in str1))
str1 = 'Hello'
str2 = 'Hi'
print('%s in %s is %s' % (str2, str1, str2 in str1))
print('%s not in %s is %s' % (str2, str1, str2 not in str1))
```

表 3.6　与字符串相关的运算符

运算符	解　释
+	字符串连接
*	字符串复制
in	判断某个子串是否在字符串中
not in	判断某个子串是否不在字符串中
%	格式化字符串

运行程序，输出结果如下：

```
Hello + World = HelloWorld
id(Hello) = 2560878294216
id(World) = 2560880925472
id(HelloWorld) = 2560880952880
Hello * 3 = HelloHelloHello
id(Hello) = 2560878294216
id(HelloHelloHello) = 2560880953008
He in Hello is True
He not in Hello is False
Hi in Hello is False
Hi not in Hello is True
```

可以看到，无论是字符串连接还是字符串复制，操作前后的字符串 str1、str2、str3 都分别对应不同的内存地址。说明在进行+、*运算符操作的过程中，会分配新的内存空间，并把操作数字符串中对应的值写入，而不是在原来操作数字符串的基础上直接进行修改。

3.2.6　用三引号描述字符串

三引号除了可以表示注释外，也可以用于描述字符串。用三引号描述的字符串可以跨多行。

用三引号描述的字符串可以用"所见即所得"的格式进行输出。当需要描述一段 HTML 代码或 SQL 语句的时候，使用三引号就非常方便了。例如：

```
sql = '''UPDATE student
SET s_age = 34
WHERE s_name = "zhangsan"'''
```

3.2.7　字符串常用的函数和方法

Python 中可以使用表 3.7 所示的常用函数对字符串进行操作。

表 3.7　字符串常用函数

函　　数	解　　释
max(str)	返回字符串中 ASCII 值最大的字符
min(str)	返回字符串中 ASCII 值最小的字符
len(str)	返回字符串的长度
str(value)	把其他类型数据转换成字符串

Python 中的字符串有表 3.8 所示的常用方法。

表 3.8　字符串常用方法

方　　法	解　　释
string.startswith(prefix)	判断字符串是否以 prefix 开头。是则返回 True，否则返回 False
string.endswith(suffix)	判断字符串是否以 suffix 结尾。是则返回 True，否则返回 False
string.find(sub)	判断字符串中是否包含 sub 子串。是则返回子串开始位置的索引，否则返回-1
string.index(sub)	判断字符串中是否包含 sub 子串。是则返回子串开始位置的索引，否则抛出异常
string.lower()	将所有字母转换为小写
string.upper()	将所有字母转换为大写
string.capitalize()	将字符串的第一个字符转换为大写字母

续表

方　　法	解　　释
string.title()	将字符串的每个单词首字母转换为大写字母
string.count(str)	返回子串 str 在整个字符串中出现的次数
string.join(seq)	以字符串为分隔符，将 seq 中所有的元素拼接起来，合并成一个新的字符串
string.replace(str1, str2, num)	将字符串中的 str1 子串替换成 str2。如果指定 num，则替换不超过 num 次
string.split(str)	以 str 为分隔符，将字符串切片
string.strip()	删除字符串两边的空格
string.isalpha()	判断字符串是否全部由字母组成
string.islower()	判断字符串是否全部由小写字母组成
string.isdigit()	判断字符串是否全部由数字组成
string.isalnum()	判断字符串是否全部由字母或数字组成
string.format()	格式化字符串

3.3　列表

列表的类型是 list。列表是 Python 中使用最频繁的数据类型，在其他语言中通常叫作数组，专门用于存储一串信息。列表通过 [ ] 符号把各个元素括起来，元素之间使用"，"分隔。

列表的格式定义如下：

```
[element1, element2, ...]
```

列表是序列类型，可以使用 len()函数查看列表的长度，参见例 3.16。

【例 3.16】定义列表，查看列表的长度。代码如下。

Example_list\list1.py

```
list1 = [1,3,5,7,9,11,13] # 将变量 list1 赋值为列表型的数据
print('list1 = ', list1)
print('type(list1) = ', type(list1))
print('len(list1) = ', len(list1)) # len()函数用于查看列表中数据元素的个数
```

运行程序，输出结果如下：

```
list1 = [1, 3, 5, 7, 9, 11, 13]
type(list1) = <class 'list'>
len(list1) = 7
```

关于列表的特征与相关操作，下面来逐一进行介绍。

3.3.1　访问列表中的元素

列表跟字符串一样，也是有索引的，列表的索引同样从 0 开始，而且列表通过索引获取元素的操作也是和字符串一样的。

（1）访问单个元素。格式如下：

```
list[index]
```

（2）访问多个元素，并截取其中的一段内容。格式如下：

```
list[begin:end:step]
```

各参数描述如下。

- begin：起始索引。

- end：结束索引。
- step：步长。

注意，切片截取的内容不包含结束索引对应的数据。如果起始索引值没有写，则默认从列表头开始访问；如果结束索引值没有写，则默认访问到列表最后。

另外步长可以不写，表示取默认值 1。步长也可以为负数，此时表示从后往前访问列表。参见例 3.17。

【例 3.17】使用索引访问列表中的元素，代码如下。

Example_list\list2.py
```python
list1 = [1, 3, 5, 7, 9, 11, 13]
print('list1 = ', list1)
print('list1[3] = ', list1[3])          # 索引 3 取出第四个元素
print('list1[0] = ', list1[0])          # 索引 0 取出第一个元素
print('list1[-1] = ', list1[-1])        # 索引-1 取出倒数第一个元素
print('list1[-3] = ', list1[-3])        # 索引-3 取出倒数第三个元素
print('list1[1:3] = ', list1[1:3])
# 从索引 1 开始到索引 3 结束，包含开始位置不包含结束位置
print('list1[1:] = ', list1[1:])        # 从索引 1 开始到最后，包含开始位置
print('list1[:3] = ', list1[:3])        # 从头开始到索引 3 结束，不包含结束位置
print('list1[:] = ', list1[:])          # 从头开始到最后
print('list1[1:6:2] = ', list1[1:6:2])
# 从索引 1 开始到索引 6 结束，包含开始位置不包含结束位置，步长为 2
print('list1[::2] = ', list1[::2])      # 从头开始到最后，步长为 2
print('list1[::-1] = ', list1[::-1])    # 从后往前
```

运行程序，输出结果如下：
```
list1 =  [1, 3, 5, 7, 9, 11, 13]
list1[3] =  7
list1[0] =  1
list1[-1] =  13
list1[-3] =  9
list1[1:3] =  [3, 5]
list1[1:] =  [3, 5, 7, 9, 11, 13]
list1[:3] =  [1, 3, 5]
list1[:] =  [1, 3, 5, 7, 9, 11, 13]
list1[1:6:2] =  [3, 7, 11]
list1[::2] =  [1, 5, 9, 13]
list1[::-1] =  [13, 11, 9, 7, 5, 3, 1]
```

另外，与字符串一样，如果访问单个元素时索引值超过最大索引，则会出现越界情况；如果使用切片时访问超出最大索引，则不会出现越界情况。

3.3.2　向列表中添加元素

向列表中添加元素可以有多种方法，具体如下。

1. append()方法

append()方法接收一个参数，格式如下：
```python
list.append(object)
```

参数描述如下。

● object：要添加的元素。

使用 append() 方法可以往列表后面添加 1 个元素，参见例 3.18。

【例 3.18】使用 append() 方法往列表后面添加元素，代码如下。

Example_list\list3.py
```
list1 = [1, 3, 5, 7, 9, 11, 13]
print('list1 = ', list1)
# 使用 append() 方法往列表后面添加 1 个元素
list1.append(15)
print('执行 list1.append(15) 操作后')
print('list1 = ', list1)
```

运行程序，输出结果如下：
```
list1 = [1, 3, 5, 7, 9, 11, 13]
执行 list1.append(15) 操作后
list1 = [1, 3, 5, 7, 9, 11, 13, 15]
```

可以看到，新的元素 15 被正常添加到列表的后面。

可是如果想要使用 append() 方法往列表后面添加多个元素，则会出现问题。
```
list2 = [1, 3, 5, 7, 9, 11, 13]
print('list2 = ', list2)
# 使用 append() 方法往列表后面添加多个元素
list2.append(15, 17)
```

运行程序，会报告如下错误：
```
Traceback (most recent call last):
File " D:\python\workspace\ch03\src\p3_4\Example_list\list3.py", line 3, in <module>
    list2.append(15, 17)
TypeError: append() takes exactly one argument (2 given)
```

出错的原因是列表的 append() 方法只能接收一个参数，如果传递了两个，就会报错。

有人会这样想：把要添加的元素放在一个列表中，然后把这个列表作为唯一的参数传递给 append() 方法，不就可以了吗？下面来试试看吧。

Example_datatype\list3.py
```
list1 = [1, 3, 5, 7, 9, 11, 13]
print('list1 = ', list1)
# 使用 append() 方法往列表后面添加多个元素
list1.append([15, 17])
print('执行 list1.append([15, 17]) 操作后')
print('list1 = ', list1)
print('len(list1) = ', len(list1))
```

运行程序，输出结果如下：
```
list1 = [1, 3, 5, 7, 9, 11, 13]
执行 list1.append([15, 17]) 操作后
list1 = [1, 3, 5, 7, 9, 11, 13, [15, 17]]
len(list1) = 8
```

可以看到，系统会把 15 和 17 当作一个元素添加到列表中，而不是把两个元素分开来添加，因此还是没有达到想要的效果。

要一次性往列表后面添加多个元素，就需要使用 extend() 方法。

2．extend()方法

extend()方法接收一个参数，格式如下：

```
list.extend(object)
```

参数描述如下。

object：要添加的元素。

【例 3.19】使用 extend()方法一次性往列表后面添加多个元素，代码如下。

Example_list\list4.py

```
list1 = [1, 3, 5, 7, 9, 11, 13]
print('list1 = ', list1)
# 使用 extend()方法一次性往列表后面添加多个元素
list1.extend([15, 17])
print('执行 list1.extend([15, 17])操作后')
print('list1 = ', list1)
print('len(list1) = ', len(list1))
```

运行程序，输出结果如下：

```
list1 = [1, 3, 5, 7, 9, 11, 13]
执行 list1.extend([15, 17])操作后
list1 = [1, 3, 5, 7, 9, 11, 13, 15, 17]
len(list1) = 9
```

可以看到，这次系统就会把 15 和 17 分开来作为两个元素添加到列表的后面，这样就符合要求了。

3．insert()方法

如果想要在列表的前面或中间插入元素，此时就需要使用 insert()方法。

insert()方法接收两个参数，格式如下：

```
list.insert(index, object)
```

各参数描述如下。

- index：元素插入的位置。
- object：要插入的元素。

【例 3.20】使用 insert()方法往列表中插入元素，代码如下。

Example_list\list5.py

```
list1 = [1, 3, 5, 7, 9, 11, 13]
print('list1 = ', list1)
# 使用 insert()方法往列表中插入元素
list1.insert(0, 666)
print('执行 list1.insert(0, 666)操作后')
print('list1 = ', list1)
```

运行程序，输出结果如下：

```
list1 = [1, 3, 5, 7, 9, 11, 13]
执行 list1.insert(0, 666)操作后
list1 = [666, 1, 3, 5, 7, 9, 11, 13]
```

可以看到，系统会在列表的开头位置（索引为 0）插入一个元素。

4．切片赋值

切片赋值的格式如下：

```
list[begin:end] = [element1, element2, ...]
```

由于对列表使用切片的方式可以返回 begin 位置的引用，因此进行切片赋值的操作就相当于把 begin<=索引值<end 这段区间中的元素替换成赋值语句右边的内容。特别地，如果 end=begin，则相当于把赋值语句右边的内容插入 begin 的位置。

```
list[begin:begin] = [element1, element2, ...]
```

切片赋值的作用很强大，使用切片赋值的方法可以一次性往列表中插入多个元素，参见例 3.21。

【例 3.21】使用切片赋值的方式往列表中插入元素，代码如下。

Example_list\list6.py
```
list1 = [1, 3, 5, 7, 9, 11, 13]
print('list1 = ', list1)
# 使用切片赋值的方式往列表中插入元素
list1[3:3] = [66, 77, 88]
print('执行 list1[3:3] = [66, 77, 88]操作后')
print('list1 = ', list1)
```

运行程序，输出结果如下：
```
list1 =  [1, 3, 5, 7, 9, 11, 13]
执行 list1[3:3] = [66, 77, 88]操作后
list1 =  [1, 3, 5, 66, 77, 88, 7, 9, 11, 13]
```

可以看到，这里使用切片赋值的方式在索引为 3 的位置上一次性插入了 3 个元素。

3.3.3 从列表中删除元素

从列表中删除元素也有多种方法，具体如下。

1. remove()方法

remove()方法可以从列表中删除指定值的元素。

remove()方法接收一个参数，格式如下：
```
list.remove(object)
```

参数描述如下。

object：要删除的元素。

【例 3.22】使用 remove()方法从列表中删除元素，代码如下。

Example_list\list7.py
```
list1 = [1, 3, 5, 7, 9, 11, 13]
print('list1 = ', list1)
# 使用 remove()方法从列表中删除元素
list1.remove(5)
print('执行 list1.remove(5)操作后')
print('list1 = ', list1)
```

运行程序，输出结果如下：
```
list1 =  [1, 3, 5, 7, 9, 11, 13]
执行 list1.remove(5)操作后
list1 =  [1, 3, 7, 9, 11, 13]
```

可以看到，这里从列表中删除了值为 5 的元素。注意，如果列表中有多个值相同的元素，remove()只会删除第一个匹配的元素。

2.　pop()方法

pop()方法可以在列表中删除指定索引的元素。

pop()方法接收一个参数，格式如下：

```
list.pop(index)
```

参数描述如下。

index：要删除元素的索引值。

【例 3.23】使用 pop()方法从列表中删除元素，代码如下。

Example_list\list8.py

```
list1 = [1, 3, 5, 7, 9, 11, 13]
print('list1 = ', list1)
# 使用pop()方法从列表中删除元素
ret = list1.pop(5)
print('执行list1.pop(5)操作后')
print('ret = ', ret)
print('list1 = ', list1)
```

运行程序，输出结果如下：

```
list1 =  [1, 3, 5, 7, 9, 11, 13]
执行 list1.pop(5)操作后
ret =  11
list1 =  [1, 3, 5, 7, 9, 13]
```

可以看到，这里从列表中删除了索引为 5 的元素。

3.　del 关键字

del 关键字可以从列表中删除指定索引的元素，格式如下：

```
del list[index]
```

注意，如果写成 del list，则会把整个列表删除。

【例 3.24】使用 del 关键字从列表中删除元素，代码如下。

Example_list\list9.py

```
list1 = [1, 3, 5, 7, 9, 11, 13]
print('list1 = ', list1)
# 使用del关键字从列表中删除元素
del list1[5]
print('执行 del list1[5] 操作后')
print('list1 = ', list1)
```

运行程序，输出结果如下：

```
list1 =  [1, 3, 5, 7, 9, 11, 13]
执行 del list1[5] 操作后
list1 =  [1, 3, 5, 7, 9, 13]
```

可以看到，这里从列表中删除了索引为 5 的元素。

注意，与 pop()方法不同，del 是关键字，因此没有返回值的说法。

4.　切片赋值

使用切片赋值不仅可以向列表中添加元素，还可以删除元素。使用切片赋值的方式从列表中删除元素的格式如下：

```
list[begin:end] = []
```

相当于把 begin<=索引值<end 这段区间中的元素删除，参见例 3.25。

【例 3.25】使用切片赋值的方式从列表中删除元素，代码如下。

Example_list\list10.py
```
list1 = [1, 3, 5, 7, 9, 11, 13]
print('list1 = ', list1)
# 使用切片赋值的方式从列表中删除元素
list1[3:6] = []
print('执行 list1[3:6] = [] 操作后')
print('list1 = ', list1)
```

运行程序，输出结果如下：
```
list1 = [1, 3, 5, 7, 9, 11, 13]
执行 list1[3:6] = [] 操作后
list1 = [1, 3, 5, 13]
```

可以看到，使用切片赋值的方式可以删除列表中的多个元素。

3.3.4 初始化列表

要对列表进行初始化，可以使用如下方法。

1. 循环调用 append()方法

如果要创建一个比较长的列表，而且列表中的元素存在一定的规律，最简单的方法是先创建一个空列表，然后调用 append()方法将元素逐个添加到列表中。参见例 3.26。

【例 3.26】循环调用 append()方法以初始化列表，代码如下。

Example_list\list11.py
```
n = 20
# 循环调用 append()方法以创建元素全为 0 的列表
list1 = []
for i in range(n):
    list1.append(0)
print('list1 = ', list1)
print('len(list1) = ', len(list1))

# 循环调用 append()方法以创建元素为 1~n 的列表
list2 = []
for i in range(1, n + 1):
    list2.append(i)
print('list2 = ', list2)
print('len(list2) = ', len(list2))
```

运行程序，输出结果如下：
```
list1 = [0, 0, 0, 0, 0, 0, 0, 0, 0, 0, 0, 0, 0, 0, 0, 0, 0, 0, 0, 0]
len(list1) = 20
list2 = [1, 2, 3, 4, 5, 6, 7, 8, 9, 10, 11, 12, 13, 14, 15, 16, 17, 18, 19, 20]
len(list2) = 20
```

可以看到，这里创建了两个最常见的列表，一个列表中元素全部为 0，另一个列表中元素为 1，2，3，…，n（n=20）。这是最简单的创建方法。

2. 列表推导式

列表推导式又称为列表解析式，它提供了一种简明的方法来创建列表，可以较大幅度地精简语句。

列表推导式的格式是在一个方括号中放置一个表达式，然后通过一个 for 语句，每次给表达式赋予一个不同的值，最终返回一个新列表。它包含以下两种构建方式。

（1）循环模式。格式为：

```
[<expr> for <var> in <iterable>]
```

各参数描述如下。

- expr：表达式。每次迭代时的生成值，作为返回值列表的其中一个元素。
- var：临时变量，每次迭代时访问序列中不同的值。该变量可在 expr 中使用。
- iterable：可迭代序列，例如列表等。

【例 3.27】使用列表推导式的循环模式初始化列表，代码如下。

Example_list\list12.py

```
n = 20
# 使用列表推导式创建元素全为 0 的列表
list1 = [0 for i in range(n)]
print('list1 = ', list1)
print('len(list1) = ', len(list1))

# 使用列表推导式创建元素为 0~（n-1）的列表
list2 = [i for i in range(n)]
print('list2 = ', list2)
print('len(list2) = ', len(list2))

# 使用列表推导式创建 n 以内所有偶数的列表
list3 = [i for i in range(2, n + 1, 2)]
print('list3 = ', list3)
print('len(list3) = ', len(list3))

# 使用列表推导式创建 n 以内所有整数的平方的列表
list4 = [i**2 for i in range(1, n + 1)]
print('list4 = ', list4)
print('len(list4) = ', len(list4))
```

运行程序，输出结果如下：

```
list1 =  [0, 0, 0, 0, 0, 0, 0, 0, 0, 0, 0, 0, 0, 0, 0, 0, 0, 0, 0, 0]
len(list1) =  20
list2 =  [0, 1, 2, 3, 4, 5, 6, 7, 8, 9, 10, 11, 12, 13, 14, 15, 16, 17, 18, 19]
len(list2) =  20
list3 =  [2, 4, 6, 8, 10, 12, 14, 16, 18, 20]
len(list3) =  10
list4 =  [1, 4, 9, 16, 25, 36, 49, 64, 81, 100, 121, 144, 169, 196, 225, 256, 289, 324, 361, 400]
len(list4) =  20
```

可以看到，这里通过列表推导式创建了元素有一定规律的列表。

（2）筛选模式。格式为：

```
[<expr> for <var> in <iterable> if <condition>]
```

各参数描述如下。

- expr：表达式。
- var：临时变量，每次迭代时访问序列中不同的值。该变量可在 expr 中使用。

- iterable：可迭代序列，例如列表等。
- condition：筛选的条件。只有条件满足时，*expr* 的值才能作为返回值列表的其中一个元素。

【例 3.28】使用列表推导式的筛选模式初始化列表，代码如下。

Example_list\list13.py
```
n = 20
# 使用列表推导式创建 n 以内大于 5 的元素的列表
list1 = [i for i in range(n + 1) if i > 5]
print('list1 = ', list1)
print('len(list1) = ', len(list1))

# 使用列表推导式创建 n 以内所有偶数的列表
list2 = [i for i in range(2, n + 1) if i % 2 == 0]
print('list2 = ', list2)
print('len(list2) = ', len(list2))
```

运行程序，输出结果如下：
```
list1 = [6, 7, 8, 9, 10, 11, 12, 13, 14, 15, 16, 17, 18, 19, 20]
len(list1) = 15
list2 = [2, 4, 6, 8, 10, 12, 14, 16, 18, 20]
len(list2) = 10
```

可以看到，这里使用列表推导式创建了更加复杂多样化的列表。

列表推导式的代码简单、快捷、高效，但代码本身可读性不高，调试起来也不方便。一般不建议初学者使用。

3. *运算符

使用*运算符可以快速创建有多个重复元素的列表。

【例 3.29】使用*运算符初始化列表，代码如下。

Example_list\list14.py
```
n = 20
# 创建元素全为 0 的列表
list1 = [0] * n
print('list1 = ', list1)
print('len(list1) = ', len(list1))
```

运行程序，输出结果如下：
```
list1 = [0, 0, 0, 0, 0, 0, 0, 0, 0, 0, 0, 0, 0, 0, 0, 0, 0, 0, 0, 0]
len(list1) = 20
```

可以看到，这里使用*运算符创建了有多个重复元素的列表。

3.3.5 二维列表

列表中可以放置任意的元素，也可以放置另一个列表，这就称为二维列表。如果要访问二维列表中具体的某个元素，则需要通过两层方括号去访问。参见例 3.30。

【例 3.30】二维列表的创建与元素访问，代码如下。

Example_list\list15.py
```
# 通过直接赋值的形式创建二维列表
list1 = [[1,2,3,4,5],
         [6,7,8,9,10],
```

```
            [11,12,13,14,15]]
print('list1 = ', list1)

# 通过循环调用 append() 方法的形式创建二维列表
list2 = []
for i in range(3):
    listTmp = []
    for j in range(5):
        listTmp.append(j + i * 5 + 1)
    list2.append(listTmp)
print('list2 = ', list2)

# 通过列表推导式的形式创建二维列表
list3 = [[j+i*5+1 for j in range(5)] for i in range(3)]
print('list3 = ', list3)

# 访问列表第一行
print('list1[0] = ', list1[0])
# 访问列表第二行第三个元素
print('list2[1][2] = ', list2[1][2])
```

运行程序，输出结果如下：

```
list1 = [[1, 2, 3, 4, 5], [6, 7, 8, 9, 10], [11, 12, 13, 14, 15]]
list2 = [[1, 2, 3, 4, 5], [6, 7, 8, 9, 10], [11, 12, 13, 14, 15]]
list3 = [[1, 2, 3, 4, 5], [6, 7, 8, 9, 10], [11, 12, 13, 14, 15]]
list1[0] = [1, 2, 3, 4, 5]
list2[1][2] = 8
```

可以看到，前面用于列表创建、列表初始化、列表访问的方式也可以用于二维列表。

3.3.6　列表常用的函数、方法和运算符

Python 中可以使用表 3.9 所示的函数对列表进行操作。

表 3.9　列表常用的函数

函　　数	解　　释
max(list)	返回所有列表元素中的最大值
min(list)	返回所有列表元素中的最小值
len(list)	返回列表中元素的个数
list(seq)	将其他元素转换为列表

Python 中的列表对象有如下常用的方法，如表 3.10 所示。

表 3.10　列表常用的方法

方　　法	解　　释
list.reverse()	将列表中所有元素反向
list.sort(cmp, key, reverse)	将列表中所有元素进行排序（默认从小到大）
list.clear()	清空列表

部分方法的使用可参见例 3.31。

【例 3.31】列表对象常用的方法，代码如下。

Example_list\list16.py
```
list1 = [3, 13, 21, 8, 5, 1, 2]
```

```
print('原来列表: ', list1)
list1.reverse()
print('列表反向: ', list1)
list1.sort()
print('列表从小到大排序: ', list1)
list1.sort(reverse = True)
print('列表从大到小排序: ', list1)
list1.clear()
print('清空列表: ', list1)
```

运行程序，输出结果如下：

```
原来列表: [3, 13, 21, 8, 5, 1, 2]
列表反向: [2, 1, 5, 8, 21, 13, 3]
列表从小到大排序: [1, 2, 3, 5, 8, 13, 21]
列表从大到小排序: [21, 13, 8, 5, 3, 2, 1]
清空列表: []
```

注意：对列表进行反向操作，推荐使用切片的代码 list1 = list1[::-1]，因为这样效率是最高的。

Python 中常用如下运算符对列表进行操作，如表 3.11 所示。

表 3.11 列表常用的运算符

运 算 符	解 释
+	列表拼接
*	列表复制
in	判断某个元素是否在列表中
not in	判断某个元素是否不在列表中

3.3.7 浅拷贝与深拷贝

1. 浅拷贝

下面先来看一个例子。

【例 3.32】使用赋值语句复制列表，代码如下。

Example_list\list17.py

```
list1 = [1,2,3]
# 使用赋值语句复制列表
list2 = list1
print('修改前 list1 为: ', list1)
print('修改前 list2 为: ', list2)
list2[2] = 4
print('修改后 list1 为: ', list1)
print('修改后 list2 为: ', list2)
```

浅拷贝与深拷贝

运行程序，输出结果如下：

```
修改前 list1 为: [1, 2, 3]
修改前 list2 为: [1, 2, 3]
修改后 list1 为: [1, 2, 4]
修改后 list2 为: [1, 2, 4]
```

我们发现，当修改 list2 中某个元素的时候，list1 中的元素也会被修改，这是为什么呢？

此时，需要对该例子进行简单的内存分析，如图 3.3 所示。

可以看到，当对列表进行赋值语句操作的时候，解释器会直接把旧对象的引用地址赋给新对象，所以实际上 list1 和 list2 指向的是相同的地址。当修改 list2 中的元素的时候，实际上 list1 也会发生变化。

如果希望修改 list2 的时候 list1 不发生变化，则可以考虑使用浅拷贝。导入 copy 模块，使用该模块中的 copy()方法可以实现浅拷贝，格式如下：

```
copy.copy()
```

【例 3.33】使用浅拷贝复制列表，代码如下。

Example_list\list18.py

```
import copy

list1 = [1,2,3]
# 使用浅拷贝复制列表
list2 = copy.copy(list1)
print('修改前 list1 为: ', list1)
print('修改前 list2 为: ', list2)
list2[2] = 4
print('修改后 list1 为: ', list1)
print('修改后 list2 为: ', list2)
```

运行程序，输出结果如下：

修改前 list1 为: [1, 2, 3]
修改前 list2 为: [1, 2, 3]
修改后 list1 为: [1, 2, 3]
修改后 list2 为: [1, 2, 4]

对该例子进行内存分析，如图 3.4 所示。

使用 copy 模块中的 copy()方法，解释器会将原列表完整地复制一份，并将其放到新的地址上。此时 list1 和 list2 指向不同的地址，当修改 list2 中的元素的时候，list1 并不会发生变化。

2. 深拷贝

前面是对一维列表进行操作，如果对二维列表进行操作，会有什么不同呢？下面再来看一个例子。

【例 3.34】使用浅拷贝复制二维列表，代码如下。

Example_list\list19.py

```
import copy

list1 = [[1,2,3],
         [4,5,6],
         [7,8,9]]
# 使用浅拷贝复制二维列表
list2 = copy.copy(list1)
print('修改前 list1 为: ', list1)
```

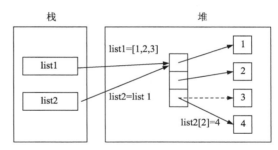

图 3.3　例 3.32 的内存分析图

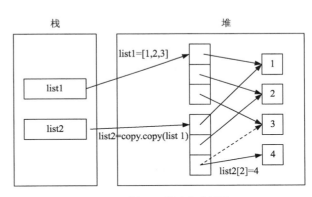

图 3.4　例 3.33 的内存分析图

```
print('修改前 list2 为: ', list2)
list2[0][2] = 4
print('修改后 list1 为: ', list1)
print('修改后 list2 为: ', list2)
```

运行程序，输出结果如下：

修改前 list1 为: [[1, 2, 3], [4, 5, 6], [7, 8, 9]]
修改前 list2 为: [[1, 2, 3], [4, 5, 6], [7, 8, 9]]
修改后 list1 为: [[1, 2, 4], [4, 5, 6], [7, 8, 9]]
修改后 list2 为: [[1, 2, 4], [4, 5, 6], [7, 8, 9]]

现在 list1 是一个二维列表。从中可以发现，使用浅拷贝，list2 中的元素被更改后，list1 中的元素也会被修改，这又是为什么呢？

对该例子进行内存分析，如图 3.5 所示。

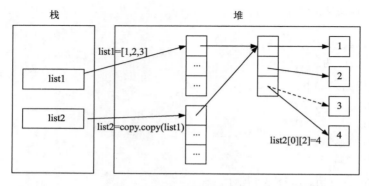

图 3.5　例 3.34 的内存分析图

可以看到，使用浅拷贝只对二维列表的直接引用（第一层引用）进行复制，但对间接引用（第二层引用）进行了直接赋值。因此实际上 list1 和 list2 第二层指向的是相同的地址，当修改 list2 中的元素的时候，实际上 list1 也会发生变化。

如果希望修改二维列表 list2 的时候，list1 不发生变化，可以考虑使用深拷贝。使用 copy 模块中的 deepcopy()方法可以实现深拷贝，格式如下：

```
copy.deepcopy()
```

【例 3.35】使用深拷贝复制二维列表，代码如下。

Example_list\list20.py
```
import copy

list1 = [[1,2,3],
         [4,5,6],
         [7,8,9]]
# 使用深拷贝复制二维列表
list2 = copy.deepcopy(list1)
print('修改前 list1 为: ', list1)
print('修改前 list2 为: ', list2)
list2[0][2] = 4
print('修改后 list1 为: ', list1)
print('修改后 list2 为: ', list2)
```

运行程序，输出结果如下：

修改前 list1 为：[[1, 2, 3], [4, 5, 6], [7, 8, 9]]
修改前 list2 为：[[1, 2, 3], [4, 5, 6], [7, 8, 9]]
修改后 list1 为：[[1, 2, 3], [4, 5, 6], [7, 8, 9]]
修改后 list2 为：[[1, 2, 4], [4, 5, 6], [7, 8, 9]]

对该例子进行内存分析，如图 3.6 所示。

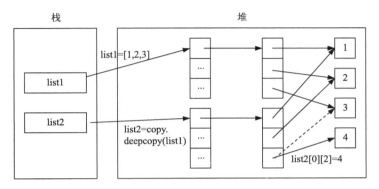

图 3.6　例 3.35 的内存分析图

使用 deepcopy()方法，解释器不仅会把直接引用（第一层引用）复制一份，而且会把里面的所有间接引用（第二层、第三层等引用）也全部完整地复制一份，将其全部放到新的地址上并建立好链接关系。此时当修改 list2 中具体某个元素的时候，list1 并不会发生变化。

3.4　元组

元组的类型是 tuple。Python 的元组与列表大部分功能都比较类似，主要的一个不同之处在于元组的元素不能修改，元组通过()把各个元素包含起来，元素之间使用","分隔。元组表示多个元素组成的序列，它的格式定义如下：

```
(element1, element2, ...)
```

元组是序列类型，可以使用 len()函数查看元组的长度。

【例 3.36】定义元组，查看元素的长度，代码如下。

Example_tuple\tuple1.py

```
tuple1 = (1,3,5,7,9,11,13) # 将变量 tuple1 赋值为元组型的数据
print('tuple1 = ', tuple1)
print('type(tuple1) = ', type(tuple1))
print('len(tuple1) = ', len(tuple1)) # len()函数用于查看元组中数据元素的个数
```

运行程序，输出结果如下：

```
tuple1 = (1, 3, 5, 7, 9, 11, 13)
type(tuple1) = <class 'tuple'>
len(tuple1) = 7
```

关于元组的特征与相关操作，下面来逐一进行介绍。

3.4.1　访问元组中的元素

通过如下方式可以访问元组中的元素。

（1）访问单个元素。格式如下：

```
tuple[index]
```

（2）访问多个元素，并使用切片截取其中的一段内容。格式如下：

```
tuple[begin:end:step]
```

各参数描述如下。

- begin：起始索引。
- end：结束索引。
- step：步长。

注意切片截取的内容不包含结束索引对应的数据。如果起始索引值没有写，则默认从元组头开始访问；如果结束索引值没有写，则默认访问到元组最后。

另外步长可以不写，表示取默认值 1。步长也可以为负数，此时表示从后往前访问元组。

【例 3.37】使用索引访问元组中的元素，代码如下。

Example_tuple\tuple2.py

```
tuple1 = (1, 3, 5, 7, 9, 11, 13)
print('tuple1 = ', tuple1)
print('tuple1[3] = ', tuple1[3])        # 索引 3 取出第四个元素
print('tuple1[0] = ', tuple1[0])        # 索引 0 取出第一个元素
print('tuple1[-1] = ', tuple1[-1])      # 索引-1 取出倒数第一个元素
print('tuple1[-3] = ', tuple1[-3])      # 索引-3 取出倒数第三个元素
print('tuple1[1:3] = ', tuple1[1:3])    # 从索引 1 开始，到索引 3 结束，包含开始位置，不包含结束位置
print('tuple1[1:] = ', tuple1[1:])      # 从索引 1 开始到最后，包含开始位置
print('tuple1[:3] = ', tuple1[:3])      # 从头开始到索引 3 结束，不包含结束位置
print('tuple1[:] = ', tuple1[:])        # 从头开始到最后
print('tuple1[1:6:2] = ', tuple1[1:6:2])
# 从索引 1 开始到索引 6 结束，包含开始位置，不包含结束位置，步长为 2
print('tuple1[::2] = ', tuple1[::2])    # 从头开始到最后，步长为 2
print('tuple1[::-1] = ', tuple1[::-1])  # 从后往前
```

运行程序，输出结果如下：

```
tuple1 =  (1, 3, 5, 7, 9, 11, 13)
tuple1[3] =  7
tuple1[0] =  1
tuple1[-1] =  13
tuple1[-3] =  9
tuple1[1:3] =  (3, 5)
tuple1[1:] =  (3, 5, 7, 9, 11, 13)
tuple1[:3] =  (1, 3, 5)
tuple1[:] =  (1, 3, 5, 7, 9, 11, 13)
tuple1[1:6:2] =  (3, 7, 11)
tuple1[::2] =  (1, 5, 9, 13)
tuple1[::-1] =  (13, 11, 9, 7, 5, 3, 1)
```

另外，与字符串和列表一样，如果访问单个元素时索引值超过最大索引，则会出现越界情况；如果使用切片时访问超出最大索引，则不会出现越界情况。

3.4.2　元组的特点

1．元组是不可变的

与列表最大的不同之处在于，元组是不可变的序列，无法对它进行增加、删除、修改操作。

元组中无法增加元素，参见例 3.38。

【例 3.38】使用 append() 方法往元组后面添加元素，代码如下。

Example_tuple\tuple3.py
```
tuple1 = (1, 3, 5, 7, 9, 11, 13)
print('tuple1 = ', tuple1)
# 使用 append() 方法往元组后面添加元素
tuple1.append(15)
```

运行程序，会报告如下错误：
```
tuple1 =  (1, 3, 5, 7, 9, 11, 13)
Traceback (most recent call last):
    File "D:\python\workspace\ch03\src\p3_5\Example_tuple\tuple3.py", line 4, in <module>
    tuple1.append(15)
AttributeError: 'tuple' object has no attribute 'append'
```

可以看到，程序运行错误的原因是 tuple 对象中没有名为 append 的属性或方法，从而无法向元组中添加元素。

元组中无法删除元素，参见例 3.39。

【例 3.39】使用 remove() 方法从元组中删除元素，代码如下。

Example_tuple\tuple4.py
```
tuple1 = (1, 3, 5, 7, 9, 11, 13)
print('tuple1 = ', tuple1)
# 使用 remove() 方法从元组中删除元素
tuple1.remove(5)
```

运行程序，会报告如下错误：
```
tuple1 =  (1, 3, 5, 7, 9, 11, 13)
Traceback (most recent call last):
    File "D:\python\workspace\ch03\src\p3_5\Example_tuple\tuple4.py", line 4, in <module>
    tuple1.remove(5)
AttributeError: 'tuple' object has no attribute 'remove'
```

可以看到，程序运行错误的原因是 tuple 对象中没有名为 remove 的属性或方法，从而无法从元组中删除元素。

元组中无法修改元素，参见例 3.40。

【例 3.40】使用赋值方式修改元组中的元素，代码如下。

Example_tuple\tuple5.py
```
tuple1 = (1, 3, 5, 7, 9, 11, 13)
print('tuple1 = ', tuple1)
# 使用赋值方式修改元组中的元素
tuple1[5] = 17
```

运行程序，会报告如下错误：
```
tuple1 =  (1, 3, 5, 7, 9, 11, 13)
Traceback (most recent call last):
    File "D:\python\workspace\ch03\src\p3_5\Example_tuple\tuple5.py", line 4, in <module>
```

```
      tuple1[5] = 17
TypeError: 'tuple' object does not support item assignment
```

可以看到，程序运行错误的原因是 tuple 对象不支持对其中元素进行赋值修改的功能。

2. 长度为 1 和长度为 0 的元组

如果元组的长度为 1，则需要在后面添加单独的 "," 符号。

注意，"(1)" 表示一个整数，而不是元组。"(1,)" 才表示元组，另外 "()" 表示长度为 0 的元组，参见例 3.41。

【例 3.41】构建长度为 1 和 0 的元组，代码如下。

Example_tuple\tuple6.py

```
tuple1 = (1)  # 这个是整数，不是元组
print('tuple1 = ', tuple1)
print('type(tuple1) = ', type(tuple1))

tuple2 = (1,)  # 长度为 1 的元组
print('tuple2 = ', tuple2)
print('type(tuple2) = ', type(tuple2))
print('len(tuple2) = ', len(tuple2))

tuple3 = ()  # 长度为 0 的元组
print('tuple3 = ', tuple3)
print('type(tuple3) = ', type(tuple3))
print('len(tuple3) = ', len(tuple3))
```

运行程序，输出结果如下：

```
tuple1 =  1
type(tuple1) =  <class 'int'>
tuple2 =  (1,)
type(tuple2) =  <class 'tuple'>
len(tuple2) =  1
tuple3 =  ()
type(tuple3) =  <class 'tuple'>
len(tuple3) =  0
```

3. 元组的圆括号可以省略

原则上，元组的圆括号可以省略，参见例 3.42。

【例 3.42】创建元组时省略圆括号，代码如下。

Example_tuple\tuple7.py

```
tuple1 = 1,2,3  # 即(1,2,3)，元组的圆括号被省略了
print('tuple1 = ', tuple1)
print('type(tuple1) = ', type(tuple1))
print('len(tuple1) = ', len(tuple1))

tuple2 = 1,  # 即(1,)
print('tuple2 = ', tuple2)
print('type(tuple2) = ', type(tuple2))
print('len(tuple2) = ', len(tuple2))
```

运行程序，输出结果如下：

```
tuple1 =  (1, 2, 3)
type(tuple1) =  <class 'tuple'>
len(tuple1) =  3
```

```
tuple2 = (1,)
type(tuple2) = <class 'tuple'>
len(tuple2) = 1
```

可以看到，即使不写圆括号，系统也一样能识别出是元组。不过一般情况下不建议省略圆括号，写上圆括号更方便代码的阅读与理解。

3.4.3 元组常用的函数和运算符

Python 中可以使用如下函数对元组进行操作，如表 3.12 所示。

Python 中可以使用如下运算符对元组进行操作，如表 3.13 所示。

表 3.12 元组常用的函数

函　　数	解　　释
max(tuple)	返回所有元组元素中的最大值
min(tuple)	返回所有元组元素中的最小值
len(tuple)	返回元组中元素的个数
tuple(seq)	将其他元素转换为元组

表 3.13 元组常用的运算符

运　算　符	解　　释
+	元组拼接
*	元组复制
in	判断某个元素是否在元组中
not in	判断某个元素是否不在元组中

注意，虽然元组本身元素无法修改，但这并不妨碍对元组进行+和*操作。事实上，对元组进行+和*操作，Python 将会为其分配新的内存空间，参见例 3.43。

【例 3.43】使用+运算符连接两个元组，代码如下。

Example_tuple\tuple8.py
```
tuple1 = (1, 2, 3)
tuple2 = (4, 5, 6)
tuple3 = tuple1 + tuple2
print('tuple1 = %s, id(tuple1) = %s' % (tuple1, id(tuple1)))
print('tuple2 = %s, id(tuple2) = %s' % (tuple1, id(tuple2)))
print('tuple3 = %s, id(tuple3) = %s' % (tuple1, id(tuple3)))
```
运行程序，输出结果如下：
```
tuple1 = (1, 2, 3), id(tuple1) = 2423904504128
tuple2 = (1, 2, 3), id(tuple2) = 2423905462976
tuple3 = (1, 2, 3), id(tuple3) = 2423904301312
```

可以看到，拼接前后的元组 tuple1、tuple2、tuple3 分别对应不同的内存地址。说明在进行+运算符操作的过程中，Python 将会为其分配新的内存空间，并把操作数元组中对应的值写入，而不是在原来操作数元组的基础上直接进行修改。

3.4.4 元组与列表的转换

使用 list()函数，可以把其他元组转换成列表；使用 tuple()函数，可以把列表转换成元组。具体参见例 3.44。

【例 3.44】把元组转换成列表，把列表转换成元组，代码如下。

Example_tuple\tuple9.py
```
# 元组转换成列表
tuple1 = (1,2,3)
print('tuple1 = ', tuple1)
list1 = list(tuple1)
```

```
print('转换成列表后')
print('list1 = ', list1)

# 列表转换成元组
list2 = [4,5,6]
print('list2 = ', list2)
tuple2 = tuple(list2)
print('转换成元组后')
print('tuple2 = ', tuple2)
```

运行程序，输出结果如下：

```
tuple1 =  (1, 2, 3)
转换成列表后
list1 =  [1, 2, 3]
list2 =  [4, 5, 6]
转换成元组后
tuple2 =  (4, 5, 6)
```

3.5　集合

集合的类型是 set。在 Python 中，集合通过 { }把各个元素括起来，元素之间使用逗号分隔。它的格式定义如下：

```
{element1, element2, ...}
```

可以使用 len()函数查看集合的长度。

【例 3.45】定义集合，查看集合的长度，代码如下。

Example_set\set1.py

```
# 定义非空集合
set1 = {1,3,5,7,9,11,13} # 将变量 set1 赋值为集合型的数据
print('set1 = ', set1)
print('type(set1) = ', type(set1))
print('len(set1) = ', len(set1)) # len()函数用于查看集合中数据元素的个数

# 定义空集合
set2 = set() # set()表示空集合
print('set2 = ', set2)
print('type(set2) = ', type(set2))
print('len(set2) = ', len(set2))
```

运行程序，输出结果如下：

```
set1 = {1, 3, 5, 7, 9, 11, 13}
type(set1) = <class 'set'>
len(set1) = 7
set2 = set()
type(set2) = <class 'set'>
len(set2) = 0
```

可以看到，空集合是用 set()表示的，而不是用{}，{}表示空的字典。

关于集合的特征与相关操作，下面来逐一进行介绍。

3.5.1　集合的特征

1.　集合中的元素是无序的

【例 3.46】随意向集合中输入几个元素，并查看输出的结果，代码如下。

Example_set\set2.py

```
set1 = {'zhangsan', 'lisi', 'wangwu', 'zhaoliu'}
print('set1 = ', set1)
```

运行程序，输出结果如下：

```
set1 = {'zhaoliu', 'lisi', 'wangwu', 'zhangsan'}
```

注意，输出的结果与输入的顺序不同。在集合中使用了散列（hash）排序，读者可暂时认为它是无序的。

2.　集合中的元素不能通过索引访问

因为集合是无序的，所以集合中的元素是零散的，用户不能通过索引访问元素。参见例 3.47。

【例 3.47】通过索引访问集合中的元素，代码如下。

Example_set\set3.py

```
set1 = {1,3,5,7,9,11,13}
print('set1[5] = ', set1[5])
```

运行程序，报告如下错误：

```
Traceback (most recent call last):
File "D:\python\workspace\ch03\src\p3_6\Example_set\set3.py", line 2, in <module>
    print('set1[5] = ', set1[5])
TypeError: 'set' object is not subscriptable
```

可以看到，集合对象中的元素不能通过索引访问。

3.　集合中的元素不能重复

列表和元组中的元素可以重复，但集合中的元素不能重复，集合会自动去掉重复的元素。参见例 3.48。

【例 3.48】在列表、元组、集合中分别放置重复的元素，代码如下。

Example_set\set4.py

```
# 在列表中放置重复的元素，重复的元素会出现在列表中
list1 = [1,1,1,3,3,5]
print('list1 = ', list1)

# 在元组中放置重复的元素，重复的元素会出现在元组中
tuple1 = (1,1,1,3,3,5)
print('tuple1 = ', tuple1)

# 在集合中放置重复的元素，重复的元素不会出现在集合中
set1 = {1,1,1,3,3,5}
print('set1 = ', set1)
```

运行程序，输出结果如下：

```
list1 = [1, 1, 1, 3, 3, 5]
tuple1 = (1, 1, 1, 3, 3, 5)
set1 = {1, 3, 5}
```

可以看到，列表和元组中都出现了重复的元素（1 和 3），但集合中没有出现重复的元素。

3.5.2　集合的相关操作

1.　向集合中添加元素

使用 add()方法可以向集合中添加一个元素，使用 update()方法可以向集合中一次性添加多个元素。如果要添加的元素在集合中已经存在，集合会自动屏蔽该操作。参见例 3.49。

【例 3.49】使用 add()方法向集合中添加元素，代码如下。

```
Example_set\set5.py
set1 = {1,3,5,7,9,11,13}
print('set1 = ', set1)

# 向集合中添加一个新元素
set1.add(15)
print('执行 set1.add(15)操作后')
print('set1 = ', set1)

# 向集合中添加已经存在的元素
set1.add(13)
print('执行 set1.add(13)操作后')
print('set1 = ', set1)

# 向集合中添加多个元素
set1.update([15, 17, 19])
print('执行 set1.update([15, 17, 19])操作后')
print('set1 = ', set1)
```

运行程序，输出结果如下：

```
list1 = {1, 3, 5, 7, 9, 11, 13}
执行 list1.add(15)操作后
list1 = {1, 3, 5, 7, 9, 11, 13, 15}
执行 list1.add(13)操作后
list1 = {1, 3, 5, 7, 9, 11, 13, 15}
执行 list1.update([15, 17, 19])操作后
list1 = {1, 3, 5, 7, 9, 11, 13, 15, 17, 19}
```

可以看到，如果集合中已经存在向集合中添加的元素，则该元素将不会被添加到集合中，且程序不会报错。

2.　从集合中删除元素

使用 remove()方法可以从集合中删除一个元素，但是程序必须确保该元素在集合中是存在的。参见例 3.50。

【例 3.50】使用 remove()方法从集合中删除元素，代码如下。

```
Example_set\set6.py
list1 = {1,3,5,7,9,11,13}
print('list1 = ', list1)

# 使用 remove()方法从集合中删除一个存在的元素
list1.remove(13)
print('执行 list1.remove(13)操作后')
```

```
print('list1 = ', list1)

# 使用 remove() 方法从集合中删除一个不存在的元素
list1.remove(15)
```

运行程序，报告如下错误：

```
list1 = {1, 3, 5, 7, 9, 11, 13}
执行 list1.remove(13) 操作后
list1 = {1, 3, 5, 7, 9, 11}
Traceback (most recent call last):
  File  "D:\python\workspace\ch02\src\p3_6\Example_datatype\set6.py",  line  10,  in
<module>
    list1.remove(15)
KeyError: 15
```

可以看到，如果要删除的元素在集合中不存在，该程序会报告错误。所以使用 remove() 方法需要确保要删除的元素在集合中是存在的。

如果不确定要删除的元素在集合中是否存在，可以考虑使用 discard() 方法，因为使用该方法时，即使要删除的元素在集合中不存在，程序也不会报错。当然，discard() 方法的效率要比 remove() 方法低。参见例 3.51。

【例 3.51】使用 discard() 方法从集合中删除元素，代码如下。

Example_set\set7.py

```
list1 = {1,3,5,7,9,11,13}
print('list1 = ', list1)

# 使用 discard() 方法从集合中删除一个存在的元素
list1.discard(13)
print('执行 list1.discard(13) 操作后')
print('list1 = ', list1)

# 使用 discard() 方法从集合中删除一个不存在的元素
list1.discard(15)
print('执行 list1.discard(15) 操作后')
print('list1 = ', list1)
```

运行程序，输出结果如下：

```
list1 = {1, 3, 5, 7, 9, 11, 13}
执行 list1.discard(13) 操作后
list1 = {1, 3, 5, 7, 9, 11}
执行 list1.discard(15) 操作后
list1 = {1, 3, 5, 7, 9, 11}
```

可以看到，即使要删除的元素在集合中不存在，该程序也不会报告错误。因此使用 discard() 方法可以不用关心该元素在集合中是否存在。但是，discard() 方法的效率比 remove() 方法要低，这点需要注意。

3. 集合常用的函数和方法

Python 中可以使用如下的函数对集合进行操作，如表 3.14 所示。

表 3.14　集合常用的函数

函　　数	解　　释
max(set)	返回所有集合元素中的最大值
min(set)	返回所有集合元素中的最小值
len(set)	返回集合中元素的个数
set(seq)	将其他元素转换为集合

集合常用的方法如表 3.15 所示。

表 3.15　集合常用的方法

方　　法	解　　释
s.issubset(t)	如果 s 是 t 的子集，则返回 True，否则返回 False
s.issuperset(t)	如果 s 是 t 的父集，则返回 True，否则返回 False
s.union(t)	返回 s 和 t 的并集
s.intersection(t)	返回 s 和 t 的交集
s.symmetric_difference(t)	返回 s 和 t 的异或集
s.difference(t)	返回 s 与 t 的差集（是 s 中的成员，但不是 t 中的成员）
s.copy()	返回集合 s 的浅拷贝
s.pop()	从集合 s 中任意删除一个元素，并返回该元素
s.clear()	清空集合

4. 集合与列表、元组之间的转换

使用 set()函数，可以把列表、元组转换成集合；使用 list()和 tuple()函数，可以把集合转换成列表和元组。参见例 3.52。

【例 3.52】把列表、元组转换成集合，把集合转换成列表、元组，代码如下。

Example_set\set8.py
```
# 列表转换成集合
list1 = [1,1,1,2,2,3]
print('list1 = ', list1)
set1 = set(list1)
print('转换成集合后')
print('set1 = ', set1)
# 元组转换成集合
tuple2 = (4,4,4,5,5,6)
print('tuple2 = ', tuple2)
set2 = set(tuple2)
print('转换成集合后')
print('set2 = ', set2)
# 集合转换成列表
set3 = {7,8,9}
print('set3 = ', set3)
list3 = list(set3)
print('转换成列表后')
print('list3 = ', list3)
# 集合转换成元组
set4 = {7,8,9}
print('set4 = ', set4)
tuple4 = tuple(set4)
```

```
print('转换成元组后')
print('tuple4 = ', tuple4)
```

运行程序，输出结果如下：

```
list1 =  [1, 1, 1, 2, 2, 3]
转换成集合后
set1 =  {1, 2, 3}
tuple2 =  (4, 4, 4, 5, 5, 6)
转换成集合后
set2 =  {4, 5, 6}
set3 =  {8, 9, 7}
转换成列表后
list3 =  [8, 9, 7]
set4 =  {8, 9, 7}
转换成元组后
tuple4 =  (8, 9, 7)
```

可以看到，列表和元组中可以出现重复的元素，但是转换成集合后，重复的元素将被去掉。

5. 集合之间的运算

Python 中集合之间可以进行如下运算，如表 3.16 所示。

表 3.16　集合运算

运　　算	对应集合方法	解　　释
set1 & set2	s.intersection(t)	返回 s 与 t 的交集
set1 | set2	s.union(t)	返回 s 与 t 的并集
set1 ^ set2	s.symmetric_difference(t)	返回 s 与 t 的异或集
set1 - set2	s.difference(t)	返回 s 与 t 的差集

关于集合运算可参见例 3.53。

【例 3.53】对集合进行交集、并集、异或集、差集运算，代码如下。

Example_set\set9.py

```
set1 = {1,2,3}
set2 = {3,4,5}
print('set1 = ', set1)
print('set2 = ', set2)
print('set1 & set2 = ', (set1 & set2)) # set1 和 set2 的交集
print('set1 | set2 = ', (set1 | set2)) # set1 和 set2 的并集
print('set1 ^ set2 = ', (set1 ^ set2)) # set1 和 set2 的异或集
print('set1 - set2 = ', (set1 - set2)) # set1 与 set2 的差集
print('set2 - set1 = ', (set2 - set1)) # set2 与 set1 的差集
```

运行程序，输出结果如下：

```
set1 =  {1, 2, 3}
set2 =  {3, 4, 5}
set1 & set2 =  {3}
set1 | set2 =  {1, 2, 3, 4, 5}
set1 ^ set2 =  {1, 2, 4, 5}
set1 - set2 =  {1, 2}
set2 - set1 =  {4, 5}
```

3.6 字典

字典的类型是 dict。在 Python 中，字典通过{}把各个元素括起来，元素之间使用逗号分隔。与集合不同的是，集合中每个元素是单独的一个值，而字典中每个元素是一个键值对，键和值之间用冒号隔开。它的格式定义如下：

```
{key1: value1, key2: value2, ...}
```

字典是 Python 中重要的一种数据类型，是除列表以外 Python 中最灵活的数据类型，可以存储任意对象，通常用于存储描述一个物体的相关信息。

可以使用 len()函数查看字典的长度。

另外需要注意的是，如果一个变量是内容为空的{}，则它属于字典类型。

【例 3.54】定义字典，查看字典的长度，代码如下。

Example_dict\dict1.py
```
# 定义非空字典
dict1 = {'name': 'zhangsan', 'age':23, 'height':172.3, 'married':True}
# 将变量 dict1 赋值为字典型的数据
print('dict1 = ', dict1)
print('type(dict1) = ', type(dict1))
print('len(dict1) = ', len(dict1)) # len()函数用于查看字典中数据元素的个数


# 定义空字典
dict2 = {} # {}表示空字典
print('dict2 = ', dict2)
print('type(dict2) = ', type(dict2))
print('len(dict2) = ', len(dict2))
```

运行程序，输出结果如下：
```
dict1 = {'name': 'zhangsan', 'age': 23, 'height': 172.3, 'married': True}
type(dict1) = <class 'dict'>
len(dict1) = 4
dict2 = {}
type(dict2) = <class 'dict'>
len(dict2) = 0
```

可以看到，{}表示空的字典。

字典和其他数据类型一样，也能够存储多个数据。字典有如下特点。

- 字典的每个元素由两部分组成，一部分称为键（key），另一部分称为值（value）。
- 在字典中查找某个元素时，是根据键来进行查找的。键就是例 3.55 中的 name、age 等。
- 字典的键不能重复，值可以重复。
- 字典的键只能是不可变类型，包括数值、字符串、元组。

与字典相关的操作，下面逐一进行介绍。

3.6.1 访问字典中的元素

要访问字典中的元素，可以通过访问键来访问对应的值。最简单的方法是通过索引访问字典中的元素。在字典中，索引就是字典的键。如果要访问的键不存在，则程序会报错，所以使用索引访问字典时需要确保要访问的元素在字典中是存在的，参见例 3.55。

【例 3.55】使用索引访问字典中键对应的值，代码如下。

Example_dict\dict2.py
```
dict1 = {'name': 'zhangsan', 'age':23, 'height':172.3, 'married':True}
print('dict1 = ', dict1)
# 使用索引访问字典中存在的键
print('name = ', dict1['name'])  # 访问字典中 name 键对应的值
print('age = ', dict1['age'])  # 访问字典中 age 键对应的值
```

运行程序，输出结果如下：
```
dict1 = {'name': 'zhangsan', 'age': 23, 'height': 172.3, 'married': True}
name = zhangsan
age = 23
```

注意如果要访问一个不存在的键，则程序会报错。例如：
```
# 使用索引访问字典中不存在的键
print('sex = ', dict1['sex'])
```

则报告如下错误：
```
Traceback (most recent call last):
    File "D:\python\workspace\ch02\src\p3_7\Example_datatype\dict2.py", line 6, in <module>
    print('sex = ', dict1['sex'])
KeyError: 'sex'
```

如果不确定要访问的键是否存在，可以考虑使用 get()方法。即使要访问的键在字典中不存在，程序也不会报错，只是返回 None。参见例 3.56。

【例 3.56】使用 get()方法访问字典中键对应的值，代码如下。

Example_dict\dict3.py
```
dict1 = {'name': 'zhangsan', 'age':23, 'height':172.3, 'married':True}
print('dict1 = ', dict1)
# 使用 get()方法访问字典中存在的键
print('name = ', dict1.get('name'))  # 使用 get()方法获取字典中 name 键对应的值
print('age = ', dict1.get('age'))    # 使用 get()方法获取字典中 age 键对应的值
# 使用 get()方法访问字典中一个不存在的键
print('sex = ', dict1.get('sex'))
```

运行程序，输出结果如下：
```
dict1 = {'name': 'zhangsan', 'age': 23, 'height': 172.3, 'married': True}
name = zhangsan
age = 23
sex = None
```

可以看到，即使要访问的键在字典中不存在，程序也不会报错。但是要注意，get()方法的效率要比使用索引访问键的效率低。具体要使用哪个，读者可以根据项目实际情况来权衡。

3.6.2　修改字典中的元素

要修改字典中的元素，可以使用赋值语句，通过键去修改对应的值。如果要修改的键在字典中找不到，则会在字典中增加对应的键值对。参见例 3.57。

【例 3.57】使用赋值语句修改字典中键对应的值，代码如下。

Example_dict\dict4.py
```
# 定义一个字典
dict1 = {'name': 'zhangsan', 'age':23, 'height':172.3, 'married':True}
```

```
print('dict1 = ', dict1)
print('len(dict1) = ', len(dict1))

# 修改字典中 married 键对应的值
dict1['married'] = False
print('修改键 married 对应的值为 False 后')
print('dict1 = ', dict1)
print('len(dict1) = ', len(dict1))

# 修改字典中 sex 键对应的值
dict1['sex'] = 'male'
print('修改键 sex 对应的值为 male 后')
print('dict1 = ', dict1)
print('len(dict1) = ', len(dict1))
```

运行程序，输出结果如下：

```
dict1 = {'name': 'zhangsan', 'age': 23, 'height': 172.3, 'married': True}
len(dict1) = 4
修改键 married 对应的值为 False 后
dict1 = {'name': 'zhangsan', 'age': 23, 'height': 172.3, 'married': False}

len(dict1) = 4
修改键 sex 对应的值为 male 后
dict1 = {'name': 'zhangsan', 'age': 23, 'height': 172.3, 'married': False, 'sex': 'male'}
len(dict1) = 5
```

可以看到，原来的字典中有 married 键，赋值语句直接对 married 键对应的值进行修改；而原来的字典中没有 sex 键，赋值语句将 sex 键与对应的值添加到字典中。

3.6.3 删除字典中的元素

要删除字典中的元素，可以通过键去删除对应的值。可以使用 pop()方法，也可以使用 del 关键字。区别在于：pop()方法返回对应的值，del 没有返回值。参见例 3.58。

【例 3.58】使用 pop()方法和 del 关键字删除字典中的元素，代码如下。

Example_dict\dict5.py
```
# 定义一个字典
dict1 = {'name': 'zhangsan', 'age':23, 'height':172.3, 'married':True}
print('dict1 = ', dict1)
print('len(dict1) = ', len(dict1))

# 使用 pop()方法删除字典中 married 键对应的值
ret = dict1.pop('married')
print('执行 dict1.pop(married)后')
print('ret = ', ret)
print('dict1 = ', dict1)
print('len(dict1) = ', len(dict1))

# 使用 del 关键字删除字典中 age 键对应的值
del dict1['age']
print('执行 del dict1[age]后')
print('dict1 = ', dict1)
```

```
print('len(dict1) = ', len(dict1))
```

运行程序，输出结果如下：

```
dict1 = {'name': 'zhangsan', 'age': 23, 'height': 172.3, 'married': True}
len(dict1) = 4
执行 dict1.pop(married)后
ret = True
dict1 = {'name': 'zhangsan', 'age': 23, 'height': 172.3}
len(dict1) = 3
执行 del dict1[age]后
dict1 = {'name': 'zhangsan', 'height': 172.3}
len(dict1) = 2
```

可以看到，pop()方法和 del 关键字都可以删除字典中键对应的值。

3.6.4　字典常用的函数和方法

Python 中可以使用如下常用的函数对字典进行操作，如表 3.17 所示。

表 3.17　字典常用函数

函　　数	解　　释
len(set)	返回字典中元素的个数
str(set)	用字符串描述字典

Python 中的字典对象有如下常用的方法，如表 3.18 所示。

表 3.18　字典常用方法

方　　法	解　　释
dict.get(key, default=None)	根据键访问值。找不到则返回 default 值
dict.items()	以列表形式返回字典中的所有键值对
dict.keys()	以列表形式返回字典中的所有键
dict.pop(key, default)	在字典中删除键对应的值
dict.clear()	清空字典

3.6.5　遍历字典

遍历字典可以用如下方法。

（1）使用 items()方法返回字典中的键值对组成的列表，然后逐个访问列表中的元素。参见例 3.59。

【例 3.59】使用 items()方法遍历字典的键值对，代码如下。

Example_dict\dict6.py

```
dict1 = {'name': 'zhangsan', 'age':23, 'height':172.3, 'married':True}
print('dict1 = ', dict1)
# 使用 items()方法返回字典中的键值对组成的列表
# 并通过 for 循环逐个访问列表中的元素
# 每个元素均为一个键和一个值组成的元组
for key, value in dict1.items():
    print('%s:%s' % (key, value))
```

运行程序，输出结果如下：

```
dict1 = {'name': 'zhangsan', 'age': 23, 'height': 172.3, 'married': True}
name:zhangsan
```

```
age:23
height:172.3
married:True
```

可以看到，items()方法返回了字典中键值对组成的序列。

（2）使用 keys()方法访问字典中的键组成的列表，再根据键逐个获取对应的值。参见例 3.60。

【例 3.60】使用 keys()方法遍历字典的键，代码如下。

Example_dict\dict7.py

```
dict1 = {'name': 'zhangsan', 'age':23, 'height':172.3, 'married':True}
print('dict1 = ', dict1)
# 使用 keys()方法返回字典中的键组成的列表
# 并通过 for 循环逐个访问列表中的元素
# 每个元素均为对应的键
for key in dict1.keys():
    value = dict1.get(key)
    print('%s:%s' % (key, value))
```

运行程序，输出结果如下：

```
dict1 = {'name': 'zhangsan', 'age': 23, 'height': 172.3, 'married': True}
name:zhangsan
age:23
height:172.3
married:True
```

可以看到，keys()方法返回了字典中键组成的序列。对该序列进行遍历时，还需要使用 get()方法或索引才能获取到对应的值。

3.6.6　字典和列表的结合

字典和列表结合可以实现更强大的功能，例如描述一个班上多个学生的信息。参见例 3.61。

【例 3.61】使用字典和列表的结合，描述一个班上多个学生的信息，代码如下。

Example_dict\dict8.py

```
# 定义一个列表，列表的每个元素分别描述一个人的各种信息
persons = [
    # 第一个学生
    {
        'name':'zhangsan',
        'age':23,
        'height':172.3,
        'married': True
    },
    # 第二个学生
    {
        'name':'lisi',
        'age':34,
        'height':165.7,
        'married': False,
        'weight':222.2
    },
    # 第三个学生
    {
        'name':'wangwu',
        'age':55,
```

```
        'height':155.5,
    }
]
print('persons = ', persons)
print('遍历所有人员信息')
for person in persons:
    for key in person.keys():
        value = person.get(key)
        print('%s:%s' % (key, value), end = '\t')
    print()
```

运行程序，输出结果如下：

```
persons =  [{'name': 'zhangsan', 'age': 23, 'height': 172.3, 'married': True}, {'name':
'lisi', 'age': 34, 'height': 165.7, 'married': False, 'weight': 222.2}, {'name': 'wangwu',
'age': 55, 'height': 155.5}]
遍历所有人员信息
name:zhangsan age:23    height:172.3 married:True
name:lisi      age:34   height:165.7 married:Falseweight:222.2
name:wangwu    age:55   height:155.5
```

在实际开发中会使用一个大的列表，列表中有多个字典，用来描述多名人员信息。这种方式是比较通用的。

3.6.7　zip()函数

zip()函数用于将可迭代的对象中对应的元素进行打包，返回一个 zip 对象。可以使用 list()或 dict()函数把这个对象转换成列表或字典。接下来利用这个原理组装一个键值对，参见例 3.62。

【例 3.62】使用 zip()函数将多个可迭代的对象中对应的元素打包，代码如下。

Example_dict\dict9.py

```
keys = ['name', 'age', 'height', 'married']
values = ['zhangsan', 23, 172.3, True]
# 逐个对 keys 和 values 中的元素进行打包
dict1 = dict(zip(keys, values))
print('dict1 = ', dict1)
```

运行程序，输出结果如下：

```
dict1 =  {'name': 'zhangsan', 'age': 23, 'height': 172.3, 'married': True}
```

在实际开发中，可以把读取到的人员信息保存到列表中，然后使用 zip()函数的这种组织方式将其打包成多个字典。

习题

一、选择题

1. 下列不是 Python 元组的定义方式的是（　　）。

　A.　(1)　　　　　　B.　(1,)　　　　　　C.　(1, 2)　　　　　　D.　(1, 2, (3, 4))

2. 若 a = (1, 2, 3,4)，下列（　　）操作是非法的。

　A.　a[1:-1]　　　　B.　a*3　　　　　　C.　a[2] = 5　　　　　D.　list(a)

3. 下面程序的输出结果是（　　）。

```
dict = {"A": "a", "B": "b", "C": "c"}
```

```
print(dict["C"])
print(dict.get("C", "d"))
```

    A. a、a   B. c、c   C. c、d   D. d、d

二、填空题

1. 下面程序输出的结果是_____。

```
list1=[2,3]
list2=list1[::]
list1[0]=4
print(list1,list2)
```

2. 下面程序输出的结果是_____。

```
list1=list(map(str,[1,2,3]))
print(list1)
```

3. 下面程序输出的结果是_____、_____。

```
list1 = [1, 3, 5, 7, 9, 11, 13, 15, 17]
print(list1[3:7])
print(list1[-3:7])
```

4. 下面程序输出的结果是_____、_____。

```
list1=list(range(6))[::2]
list2=list(range(6))[:2:]
list3=list(range(6))[2::]
print(list1)
print(list2)
print(list3)
```

5. 下面程序输出的结果是_____。

```
x = {'a': 1, 'b': 2}
x.update({'a': 3, 'd': 4})
print(sorted(x.items()))
```

三、编程题

1. 使用字典的方式，按如下要求编写程序。

（1）假设学生有两个属性：姓名、考试分数（包括语文、数学、英语的分数）。例如定义如下两个学生。

姓名：xiaohong。年龄：18。考试分数：语文 81，数学 83，英语 84。

姓名：xiaowang。年龄：19。考试分数：语文 76，数学 77，英语 87。

（2）给学生添加一门 Python 课程成绩，xiaohong 为 90 分，xiaowang 为 80 分。

（3）把 xiaowang 的数学成绩由 77 分改成 89 分。

（4）对 xiaowang 的课程分数按照从低到高的顺序输出。

2. 编写程序以制作名片，使用字典存储一个人输入的姓名、年龄、学号、电话等数据，最后将全部信息格式化输出，如下所示。

```
请输入名字：Tom
请输入年龄：28
请输入学号：20200417
请输入电话：18388888888


*******************************
姓名：Tom              年龄：28
学号：20200417         电话：18388888888
*******************************
```

04 第4章　分支结构和循环结构

学习目标

- 熟练使用 if...elif...else 语句。
- 熟练使用 while、for 循环，了解迭代器的概念，掌握 pass 语句的使用方法。

一般的编程语言都有 3 种流程控制结构：顺序结构、分支结构、循环结构。Python 也不例外。

顺序结构很好理解，就是让程序从头到尾执行每一条代码，不重复执行代码，也不跳过代码。Python 中没有所谓的 main() 函数或方法，一般就是从文件的第一行执行到最后一行。当然，也可以用下面的代码模拟出 main() 函数的功能。

```
def main():
    …
if __name__ == '__main__':
    main()
```

本章重点介绍分支结构和循环结构。

4.1　分支结构

分支结构的语句一般是指条件语句。

Python 条件语句通过一条或多条语句的执行结果来决定将要执行的代码块。条件语句中包括 if、elif、else 3 个关键字，用于进行分支的选择和执行。

Python 中的 if 语句有 3 种形式。

（1）if...。格式如下：

```
if <expr>:
    <statements>
```

【例 4.1】使用 if 语句判断分数是否大于等于 60，是则输出"及格"，代码如下。

Example_if\if1.py

```
score = int(input('请输入分数：'))
if score >= 60:
    print('及格')
```

运行程序。如果输入"72"，则结果如下：

请输入分数：72

及格

如果输入"52"，则结果如下：

请输入分数：52

可以看到，只有分数大于等于 60 的情况下，才会输出"及格"；否则不输出任何信息。

（2）if...else...。格式如下：

```
if <expr>:
    <statements>
else:
    <statements>
```

【例 4.2】使用 if...else...语句判断分数是否大于等于 60，是则输出"及格"，否则输出"不及格"，代码如下。

Example_if\if2.py

```
score = int(input('请输入分数：'))
if score >= 60:
    print('及格')
else:
    print('不及格')
```

运行程序。如果输入"72"，则结果如下：

请输入分数：72
及格

如果输入"52"，则结果如下：

请输入分数：52
不及格

可以看到，分数大于等于 60 的情况下，会输出"及格"；否则输出"不及格"。

（3）if...elif...else...。格式如下：

```
if <expr>:
    <statements>
elif <expr>:
    <statements>
# 这里可以有多个 elif 语句
else:
    <statements>
```

【例 4.3】使用 if...elif...else...语句对分数进行判断，根据不同的范围输出不同的结果，代码如下。

Example_if\if3.py

```
score = int(input('请输入分数：'))
if score >= 90:
    print('优秀')
elif score >= 80:
    print('良好')
elif score >= 70:
    print('中等')
elif score >= 60:
    print('及格')
else:
    print('不及格')
```

运行程序。如果输入"72"，则结果如下：

请输入分数：72

中等

如果输入"52",则结果如下:

请输入分数: 52

不及格

可以看到,程序根据输入分数值的不同,会输出不同的结果。

另外,Python 语言支持使用 a<=b<=c 格式编写的判断条件,这个在其他编程语言（C 语言、Java 等）中是不支持的。所以可以对例 4.3 的代码做进一步改写,参见例 4.4。

【例 4.4】使用 a<=b<=c 的格式对分数进行判断,根据不同的范围输出不同的结果,代码如下。

Example_if\if4.py

```python
score = int(input('请输入分数: '))
if 90 <= score <= 100:
    print('优秀')
elif 80 <= score < 90:
    print('良好')
elif 70 <= score < 80:
    print('中等')
elif 60 <= score < 70:
    print('及格')
elif 0 <= score < 60:
    print('不及格')
else:
    print('分数有错')
```

运行程序。如果输入"72",则结果如下:

请输入分数: 72

中等

如果输入"52",则结果如下:

请输入分数: 52

不及格

可以看到,程序根据输入分数值的不同,会输出不同的结果。

在 Python 中写条件语句时,有如下注意事项。

- 与其他常用的编程语言不同,Python 中的条件语句（还有后面的循环语句）不用写包含代码块的花括号,另外用于判断条件的圆括号也可以不用写。取而代之的是使用缩进来划分语句块,相同缩进数的语句在一起组成一个语句块。
- Python 中的条件语句只有 if,没有 switch...case,后者在其他编程语言中也属于条件语句。
- 不建议把 if 表达式与条件执行的语句放在同一行,例如不建议写下面的代码:

```python
if score >= 60: print('及格')
else: print('不及格')
```

- if 语句的判断表达式可以为布尔值,也可以为整数。例如下面两种写法都是正确的:

```python
if a != 0:#if 语句的表达式为布尔值
    print('a 非 0')
```

或

```python
if a: #if 语句的表达式为整数
    print('a 非 0')
```

本书更倾向于使用第一种写法。

4.2 循环结构

在实际工作中，程序员经常会遇到很多重复性的操作，此时就需要在程序中重复执行某几条语句。这种重复执行语句的结构就称为循环结构。循环结构一般会有一个退出循环的条件，就是当满足某个特殊条件时，循环不再继续。

在每次执行循环体之前要对控制条件进行判断，当条件满足时，则执行循环体，不满足时则停止。

Python 中的循环语句包括 while 和 for 两种。注意，其他编程语言中的 do...while 语句在 Python 中是没有的，下面来简单了解一下。

4.2.1 while 循环

在 while 循环语句中，当控制表达式的值为 True 的时候，while 代码块中的语句将被重复执行。它的语法格式如下：

```
while <expr>:
    <statements>
```

while 流程图如图 4.1 所示。

while 循环的特点是：在每次执行循环体之前，都要对表达式进行判断。只要表达式的值为 True，循环体就一直被执行；当表达式的值变为 False 的时候，程序将退出循环体的执行。

【例 4.5】使用 while 循环输出 10 次 hello，代码如下。

Example_while\while1.py
```
times = 10
# 从10遍历到0
while times > 0:
    print('hello',end='')
    times -= 1
print()
```

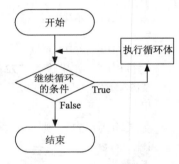

图 4.1　while 流程图

运行程序，输出结果如下：
```
hello hello hello hello hello hello hello hello hello hello
```

特殊情况下，如果在一开始的时候，表达式的值为 False，则循环体中的内容有可能一次都不会执行。例如把上面 times 的初始值改为 0：
```
times = 0
while times > 0:
    print('hello')
    times -= 1
```

这个程序如果运行，将不会输出任何信息。

4.2.2 for 循环

Python 中的另一种循环语句是 for 循环，它可以遍历任何序列的项目，如一个列表或者一个字符串。它的语法格式如下：
```
for <var> in <sequence>:
    <statements>
```

for 循环流程图如图 4.2 所示。

该流程图的含义是：首先对 for 的条件进行判断，然后通过游标指向第 0 个位置，即第一个元素；如果对应位置有元素，则将该元素赋给临时变量，并执行循环体；循环体执行完成后，游标向后移动一个位置，再判断该位置是否有元素，如果有，则继续执行循环体，游标后移；直到下一个位置没有元素时循环结束。

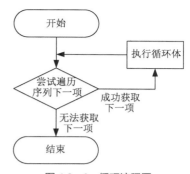

图 4.2　for 循环流程图

【例 4.6】使用 for 循环输出列表中的每一个元素，代码如下。

Example_for\for1.py
```
list1 = ['zhangsan', 'lisi', 'wangwu', 'zhaoliu']
# 使用 for 循环遍历列表中的每一个元素
for value in list1:
    print(value,end='')
print()
```

运行程序，输出结果如下：
```
zhangsan lisi wangwu zhaoliu
```

如果需要遍历多个整数序列，把这些整数逐个写到列表中会显得太烦琐，此时则需要用到 range() 函数。

range() 函数的语法如下：
```
range([start, ] end [, step])
```

它指定遍历的整数序列的开始位置和结束位置，并指定每次遍历的步长。其中访问的值包括开始位置，但不包括结束位置。

range() 函数在 for 循环中的格式为：
```
for <variable> in range([start, ] end [, step]):
    <statements>
```

其中，开始位置和步长参数可以忽略不写。参见例 4.7。

【例 4.7】使用 for 循环从 0 遍历到 10，并输出每个数值，代码如下。

Example_for\for2.py
```
# 使用 for 循环从 0 遍历到 10
for i in range(10):
    print(i,end='')
print()
```

运行程序，输出结果如下：
```
0 1 2 3 4 5 6 7 8 9
```

可以看到，range(10) 表示从 0 开始，到 10 结束，包含开始位置 0，不包含结束位置 10。

可以指定 range() 函数的开始位置参数，并忽略步长参数，参见例 4.8。

【例 4.8】使用 for 循环从 3 遍历到 10，并输出每个数值，代码如下。

Example_for\for3.py
```
# 使用 for 循环从 3 遍历到 10
for i in range(3, 10):
    print(i,end'')
print()
```

运行程序，输出结果如下：
```
3 4 5 6 7 8 9
```

可以看到，range(3, 10)表示从 3 开始，到 10 结束，包含开始位置 3，不包含结束位置 10。

也可以指定 range()函数的开始位置参数和步长参数，参见例 4.9。

【例 4.9】使用 for 循环从 3 遍历到 10，每两个数值输出一次，代码如下。

Example_for\for4.py
```python
# 使用 for 循环从 3 遍历到 10, 每两个数值输出一次
for i in range(3, 10, 2):
    print(i,end'')
print()
```

运行程序，输出结果如下：
```
3 5 7 9
```

可以看到，range(3, 10, 2)表示从 3 开始，到 10 结束，步长为 2，包含开始位置 3，不包含结束位置 10。

如果要实现反方向遍历，可以把步长的值设置为-1，参见例 4.10。

【例 4.10】使用 for 循环从 10 反向遍历到 0，并输出每个数值，代码如下。

Example_for\for5.py
```python
# 使用 for 循环从 10 反向遍历到 0, 并输出每个数值
for i in range(10, 0, -1):
    print(i,end'')
print()
```

运行程序，输出结果如下：
```
10 9 8 7 6 5 4 3 2 1
```

可以看到，range(10, 0, -1)表示从 10 开始反向遍历，到 0 结束，包含开始位置 10，步长为-1，不包含结束位置 0。

for 循环也可以结合 range()和 len()函数，实现遍历序列的效果，参见例 4.11。

【例 4.11】使用 for 循环，结合 range()和 len()函数，遍历列表中的每个元素，代码如下。

Example_for\for6.py
```python
list1 = ['zhangsan', 'lisi', 'wangwu', 'zhaoliu']
# 使用 for 循环, 结合 range()和 len()函数, 遍历列表中的每个元素
for i in range(len(list1)):
    print('第%d个元素是%s' % (i, list1[i]))
```

运行程序，输出结果如下：
```
第 0 个元素是 zhangsan
第 1 个元素是 lisi
第 2 个元素是 wangwu
第 3 个元素是 zhaoliu
```

可以看到，使用这种方法遍历列表的同时还可以得到每个元素对应的索引值。

不过，在实际编程时不推荐使用这种写法。如果纯粹是遍历序列，还是更推荐使用例 4.6 中的写法；如果确实需要同时获取索引和对应的值，则推荐使用 enumerate()函数，见 4.2.5 小节。

4.2.3　跳出循环

在前面的例子中，循环都会一直执行，直到条件为 False 时才会退出。如果循环到了某个时刻，已经得到想要的结果，此时希望提前中断循环，该怎么办呢？

Python 提供的 break、continue 等语句可用于这种情形。

（1）break 语句用于终止并退出循环。在 while、for 循环中，都可以使用 break 语句。如果在嵌套循环中的内循环中使用了 break 语句，则会跳出内循环，到达外循环。

【例 4.12】在循环中，使用 break 语句可跳出循环，代码如下。

Example_break\break1.py
```
str1 = 'Hello,World'
index = 0
while index < len(str1):
    # 遍历并获取字符串中的每一个字符
    c = str1[index]
    index += 1
    # 碰到','字符跳出循环
    if c == ',':
        break
    # 其他字符输出
    print(c, end = '')
print()

str2 = 'Hello,World'
for c in str1:
    # 遍历并获取字符串中的每一个字符
    # 碰到','字符跳出循环
    if c == ',':
        break
    # 其他字符输出
    print(c, end = '')
print()
```
运行程序，输出结果如下：
```
Hello
Hello
```
该程序中，循环遍历并输出字符串中的字符，当遇到指定字符时，跳出 for 循环和 while 循环。

（2）continue 语句用于跳过当前循环的剩余语句，然后继续进行下一轮循环。在 while、for 循环中，都可以使用 continue 语句。

【例 4.13】在循环中，使用 continue 语句跳过当前循环，进入下一轮循环，代码如下。

Example_continue\continue1.py
```
str1 = 'Hello,World'
index = 0
while index < len(str1):
    # 遍历并获取字符串中的每一个字符
    c = str1[index]
    index += 1
    # 碰到','字符跳过当前循环剩余语句，继续进行下一层循环
    if c == ',':
        continue
    # 其他字符输出
    print(c, end = '')
print()
```

```
str2 = 'Hello,World'
for c in str1:
    # 遍历并获取字符串中的每一个字符
    # 碰到','字符跳过当前循环剩余语句，继续进行下一层循环
    if c == ',':
        continue
    # 其他字符输出
    print(c, end = '')
print()
```

运行程序，输出结果如下：

```
HelloWorld
HelloWorld
```

该程序中，循环遍历并输出字符串中的字符，当遇到指定字符时，跳过 for 和 while 的当前循环，进入下一层循环。

与 break 语句相比，continue 语句只是跳过一次循环，不会跳出整个循环。

4.2.4　迭代器

迭代是访问序列类型中元素的一种方式。迭代器则是一个可以记录遍历位置的对象。迭代器从序列类型的第一个元素开始逐个访问，直到所有的元素被访问结束。

可用于创建迭代器对象的数据类型包括以下几种。

- 序列类型数据：str、list、tuple、set、dict。
- 生成器数据类型。

可以使用 isinstance()函数判断一个对象是否可迭代，参见例 4.14。

【例 4.14】使用 isinstance()函数判断对象是否为可迭代类型，代码如下。

Example_iter\iter1.py

```
from collections.abc import Iterable

number1 = 3
print('number1 = ', number1)
print('number1 是否为可迭代类型: ', isinstance(number1, Iterable))
number2 = 3.14
print('number2 = ', number2)
print('number2 是否为可迭代类型: ', isinstance(number2, Iterable))
number3 = True
print('number3 = ', number3)
print('number3 是否为可迭代类型: ', isinstance(number3, Iterable))
number4 = 3-2j
print('number4 = ', number4)
print('number4 是否为可迭代类型: ', isinstance(number4, Iterable))

str1 = 'Hello'
print('str1 = ', str1)
print('str1 是否为可迭代类型: ', isinstance(str1, Iterable))
list1 = ['zhangsan', 'lisi', 'wangwu', 'zhaoliu']
print('list1 = ', list1)
print('list1 是否为可迭代类型: ', isinstance(list1, Iterable))
```

```
tuple1 = ('zhangsan', 'lisi', 'wangwu', 'zhaoliu')
print('tuple1 = ', tuple1)
print('tuple1 是否为可迭代类型: ', isinstance(tuple1, Iterable))
set1 = {'zhangsan', 'lisi', 'wangwu', 'zhaoliu'}
print('set1 = ', set1)
print('set1 是否为可迭代类型: ', isinstance(set1, Iterable))
dict1 = {'name':'zhangsan', 'age':23, 'height':172.3}
print('dict1 = ', dict1)
print('dict1 是否为可迭代类型: ', isinstance(dict1, Iterable))
```

运行程序，输出结果如下：

```
number1 =  3
number1 是否为可迭代类型:  False
number2 =  3.14
number2 是否为可迭代类型:  False
number3 =  True
number3 是否为可迭代类型:  False
number4 =  (3-2j)
number4 是否为可迭代类型:  False
str1 =  Hello
str1 是否为可迭代类型:  True
list1 =  ['zhangsan', 'lisi', 'wangwu', 'zhaoliu']
list1 是否为可迭代类型:  True
tuple1 =  ('zhangsan', 'lisi', 'wangwu', 'zhaoliu')
tuple1 是否为可迭代类型:  True
set1 =  {'zhaoliu', 'wangwu', 'zhangsan', 'lisi'}
set1 是否为可迭代类型:  True
dict1 =  {'name': 'zhangsan', 'age': 23, 'height': 172.3}
dict1 是否为可迭代类型:  True
```

可以看到，字符串（str）、列表（list）、元组（tuple）、集合（set）、字典（dict）为可迭代类型，所有的数值型均为不可迭代类型。

要使用迭代器访问可迭代类型，一般需要用到下列两个函数。

- iter()：创建一个可迭代对象。
- next()：访问迭代器的下一个元素。

首先使用 iter() 函数创建迭代器对象，然后每次把这个迭代器对象作为参数传递到 next() 函数中以访问迭代器的下一个元素，参见例 4.15。

【例 4.15】使用迭代器逐个访问列表中的元素，代码如下。

Example_iter\iter2.py

```
# 创建一个长度为 4 的列表
list1 = ['zhangsan', 'lisi', 'wangwu', 'zhaoliu']

# 创建迭代器
it = iter(list1)
# 访问迭代器所指向的序列的第一个元素
value = next(it)
print(value)
# 访问第二个元素
value = next(it)
```

```
print(value)
# 访问第三个元素
value = next(it)
print(value)
# 访问第四个元素
value = next(it)
print(value)
#访问第五个元素
# value = next(it)
```

运行程序，输出结果如下：

```
zhangsan
lisi
wangwu
zhaoliu
```

该例子中，由于可迭代序列（列表）的长度为 4，因此使用 iter()函数创建迭代器对象后，连续调用 next()函数 4 次即可访问序列中的每一个元素。注意，第五次调用 next()函数的时候会报告如下错误：

```
Traceback (most recent call last):
  File "D:\python\workspace\ch04\src\p4_3\Example_iter\iter2.py", line 19, in <module>
    value = next(it)
StopIteration
```

当然，一般来说，迭代器对象都是使用 for 语句进行循环遍历的，参见例 4.16。

【**例 4.16**】使用 for 循环通过迭代器遍历列表，代码如下。

Example_iter\iter3.py
```
list1 = ['zhangsan', 'lisi', 'wangwu', 'zhaoliu']

# 创建迭代器
it = iter(list1)
# 使用 for 循环遍历迭代器对象中的元素
for value in it:
    print(value)
```

运行程序，输出结果如下：

```
zhangsan
lisi
wangwu
zhaoliu
```

可以看到，使用 for 循环，当迭代器访问到序列结束位置时，会自动退出循环。这样就不必担心会出现 StopIteration 错误了。

4.2.5　enumerate()函数

enumerate()函数用于将一个可迭代对象组合为一个索引序列，并同时返回索引和对应的数据。一般可以在 for 循环中使用该函数，参见例 4.17。

【**例 4.17**】使用 for 循环通过 enumerate()函数遍历列表，代码如下。

Example_enumerate\enumerate1.py
```
list1 = ['zhangsan', 'lisi', 'wangwu', 'zhaoliu']
# 使用 for 循环通过 enumerate()函数遍历列表
```

```
for index, value in enumerate(list1):
    print('第%d 个元素是%s' % (index, list1[index]))
```

运行程序,输出结果如下:

第 0 个元素是 zhangsan

第 1 个元素是 lisi

第 2 个元素是 wangwu

第 3 个元素是 zhaoliu

如果遍历序列的时候需要同时获取索引和对应的元素,则可以使用 enumerate()函数。

4.2.6 pass

Python 中的 pass 表示空语句,通常是为了保持程序结构的完整性而存在的。该语句本身不做任何事情。

例如,有时候程序员需要定义一个函数,但还没想好函数中具体的代码如何实现,此时可以写一个 pass 语句,避免程序报错。格式如下:

```
def sample():
    pass
```

这里的 pass 就是个占位符,用 pass 填充空函数,不会影响程序的正常运行。

【例 4.18】使用 pass 语句略过当前的操作,代码如下。

Example_pass\pass1.py

```
str1 = input('请输入字符串: ')
# 遍历字符串的每一个字符
for c in str1:
    if c == ' ':
        # 遇到空格则忽略
        pass
    else:
        # 输出除空格外的其他字符
        print(c, end = '')
print()
```

运行程序,然后在终端输入"Hello World",输出结果如下:

请输入字符串: Hello World

HelloWorld

该程序的作用就是删除字符串中的空格。

习题

一、选择题

1. 下面程序输出的结果是(　　　)。

```
def test(num):
    sum = 1
    for i in range(1,num+1):
        sum*=i
    return sum
```

```
if __name__ == '__main__':
    print(test(5))
```

    A. 20   B. 120   C. 240   D. 720

2. 下面程序输出的结果是（　　　）。

```
def test():
    for i in range(5):
        if i == 3:
            continue
        print(i + 1, end=" ")

if __name__ == '__main__':
    test()
```

    A. 123   B. 12345   C. 1234   D. 1235

二、填空题

1. 迭代器是一个可以记录遍历位置的＿＿＿＿＿。迭代器从序列类型的第＿＿＿＿个元素开始逐个访问，直到所有元素被访问后结束。

2. 如下是输出 1 ~ 100 的所有奇数的代码，将横线处补充完整。

```
def test(num):
    count = 1
    while count <= num:
        if _____:
            print(count)
        count += 1

if __name__ == '__main__':
    test(100)
```

3. 下面程序输出的结果是＿＿＿＿＿＿＿＿＿。

```
def test(num):
    s = 0
    for i in range(10):
        if i % 2 == 0:
            s -= i
        else:
            s += i
    print(s)

if __name__ == '__main__':
    test(10)
```

三、编程题

1. 编写程序，输出下面所示的内容。

```
*
* *
* * *
* * * *
* * * * *
* * * * * *
```

2. 编写程序，输出下面所示的内容。

```
* * * * * * * *
 * * * * * * *
  * * * * * *
   * * * * *
    * * * *
     * * *
      * *
       *
```

3. 编写程序，自定义输入菱形边长，输出菱形，效果如下所示。

输入菱形边长为：5

```
    *
   * *
  * * *
 * * * *
* * * * *
 * * * *
  * * *
   * *
    *
```

4. 输入一个整数，判断这个整数是否能被 2 或 3 整除，然后根据不同情况输出下面的语句之一：

该数能同时被 2 和 3 整除

该数只能被 2 整除

该数只能被 3 整除

该数既不能被 2 整除，也不能被 3 整除

5. 水仙花数指一个数等于它各个数字的立方和，例如，$153 = 1^3 + 5^3 + 3^3$。要求通过编写程序，输出所有 3 位数的水仙花数。

6. 经典的百鸡百钱问题：1 只公鸡 5 元，1 只母鸡 3 元，3 只小鸡 1 元。现在花 100 元买了 100 只鸡，编写程序，求公鸡、母鸡、小鸡各买了多少只?

7. 判断 2~100 的数是否为素数，要求输出类似下面的结果。

3 是素数

5 是素数

7 是素数

11 是素数

...

05 第5章 Python函数

学习目标

- 熟悉 Python 函数的定义与调用。
- 了解 Python 函数中各种不同类型参数的区别，熟悉必选参数、默认参数的使用方法，掌握可变参数和关键字参数，了解命名关键字参数。
- 掌握全局变量的访问和修改方法，了解变量访问的就近原则。
- 了解匿名函数的概念。
- 掌握 Python 函数作为另一个函数的参数或返回值的使用方法。
- 了解闭包的概念。
- 掌握装饰器的使用方法，了解装饰器的原理，在实际的编程过程中尝试使用装饰器来提高开发效率。

下面这段代码能够输出一个坐着的人的形态：

```
print("                        .:::::.")
print("                      .::::::::.")
print("                      :::::::::::")
print("                      .:::::::::'")
print("              ':::::::::::'")
print("                .:::::::::")
print("              ':::::::::::..")
print("                .:::::::::::.")
print("                ``:::::::::::::")
print("              ::::``:::::::::'        .:::.")
print("            ::::'   ':::::'        .::::::::.")
print("          .::::'      ::::      .:::::::'::::.")
print("         .:::'       :::::  .::::::::' ':::::.")
print("        .::'        :::::.:::::::::'      ':::::.")
print("       .::'          ::::::::::::::'          ``:::.")
print("     ...:::           ::::::::::::'              ``::.")
print("    ''''':.          ':::::::::'                  :::::..")
print("                       '.:::::'                    ':'''''..")
```

现在想要在程序的不同地方输出这个形态，是不是需要把这段代码在每个地方都写一遍？但是如果在程序中到处粘贴这些代码，程序就会很不美观，而且会显得冗余。那该怎么办？此时，就需要考虑使用函数了。

本章将详细介绍 Python 函数的相关内容。

5.1 函数概述

所谓的函数，就是指具有独立功能的、可重复使用的、用来实现单一或相关联功能的代码段组成的一个小模块，以便在需要的时候进行调用。

函数的使用包含以下两个步骤。

- 定义函数：封装独立的功能。
- 调用函数：使用封装的功能。

函数的作用：在开发程序时，使用函数可以提高编写的效率以及代码的重用性。

5.1.1　函数的定义

在 Python 中，使用关键字 def 来定义函数。在 def 关键字后面需要跟着一个标识符，表示函数的名称；然后跟一对圆括号，圆括号中可以包含一些变量的名称；最后再用冒号结束这一行。接下来就是编写实现函数的代码块了，格式如下：

```
def functionname(parameters):
    function_suite
    [return expression]
```

例如定义一个输出一条语句的函数，可以参考例 5.1 进行编写。

【例 5.1】定义一个函数，代码如下。

Example_func\fun1.py
```
def printHello():
    print('hello')
```

其中各部分描述如下。

- def 是英文 define 的缩写。必须通过 def 关键字来声明一个函数。
- 函数名称应该可以表示函数封装代码的功能，以方便后续调用。
- 函数的命名应该符合标识符的命名规则。
- 函数可以有返回值，也可以没有。如果需要返回值，则在函数中通过 return 语句来描述。return 将终止当前程序的函数，返回调用函数的地方。

5.1.2　函数的调用

当函数定义好以后，接下来就应该调用函数了。调用函数的格式如下：
```
functionname(parameters)
```

例如，定义好了 printHello()函数以后，就可以直接调用。

Example_func\fun1.py
```
printHello()
printHello()
```

运行程序，输出结果如下：
```
hello
hello
```

注意，这里一个函数调用了两次，但是不用把函数的代码写两遍。

5.1.3　函数的说明

通常会在函数声明下面的第一行代码中写一段话，用来介绍该函数的功能。这样调用者甚至不需要查看函数的实现代码，只要看一下该说明就能知道该函数的作用。如果要看该说明，只需要调用 help()函数，并传入对应的函数名即可。

【**例 5.2**】给函数添加详细说明信息，代码如下。

Example_func\fun2.py
```
def printHello():
    ''' 输出一句话 '''
    print('hello')

help(printHello)
```
运行程序，输出结果如下：
```
Help on function printHello in module __main__:

printHello()
    输出一句话
```
注意，函数的调用不能放到函数定义的前面，否则程序会报错，参见例 5.3。

【**例 5.3**】把函数的调用放到函数定义的前面，代码如下。

Example_func\fun3.py
```
printHello()

def printHello():
    ''' 输出一句话 '''
    print('hello')
```
运行程序，报告如下错误：
```
Traceback (most recent call last):
  File "D:\python\workspace\ch05\src\p5_1\Example_func\fun3.py", line 1, in <module>
    printHello()
NameError: name 'printHello' is not defined
```
因此在 Python 中，在调用函数之前必须保证 Python 已经知道该函数的存在，否则控制台就会提示 NameError：name xxx is not defined 错误。

5.2 函数参数与返回值

下面定义一个函数，计算一个数的两倍，参见例 5.4。

【**例 5.4**】定义函数以计算一个数的两倍，代码如下。

Example_param\param1.py
```
def double():
    ''' 计算一个数的两倍 '''
    a = 3
    result = a * 2
    print(result)

double()
```
运行程序，输出结果如下：
```
6
```
想一想，上述这段代码有什么问题？

上面这段代码只能固定计算 3 的两倍，如果想要计算其他数的两倍的话，还需要重新写一个函数。如果想要计算任意一个数的两倍，就需要考虑使用参数。

5.2.1　给函数传递参数

现在给上面的函数传递一个参数 a，参数需要写在圆括号中，参见例 5.5。

【例 5.5】定义有一个参数的函数，并计算传入参数的两倍，代码如下。

Example_param\param2.py

```
def double(a):
    ''' 计算一个数的两倍 '''
    result = a * 2
    print(result)

double(3)
double(5)
```

运行程序，输出结果如下：

```
6
10
```

此时，该函数就比较通用了，想计算哪个数的两倍，就直接把该数作为参数传递到 double()函数中就可以了。这就是函数参数的使用方法。定义函数的时候，圆括号中的参数称为形式参数，简称"形参"；调用函数的时候，圆括号中的参数称为实际参数，简称"实参"。

如果函数中有多个参数，则这些参数之间需要使用逗号隔开，参见例 5.6。

【例 5.6】定义有两个参数的函数，并计算这两个参数的和，代码如下。

Example_param\param3.py

```
def summary(a, b):
    ''' 计算两个数的和 '''
    result = a + b
    print(result)

summary(3, 8)
summary(5, 9)
```

运行程序，输出结果如下：

```
11
14
```

可以看到，想要计算哪两个数之和,直接把这两个数作为参数传递到 summary()函数中就可以了。

5.2.2　默认参数

定义函数时，可以给参数指定默认值。在参数后使用赋值语句，可以指定参数的默认值。具有默认值的参数称为默认参数，没有默认值的参数称为必选参数。如果调用函数的时候不传递对应的参数，则该参数会使用默认值。默认参数需要写在没有默认值的参数的后面。

例如下面的代码给参数 b 和参数 c 指定了默认值，参见例 5.7。

【例 5.7】定义有 3 个参数的函数，其中部分参数给定了默认值，计算各个参数的和，代码如下。

Example_param\param4.py

```
def summary(a, b = 0, c = 10):
    ''' 计算 3 个数的和 '''
    result = a + b + c
    print(result)
```

此时，调用该参数可以有如下方法。

（1）给参数 a、b、c 都传递值：

```
# 给参数 a、b、c 都传递值
summary(3, 5, 8) # a = 3, b = 5, c = 8
```

运行程序，输出结果如下：

```
16
```

（2）给参数 a、b 传递值，不给参数 c 传递值，这样参数 c 使用默认值：

```
# 只给参数 a、b 传递值，不给参数 c 传递值
summary(3, 5) # a = 3, b = 5, c = 10
```

运行程序，输出结果如下：

```
18
```

（3）给参数 a 传递值，不给参数 b 和 c 传递值，这样参数 b 和 c 都使用默认值：

```
# 只给参数 a 传递值，不给参数 b 和 c 传递值
summary(3) # a = 3, b = 0, c = 10
```

运行程序，输出结果如下：

```
13
```

（4）给参数 a、c 传递值，不给参数 b 传递值，这样参数 b 使用默认值。由于默认情况下第二个传递的值将写入第二个参数 b 中，所以为了指定该值传递给参数 c，则需要在调用函数时明确写上 c=8：

```
# 只给参数 a 和 c 传递值，不给参数 b 传递值
summary(3, c = 8) # a = 3, b = 0, c = 8
```

运行程序，输出结果如下：

```
11
```

可以看到，如果调用函数时没有给某个参数传递值，则函数中会给该参数传递默认的值。

在实际的开发中，有以下两点需要注意。

- 参数的默认值通常使用当前情况下最常用的值。
- 如果不能确定参数常用的值，则不应该设置默认值。

【例 5.8】给参数常用的值设置默认值，代码如下。

Example_param\param5.py
```python
def printInfo(name, gender = True):
    '''
    param name: 班上学生的姓名
    param gener: 班上学生的性别。True 男生；False 女生。
    '''
    genderText = '男生'
    if not gender:
        genderText = '女生'

    print('%s 是 %s' % (name, genderText))

printInfo('张三')
printInfo('李四', gender = False)
```

运行程序，输出结果如下：

张三　是　男生

李四　是　女生

该例中，对于 gender（性别）参数，考虑到班上大部分学生都是男生，因此把默认值设置为 True；对于 name（姓名）参数，无法确定常用的值，因此不需要设置默认值。

5.2.3　函数的返回值

在执行一个函数后，有时候希望可以告诉调用者一个结果，以便调用者针对具体的结果做后续的处理。所谓的返回值，就是程序中函数完成一件事情后给调用者的结果。

举个生活中的例子：你想要去店里组装一台计算机，你将你的计算机配置参数发给店老板，店老板最后要把一台组装好的计算机给你。把店老板当成一个函数，然后调用它去帮你组装计算机，他总得返回一台组装好的计算机给你，这台计算机就是返回值。

程序中也需要返回值，例如调用函数计算两个数的和，最后返回两个数相加的结果给调用者。

在函数中，可以使用 return 关键字返回函数的计算结果，参见例 5.9。

【例 5.9】定义有两个参数的函数，并返回这两个参数的和，代码如下。

Example_param\return1.py
```python
def summary(a, b):
    ''' 计算两个数的和 '''
    result = a + b
    return result


ret = summary(3, 8)
print(ret)
ret = summary(5, 9)
print(ret)
```

运行程序，输出结果如下：

11

14

这里 return 语句表示返回，return 后面即使还有其他代码，也不会被执行。

在调用函数的时候，可以使用变量来接收函数的返回结果。

Python 中的函数可以返回多个值，每个返回值之间使用逗号隔开，最终相当于返回一个包含所有返回值的元组。参见例 5.10。

【例 5.10】定义有两个参数的函数，并返回两数相除的商和余数，代码如下。

Example_param\return2.py
```python
def divide(a, b):
    ''' 计算两个数相除的结果，分别返回商和余数 '''
    result1 = a // b
    result2 = a % b
    return result1, result2


# 使用一个变量接收所有的返回值
ret = divide(18, 4)
print('ret = ', ret)
print('type ret is: ', type(ret))
```

```
# 使用与返回值数量相同的多个变量接收所有的返回值
ret1, ret2 = divide(23, 5)
print('ret1 = ', ret1)
print('ret2 = ', ret2)
print('type ret1 is:', type(ret1))
print('type ret2 is:', type(ret2))
```

运行程序，输出结果如下：

```
ret =  (4, 2)
type ret is: <class 'tuple'>
ret1 =  4
ret2 =  3
type ret1 is: <class 'int'>
type ret2 is: <class 'int'>
```

可以使用一个变量来接收所有的返回值，此时该变量为元组类型；也可以使用与返回值数量相同的多个变量来接收所有返回值，此时每个变量的类型将根据实际类型来决定。

5.2.4 可变类型与不可变类型

先来思考一个问题：假设要写一个函数，把传递进去的参数加 1，程序要怎么写？

【例 5.11】通过函数给参数加 1，代码如下。

Example_vars\vars1.py

```
def addOne(a):
    '''给参数加1'''
    a = a + 1


value = 5
addOne(value)
print(value)
```

运行程序，输出结果如下：

```
5
```

通过运行的结果可以看到，在函数调用前后参数并没有发生变化。这是为什么呢？下面对例 5.11 进行内存分析，如图 5.1 所示。

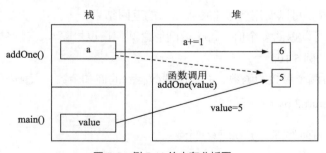

图 5.1　例 5.11 的内存分析图

可以看到，进入 addOne()函数的时候，操作系统会为该函数在内存中分配独立的栈空间，并在栈中存储相关的参数，然后把形参 a 指向实参 value 对应的值 5 所在的地址空间。当执行 a+=1 语句的时候，a 的值发生了变化，变成 6，所以指向了值 6 所在的地址空间，可是实参 value 的值并没有发生改变，还是指向值 5 所在的地址空间。当函数调用完后，栈空间被自动销毁，一切都不复存在了，这时发现 value 仍然指向原来的位置。因此输出的 value 值还是 5。

我们可以通过给函数增加返回值来达到想要的目的。参见例 5.12。

【例 5.12】通过函数给参数加 1，并返回计算后的结果，代码如下。

Example_vars\vars2.py
```
def addOne(a):
    '''给参数加 1 并返回'''
    a = a + 1
    return a

value = 5
value = addOne(value)
print(value)
```
运行程序，输出结果如下：
```
6
```

可以看到，此时计算的结果就满足要求了。可是，若要求一定要修改参数呢？如果参数是数值型，就做不到。

Python 中的数据类型可以分为不可变类型与可变类型。不可变类型是指变量对应的值中的数据是不能被修改的，如果修改就会生成一个新的值，从而分配新的内存空间；可变类型是指变量对应的值中的数据可以被修改，但变量本身所指向的内存地址保持不变。

Python 中的不可变类型有数值型（number）、字符串（str）、元组（tuple），可变类型有列表（list）、集合（set）、字典（dict）。

举一个例子，例如 a 是数值型，执行 a+=1 会发生什么？

【例 5.13】修改数值型变量的值，并查看修改前后变量所指向的内存地址，代码如下。

Example_vars\vars3.py
```
a = 5
# 查看变量 a 指向的内存地址
print(id(a))

a += 1
# 查看变量 a 指向的内存地址
print(id(a))
```
运行程序，输出结果如下：
```
1434607968
1434608000
```

可以看到，因为 a 是整型值（数值型的一种），属于不可变类型，所以当 a 的值发生改变的时候，无法修改原来地址（1434607968）中的值，只能重新指向新的地址（1434608000）。

如果是可变类型呢？如 list 列表，该如何修改上面的代码呢？

【例 5.14】修改变量中某个元素的值，并查看修改前后列表变量所指向的内存地址，代码如下。

Example_vars\vars4.py
```
a = [5, 8, 9]
# 查看变量 a 指向的内存地址
print(id(a))

a[0] += 1
```

```
# 查看变量 a 指向的内存地址
print(id(a))
```

运行程序，输出结果如下：

```
2502581584648
2502581584648
```

现在，因为 a 是列表类型，属于可变类型，当 a 中的值发生改变的时候，可以直接在列表里修改，无须重新创建新的内存空间，所以 a[0]+=1 执行前后 a 的地址并没有发生变化。

因此现在结论就很明显了，把要修改的变量放到一个可变类型中（如列表）就可以实现所要求的功能了。参见例 5.15。

【例 5.15】把参数封装到列表中，通过函数进行加 1 运算，代码如下。

Example_vars\vars5.py
```
def addOne(a):
    '''参数为列表类型，给列表中第一个元素加 1'''
    a[0] = a[0] + 1

# 数值是不可变类型
value = 5
# 把数值封装到列表中，列表是可变类型
list1 = [value]
# 通过函数进行加 1 运算
value = addOne(list1)
print(list1[0])
```

运行程序，输出结果如下：

```
6
```

可以看到，在函数调用前后参数的值发生了变化。

对例 5.15 进行内存分析，如图 5.2 所示。

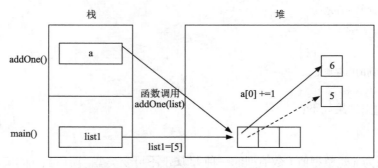

图 5.2　例 5.15 的内存分析图

可以看到，在 addOne()函数中，现在 a 的类型是 list 列表，属于可变类型。当执行 a+=1 语句的时候，a 中的值发生了变化，但 a 本身的地址并没有改变。当函数调用完后，栈空间被自动销毁，但这并没有什么关系，因为实参 list1 中的值已经发生了改变，我们的目的已经达到了。

5.2.5　可变参数、关键字参数、命名关键字参数与仅位置参数

假如要求定义一个函数 summary()，能够计算任意个参数的和，调用方式如下：

```
summary()
```

```
summary(1)
summary(1,2)
summary(1,2,3)
summary(1,2,3,4)
summary(1,2,3,4,5)
```

程序该怎么写？难道要写成下面这样吗？

```
def summary(a = 0, b = 0, c = 0, d = 0, e = 0):
    result = a + b + c + d + e
    print(result)
```

就算可以，那再加几个参数呢？例如 6 个、7 个、8 个、…、100 个？

因此我们需要让函数能够接收任意个数的参数，也就是说参数的数量是可变的。

在 Python 中，可以通过符号 * 来描述可变参数，例如这样写：

```
def summary(*args):
    pass
```

当使用符号 * 描述参数时，从当前位置开始到结束的所有实参的位置参数都会被收集到一个名为 args 的元组中。可以通过简单的 for 循环去遍历该元组，参见例 5.16。

【例 5.16】使用可变参数的方式，计算任意个参数之和，代码如下。

Example_keyvars\paramvars.py

```
def summary(*args):
    ''' 计算任意个参数的和 '''
    result = 0
    for value in args:
        result += value
    print(result)


# 使用任意个参数调用 summary() 函数
summary()
summary(1)
summary(1,2) # 1+2
summary(1,2,3) # 1+2+3
summary(1,2,3,4) # 1+2+3+4
summary(1,2,3,4,5) # 1+2+3+4+5
```

运行程序，输出结果如下：

```
0
1
3
6
10
15
```

注意：可变参数可以不传递任何实参，例如调用 summary() 函数，此时表示形参组成的 args 元组为空。

至于关键字参数，则允许调用者传入任意个包含参数名的参数，这些关键字参数在函数内部自动组装为一个字典。参见例 5.17。

【例 5.17】使用关键字参数的方式接收个人信息，代码如下。

Example_keyvars\keyvars.py

```
def person(name, age, **kwargs):
    ''' 输出所有的个人信息 '''
```

```
    print('name:%s age:%s' % (name, age), end = ' ')
    for keys in kwargs:
        print('%s:%s' % (keys, kwargs[keys]), end = ' ')
    print()
```

使用任意个关键字参数调用 person() 函数
```
person('zhangsan', 23)
person('zhangsan', 23, height = 172.3)
person('zhangsan', 23, height = 172.3, city = 'guangzhou')
```

运行程序，输出结果如下：
```
name:zhangsan age:23
name:zhangsan age:23 height:172.3
name:zhangsan age:23 height:172.3 city:guangzhou
```

同样，关键字参数也可以不传递任何实参，此时表示形参组成的 kwargs 字典为空。

如果规定在传递参数的时候，需要明确指定参数名称，此时可以使用命名关键字参数。例如规定必须传递 height 和 city 关键字参数，此时函数定义可以参考例 5.18。

【例 5.18】使用命名关键字参数来接收个人信息，代码如下。

Example_keyvars\namedkeyvars1.py
```
def person(name, age, *, height, city):
    ''' 输出所有的个人信息 '''
    print('name:%s age:%s height:%s city:%s' % (name, age, height, city))
```

调用函数的时候需要明确指定 height 和 city 参数
```
person('zhangsan', 23, height = 172.3, city = 'guangzhou')
```

运行程序，输出结果如下：
```
name:zhangsan age:23 height:172.3 city:guangzhou
```

注意调用函数时，命名关键字参数 height 和 city 必须传递，否则程序会报错，例如：
```
person('zhangsan', 23)
```

运行程序，报告如下错误：
```
Traceback (most recent call last):
  File "D:\python\workspace\ch05\src\p5_2\Example_keyvars\namedkeyvars1.py", line 8, in
<module>
    person('zhangsan', 23)
TypeError: person() missing 2 required keyword-only arguments: 'height' and 'city'
```

这个表示传递参数的时候缺少了两个命名关键字参数 height 和 city。

还需要指定命名关键字参数的参数名，否则也会报错，如下：
```
person('zhangsan', 23, 172.3, 'guangzhou')
```

运行程序，报告如下错误：
```
Traceback (most recent call last):
  File "D:\python\workspace\ch05\src\p5_2\Example_keyvars\namedkeyvars1.py", line 10,
in <module>
    person('zhangsan', 23, 172.3, 'guangzhou')
TypeError: person() takes 2 positional arguments but 4 were given
```

与关键字参数 **kwargs 不同，命名关键字参数需要一个特殊的分隔符*。*后面的参数为命名关键字参数。

当然，如果函数定义中已经有一个可变参数，则后面跟的命名关键字参数就不需要分隔符*了。参见例 5.19。

【例 5.19】函数定义中包含可变参数和命名关键字参数，代码如下。

Example_keyvars\namedkeyvars2.py
```
def person(name, age, *args, height, city):
    ''' 输出所有的个人信息 '''
    print('name:%s age:%s args:%s height:%s city:%s' % (name, age, args, height, city))

# 调用函数时只传递了命名关键字参数
person('zhangsan', 23, height = 172.3, city = 'guangzhou')
# 调用函数时传递了一个可变参数和命名关键字参数
person('zhangsan', 23, 'male', height = 172.3, city = 'guangzhou')
# 调用函数时传递了两个可变参数和命名关键字参数
person('zhangsan', 23, 'male', 'doctor', height = 172.3, city = 'guangzhou')
```

运行程序，输出结果如下：
```
name:zhangsan age:23 args:() height:172.3 city:guangzhou
name:zhangsan age:23 args:('male',) height:172.3 city:guangzhou
name:zhangsan age:23 args:('male', 'doctor') height:172.3 city:guangzhou
```

仅位置参数

可以看到，只要正确传递了命名关键字参数，可变参数的多少并不影响程序的运行。

另外，在 Python 3.8 中引入了"仅位置参数"的概念，具体可参见微课视频。

5.3　全局变量

5.3.1　global 全局变量

思考一个问题：如果在函数外面定义了一个变量，在函数内部能访问吗？参见例 5.20。

【例 5.20】在函数内部访问函数外定义的变量，代码如下。

Example_global\global1.py
```
# 在函数外部定义变量 a
a = 10
def fun():
    # 在函数内部访问变量 a
    value = a + 1
    print('a = %d, value = %d' % (a, value))
fun()
```
运行程序，输出结果如下：
```
a = 10, value = 11
```
可以看到，在函数内部是可以访问函数外部定义的变量的。

我们给出这样的定义：如果一个变量可以在函数内部被访问，也可以在函数外部被访问，那么这个变量就称为全局变量；而如果一个变量只能在函数内部被访问，该变量则称为局部变量。

显然，在上面的例子中，a 就是全局变量，而 value 就是局部变量。

再来思考一个问题，现在在函数外部定义了一个全局变量 a，又在函数里面定义了一个局部变量 a，若在函数里面访问 a 的话，实际访问的是哪一个变量？参见例 5.21。

【例 5.21】在函数内部重新定义与全局变量同名的变量，代码如下。

Example_global\global2.py
```
# 在函数外部定义变量 a
```

```
a = 10
def fun():
    # 在函数内部重新定义变量 a
    a = 11
    print('a = %d' % a)
fun()
```

运行程序，输出结果如下：

```
a = 11
```

此时会根据就近原则：如果函数栈上能找到该变量，则该变量属于局部变量，否则就属于全局变量。

显然，这里在函数中重新定义了 a，因此在函数里面访问 a 的时候，实际上访问的是局部变量 a。注意，无论对 a 的定义出现在哪里，只要在函数中的赋值语句的左边出现过，则 a 就属于局部变量。

原则上全局变量能在函数内部被访问，也可以在函数外部被访问，但在函数内部不能修改全局变量。参见例 5.22。

【例 5.22】在函数内部修改全局变量，代码如下。

Example_global\global3.py

```
# 在函数外部定义变量 a
a = 10
def fun():
    # 在函数内部将全局变量 a 的值加 1
    a = a + 1
    print('a = %d' % a)
fun()
```

运行程序，报告如下错误：

```
Traceback (most recent call last):
    File "D:\python\workspace\ch05\src\p5_3\Example_global\global3.py", line 6, in <module>
    fun()
    File "D:\python\workspace\ch05\src\p5_3\Example_global\global3.py", line 3, in fun
    a = a + 1
UnboundLocalError: local variable 'a' referenced before assignment
```

代码基本与例 5.21 一样，只是把 a+1 的结果重新赋给 a 本身，结果却是运行错误。原因是什么呢？

那是因为当尝试去修改全局变量的时候，会使用赋值语句（假设使用了 a=a+1 语句），此时赋值语句左边的变量 a 将被看作函数栈上的变量，即局部变量，而赋值语句右边的变量 a 则会根据就近原则去进行选择。由于 a 在赋值语句的左边出现了，因此就认为 a 是局部变量，但此时 a 还没完成赋值，程序就会认为 a 在赋值前被访问了，从而报错。

为了解决这个问题（在函数里面修改全局变量），需要在定义函数一开始的时候，使用 global 关键字声明 a 为全局变量。参见例 5.23。

【例 5.23】使用 global 关键字声明全局变量，代码如下。

Example_global\global4.py

```
# 在函数外部定义变量 a
a = 10
def fun():
    # 声明 a 为全局变量
    global a
    # 在函数内部将全局变量 a 的值加 1
```

```
    a = a + 1
    print('a = %d' % a)
fun()
```

运行程序，输出结果如下：

```
a = 11
```

当使用 global 关键字的时候，程序就认为该变量一定是全局变量，即使后面的代码中该变量在赋值语句的左边出现，也不会被放到函数栈上。

当然，如果要修改的全局变量是可变类型的，可以不用 global 来声明。参见例 5.24。

【例 5.24】可变类型的全局变量不需要使用 global 关键字声明，代码如下。

Example_global\global5.py
```
# 全局变量为列表 属于可变类型
list1 = [10]
def fun():
    # 可以直接对全局变量中的值进行修改，不需要使用 global 关键字声明
    list1[0] = list1[0] + 1
    print('list1[0] = %d' % list1[0])
fun()
```

运行程序，输出结果如下：

```
list1[0] = 11
```

可以看到，这里即使不使用 global 关键字，在函数内部修改全局变量中的值也不会报错。这是因为该全局变量属于可变类型。

5.3.2　nonlocal 非局部变量

关键字 nonlocal 表示非局部变量。可能有人会觉得奇怪，非局部变量不就是全局变量吗？这个 nonlocal 有意义吗？

当然有意义。与其他编程语言不同，Python 语言可以在一个函数中定义另一个函数（后面的内容也会涉及这个知识点），参见例 5.25。

【例 5.25】在一个函数中定义另一个函数，代码如下。

Example_nonlocal\nonlocal1.py
```
def outer():
    ''' 外部函数 '''
    b = 10

    def inner():
        ''' 内部函数 '''
        pass
    # 在外部函数中调用内部函数
    inner()
    print('b = %d' % b)
# 调用外部函数
outer()
```

该例子中，在外部函数中声明了一个变量 b。接下来尝试在内部函数中修改它的值。显然，在修改前要声明一下 b 这个变量。那么问题来了，还是通过 global 声明它为全局变量吗？

显然不是，因为 b 本来就不是全局变量，而是外部函数中的局部变量，所以不能使用 global，而

应该使用 nonlocal 声明为非局部变量（但也非全局变量）。参见例 5.26。

【例 5.26】使用 nonlocal 声明非局部变量，代码如下。

Example_nonlocal\nonlocal2.py
```
def outer():
    ''' 外部函数 '''
    b = 10
    def inner():
        ''' 内部函数 '''
        nonlocal b # 声明 b 为非局部变量(但也不一定是全局变量)
        b = b + 1
    # 在外部函数中调用内部函数
    inner()
    print('b = %d' % b)
# 调用外部函数
outer()
```
运行程序，输出结果如下：
```
b = 11
```
可以看到，要在内部函数中修改外部函数中变量的值，就需要使用 nonlocal 关键字对该变量进行声明。

5.4　匿名函数

Python 中除了使用 def 关键字来定义函数外，还可以使用 Lambda（源于符号 λ）表达式定义匿名函数。它是 Python 中一种特殊的定义函数的方式，使用它可以定义一个匿名函数。

在普通函数中，需要依赖函数名以便调用。但是在 Lambda 表达式中，它返回了函数，却没有将这个函数命名，因此需要将这个函数对象赋给某个变量去进行调用。这也是 Lambda 被称作匿名函数的原因。

匿名函数有如下特点。

（1）Lambda 只是一个表达式，函数体本身比使用 def 关键字定义函数简单很多。

（2）Lambda 的主体是一个表达式，而不是一个代码块。只能在 Lambda 表达式中封装有限的逻辑进去。

（3）Lambda 函数有自己的命名空间，而且不能访问自己的参数列表之外或全局命名空间中的参数。

5.4.1　语法

Python 中的 Lambda 表达式只有独立的一条语句，也是返回值表达式语句，语法如下：
```
lambda parameters : expression
```
其中各部分描述如下。

- parameters：参数列表。与普通函数的参数列表是一样的。
- expression：关于参数的表达式。表达式中出现的参数需要在 parameters 中有定义，并且表达式只能是单行的。

下面使用普通函数和 Lambda 表达式分别实现求两数之和的功能，参见例 5.27。

【例 5.27】使用普通函数和 Lambda 表达式分别求两数之和，代码如下。

Example_lambda\lambda1.py
```python
def add(x, y):
    ''' 求两个数相加的普通函数 '''
    return x + y

result = add(6, 7)
print(result)
print(type(add))

# 匿名函数：求两个数相加的 Lambda 表达式
add = lambda x, y: x + y
result = add(2, 5)
print(result)
print(type(add))
```

运行程序，输出结果如下：
```
13
<class 'function'>
7
<class 'function'>
```

可以看到，无论是普通函数还是 Lambda 表达式，数据类型都属于 function，它们实现的功能也基本相同。

Lambda 表达式可以接收多个参数，但只能返回一个值。如果要调用这个匿名函数，则需要把它赋给一个变量，然后通过变量来调用。

再来看一个例子，使用 Lambda 表达式对字典进行排序，参见例 5.28。

【例 5.28】使用 Lambda 表达式对字典进行排序，代码如下。

Example_lambda\lambda2.py
```python
users = [
    {'name':'zhangsan','age':15},
    {'name':'lisi','age':20},
    {'name':'wangwu','age':10}
]
print('排序前: ', users)
# 各个字典按照 age 的值从小到大进行排序
users.sort(key = lambda x:x['age'])
print('排序后: ', users)
```

运行程序，输出结果如下：
```
排序前:  [{'name': 'zhangsan', 'age': 15}, {'name': 'lisi', 'age': 20}, {'name': 'wangwu',
'age': 10}]
排序后:  [{'name': 'wangwu', 'age': 10}, {'name': 'zhangsan', 'age': 15}, {'name': 'lisi',
'age': 20}]
```

注意，列表的 sort()方法可以接收一个可选参数 key，表示排序时用来比较的元素，该值越小，排序后的位置就越靠前。程序中给 key 参数传递的是 Lambda 表达式的返回值，Lambda 表达式接收的参数 x 是一个字典，返回的是字典中键为 age 对应的值。

因此，调用 sort()方法的结果是使 users 的各个字典按照 age 的值从小到大进行排序。

5.4.2　三元运算

三元运算又称为三目运算，是对简单的条件语句的简写。

例如：

```
if a = 1:
    b = 1
else:
    b = 2
```

可以由以下等效的表达式来模拟：

```
b = 1 if a = 1 else 2
```

这样的三元运算可以放在 Lambda 表达式中，并能够在 Lambda 函数中实现选择的逻辑，参见例 5.29。

【例 5.29】在 Lambda 表达式中实现三元运算，代码如下。

Example_lambda\lambda3.py
```
# 该 Lambda 表达式选择 x 和 y 中较大的值并返回
test = (lambda x, y: x if x > y else y)
ret = test(3, 5)
print(ret)
ret = test(6, 2)
print(ret)
```

运行程序，输出结果如下：
```
5
6
```

可以看到，这里的 Lambda 表达式接收两个参数，并返回它们中的较大值。

5.5　函数作为对象

在 Python 中，一切皆对象，因此函数也是对象。可以利用这个原则进行一些更高级的操作。

5.5.1　基本概念

函数作为对象可以体现在如下几个方面。

（1）函数对象可以赋给一个变量。参见例 5.30。

【例 5.30】把函数对象赋给变量，代码如下。

Example_object\object1.py
```
def printValue(value):
    ''' 定义一个输出值的函数 '''
    print('value is: ', value)

func = printValue
func(38)
print(type(func))
```

运行程序，输出结果如下：
```
value is:  38
<class 'function'>
```

　　上面的代码中，使用新的变量 func 作为函数对象。该变量的类型为 function，即函数类型的变量，因此可以像函数一样使用。

（2）函数对象可以添加到列表对象中。参见例 5.31。

【例 5.31】把函数对象添加到列表，代码如下。

Example_object\object2.py

```
def printValue(value):
    ''' 定义一个输出值的函数 '''
    print('value is: ', value)

def summary(a = 8, b = 3):
    ''' 定义一个计算两个数和的函数 '''
    sum = a + b
    print('sum is: ', sum)

list1 = []
list1.append(printValue)
list1.append(summary)

for item in list1:
    item(6)
```

运行程序，输出结果如下：

```
value is:  6
sum is:  9
```

　　上面的代码中，printValue()和 summary()都是函数，同时也可以被认为是一个普通对象，可以直接放入列表中，并进行遍历访问。在遍历的过程中，临时变量 item 仍然是函数类型，因此也可以像函数一样使用。

（3）函数对象可以作为参数传递给其他函数。参见例 5.32。

【例 5.32】把函数作为参数传递给其他函数，代码如下。

Example_object\object3.py

```
# 函数的参数是另一个函数
def summary(a, b):
    ''' 定义一个计算两个数之和的函数 '''
    return a + b

def subtract(a, b):
    ''' 定义一个计算两个数之差的函数 '''
    return a - b

# 这个函数的参数是函数
def calcFun(fun, x, y):
    result = fun(x, y)
    return result

result = calcFun(summary, 2, 5)
print(result)
result = calcFun(subtract, 10, 4)
print(result)
```

运行程序，输出结果如下：

```
7
6
```

在这里，summary()和subtract()本身就是函数，可以把它们作为参数传递给另一个函数 calcFun()。而 calcFun()函数的第一个参数是一个函数类型的对象，因此可以像函数一样使用。

（4）函数对象可以作为函数的返回值。参见例 5.33。

【例 5.33】在函数中返回函数对象，代码如下。

Example_object\object4.py

```python
def calcFun(op):
    ''' 定义一个计算器函数 '''
    # 内部函数：加法
    def summary(a, b):
        ''' 定义一个计算两个数之和的内部函数 '''
        return a + b
    # 内部函数：减法
    def subtract(a, b):
        ''' 定义一个计算两个数之差的内部函数 '''
        return a - b

    if op == '+':
        return summary
    elif op == '-':
        return subtract
    else:
        return None

result = calcFun('+')(2, 3)
print(result)
result = calcFun('-')(8, 6)
print(result)
```

运行程序，输出结果如下：

```
5
2
```

在这里，summary()和 subtract()是外部函数 calcFun()的内部函数，当外部函数被调用的时候，根据实际情况，返回对应的内部函数。由于返回值是函数，因此可以继续调用函数（后面添加圆括号并传递参数）。这样的外部函数（指 calcFun()函数）也称为高阶函数。

下面来看一下函数作为对象的一些实际使用。

5.5.2　函数作为对象的应用

1.　reduce()函数

reduce()函数是 Python 中的内置函数。要使用它，必须从 functools 包中导入：

```python
from functools import reduce
```

reduce()函数的作用是对参数序列中的元素进行累积操作。

reduce()函数的格式为：

```python
reduce(function, iterable[, initializer])
```

reduce()函数可以接收 2~3 个参数，各参数描述如下。

- function：要进行累积操作的函数。
- iterable：可迭代对象。
- initializer：初始参数。该参数可选。

reduce()函数的返回值就是最后计算的结果。

这就是上面提到的把函数作为另一个函数（reduce()）的参数。通过 reduce()函数，将数据集合（iterable）中的第一、第二个数据进行 function 操作，得到的结果再与第三个数据进行 function 操作，直到产生最终结果。

另外，如果设置了 initializer 初始参数，则先把初始参数与第一个数据进行 function 操作，得到的结果再与第二个数据进行 function 操作，直到产生最终结果。

例如通过 reduce()实现连续相加的操作，参见例 5.34。

【例 5.34】使用 reduce()函数实现连续相加的操作，代码如下。

Example_reduce\reduce1.py
```
from functools import reduce

# 自定义的进行累积操作的函数
def summary(x, y):
    return x + y

#参数 1：  函数名。进行累积操作的函数，需要自定义
#参数 2：迭代器或序列。进行累积操作的操作数
#参数 3：初始化值（可省略）
# 返回值：运算的结果
result = reduce(summary, [1,2,3,4,5])
print(result)
result = reduce(summary, [1,2,3,4,5], 50)
print(result)
```

运行程序，输出结果如下：
```
15
65
```

对于第一个 reduce()函数调用，程序的计算如下。

- summary(1, 2) = 3。
- summary(3, 3) = 6。
- summary(6, 4) = 10。
- summary(10, 5) = 15。

对于第二个 reduce()调用，程序的计算如下。

- summary(50, 1) = 51。
- summary(51, 2) = 53。
- summary(53, 3) = 56。
- summary(56, 4) = 60。
- summary(60, 5) = 65。

类似地，也可以使用 reduce()函数实现连续相减的操作，参见例 5.35。

【例 5.35】使用 reduce()函数实现连续相减的操作，代码如下。

Example_reduce\reduce2.py
```
from functools import reduce

def subtract(x, y):
    return x - y

result = reduce(subtract, [100, 1, 2, 3, 4])
print(result)
result = reduce(subtract, [100, 1, 2, 3, 4], 300)
print(result)
```
运行程序，输出结果如下：
```
90
190
```
对于第一个 reduce()函数调用，程序的计算如下。

- subtract(100, 1) = 99。
- subtract (99, 2) = 97。
- subtract (97, 3) = 94。
- subtract (94, 4) = 90。

对于第二个 reduce()函数调用，程序的计算如下。

- subtract (300, 100) = 200。
- subtract (200, 1) = 199。
- subtract (199, 2) = 197。
- subtract (197, 3) = 194。
- subtract (194, 4) = 190。

2. 偏函数

偏函数是指 partial()函数，它也是 Python 中的内置函数。要使用它，必须从 functools 包中导入：
```
from functools import partial
```
当函数被调用的时候，理论上要带上所有的参数，但是如果有时候某个参数在被调用前已经可以确定下来，此时就可以减少变化的参数，从而简化程序。

偏函数会将要承载的函数作为 partial()函数的第一个参数，原函数的各个参数依次作为 partial() 的后续参数。

假设有一个函数 summary()，它的作用是计算两个参数的和，参见例 5.36。

【例 5.36】计算两个数的和时，使用偏函数固定其中一个数，只改变另一个数，代码如下。

Example_partial\partial1.py
```
def summary(x, y):
    ''' 定义一个计算两个数之和的函数 '''
    return x + y
```
现在，如果已经知道其中一个参数 x 固定是 100，则可以去掉一个参数。使用偏函数可以实现这个功能：
```
# 偏函数使用
# 参数 1：使用的原函数
# 参数 2：原函数中已经确定的参数
# 返回值：偏函数（是一个函数）
```

```
plus = partial(summary, 100)
result = plus(3)  # 计算 100+3
print(result)
result = plus(5)  # 计算 100+5
print(result)
result = plus(19)  # 计算 100+19
print(result)
```

运行程序，输出结果如下：

```
103
105
119
```

相当于分别计算以下表达式。

- $100 + 3 = 103$。
- $100 + 5 = 105$。
- $100 + 19 = 119$。

下面看一个实际的例子。直角坐标系上的直线一般可以使用 $y=ax+b$ 来表示，这里 a、x、b 都是未知的。可以通过斜率 a 和偏移值 b 来确定一条直线，此时若要计算直线上的点，就不需要每次都传递 a、x、b 这 3 个值了，只需要传递 x 就可以，参见例 5.37。

【例 5.37】使用偏函数固定直线的斜率和偏移值，然后根据传入的 x 值计算 y，代码如下。

Example_partial\partial2.py

```
from functools import partial

def line(a, x, b):
    ''' 直线 y = ax + b '''
    return a * x + b

line1 = partial(line, 0.5, b = 2)  # 确定直线为 y=0.5x+2
result = line1(0)
print(result)
result = line1(2)
print(result)
```

运行程序，输出结果如下：

```
2.0
3.0
```

即已知直线为 $y=0.5x+2$，当 x 为 0 的时候，y 为 2.0；当 x 为 2 的时候，y 为 3.0。

5.6　生成器

通过 iter() 和 next() 函数的调用，可以实现迭代器的功能。

生成器实际上与一个 iter() 函数类似。生成器每次会通过 yield 关键字返回迭代器对象。与普通函数不同的是，生成器返回的是迭代器对象，只能用于迭代操作。也就是说，生成器就是一个实现迭代的函数。参见例 5.38。

【例 5.38】函数中通过 yield 多次返回迭代器对象，代码如下。

Example_yield\yield1.py

```
def count():
    print('--1--')
```

```
        yield 2
        print('--3--')
        yield 4
        print('--5--')
        yield 6

it = count()
for value in it:
    print(value)
```

运行程序，输出结果如下：

```
--1--
2
--3--
4
--5--
6
```

这里 count()函数就是一个生成器，调用的时候把返回值赋给变量 it，这就是迭代器对象。下面是程序运行的顺序。

① 调用 count()，进入生成器函数中，输出"1"。

② 通过 yield 临时返回 2，并在 for 循环迭代的时候通过 print()函数输出结果。

③ for 循环迭代下一个，重新进入函数，输出"3"。

④ 通过 yield 临时返回 4，并通过 print()函数输出。

⑤ for 循环迭代下一个，重新进入函数，输出"5"。

⑥ 通过 yield 临时返回 6，并通过 print()函数输出。

⑦ 循环结束，迭代结束，生成器函数退出。

下面使用生成器返回 n 的阶乘，参见例 5.39。

【例 5.39】使用生成器计算阶乘，代码如下。

Example_yield\yield2.py
```
def fac(n):
    '''定义一个生成器 fac, 用于计算阶乘'''
    result = 1
    for i in range(1, n + 1):
        # 每次都计算 i 的阶乘，直到 i=n 为止
        result *= i
        yield result

gen = fac(10)
for value in gen:
    print(value)
```

运行程序，输出结果如下：

```
1
2
6
24
120
720
5040
40320
362880
3628800
```

可以看到，这里的生成器中每次通过 yield 关键字返回 *n* 的阶乘，直到等于 10 为止。

5.7 闭包

闭包就是能够读取外部函数变量的函数，也可以理解为定义在一个函数内部的函数。

在开始讲解闭包的概念前，先看一个例子。

【例 5.40】输出函数对象，代码如下：

Example_wrapper\wrapper1.py
```python
def test():
    return 3

print(test())
print(test)

a = test
print(a())
```
运行程序，输出结果如下：
```
3
<function test at 0x000002770A9B6280>
3
```

注意前两句 print() 函数的差异。第一句是调用 test() 函数，并输出返回值 3。第二句是把 test() 函数本身视作一个变量，并输出这个函数对象。

前面提到，Python 中一切皆对象，函数本身也是个对象。可以定义一个变量 a，将其指向 test() 函数本身。因此变量 a 是一个函数类型的变量，同样也可以通过 a() 的方式调用 test() 函数。对例 5.40 进行内存分析，如图 5.3 所示。

此时可明显看到，变量 a 与 test 指向同一个函数。访问 a() 即访问 test()。

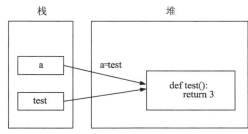

图 5.3 例 5.40 的内存分析

5.7.1 基本概念

对于闭包，可给出这样的定义：在一个外部函数中，定义了一个内部函数，并在内部函数中使用了外部函数的变量，并且外部函数的返回值是内部函数，此时则把内部函数以及所使用的外部变量合称为闭包。

【例 5.41】在外部函数中定义内部函数，代码如下。

Example_wrapper\wrapper2.py
```python
def test(number):
    ''' 外部函数 '''

    def test_in(number_in):
        ''' 内部函数 '''
        print('number is %d, number_in is %d' % (number, number_in))
        return number + number_in
```

```
    # 返回内部函数
    return test_in

fun = test(3)  # 调用外部函数，返回值是内部函数
result = fun(5)  # 根据返回的内部函数对象去调用内部函数
print(result)

result = test(3)(5)  # 通过高阶函数的方式访问
print(result)
```

运行程序，输出结果如下：

```
number is 3, number_in is 5
8
number is 3, number_in is 5
8
```

在该代码中，在外部函数 test() 中定义内部函数 test_in()，此时，内部函数 test_in() 与使用的外部变量 number 统称为闭包。

在这种情况下，如果要调用内部函数，首先需要通过外部函数获取内部函数对象，然后通过函数调用的方式去访问内部函数，或者直接通过高阶函数的方式访问。从程序运行结果可见，这两种写法的运行结果都是相同的。

当然，为了方便读者理解，后面统一使用第一种写法。

对例 5.41 进行内存分析，如图 5.4 所示。

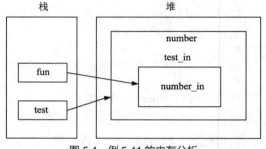

图 5.4　例 5.41 的内存分析

这里 test() 函数是外部函数。当执行 test() 的时候，返回内部函数，并赋给变量 fun，所以 fun 将指向内部函数 test_in()，因此在执行 fun() 的时候，实际上是调用了 test_in() 函数。

5.7.2　调用闭包函数

看下面的代码，思考程序运行的结果是什么。

【例 5.42】普通函数的运行顺序，代码如下。

Example_wrapper\wrapper3.py

```
print('--1--')
def test():
    print('--2--')
    return 3

print('--3--')
test()
```

运行程序，输出结果如下：

```
--1--
--3--
--2--
```

为什么 2 会在 3 之后呢？因为输出 2 的代码是写在函数里面的，当函数被声明的时候，并不会执行里面的代码；只有当函数被调用的时候，函数中的代码才会被执行，这是能够理解的。

如果直接访问 test：

```
print(test)
```

运行程序，输出结果如下：

```
<function test at 0x0000020467E86280>
```

显然，直接访问 test 不会执行函数中的代码，因此不会输出 2。

现在扩展到闭包中，思考下面程序运行的结果是什么，参见例 5.43。

【例 5.43】闭包函数的运行顺序，代码如下。

Example_wrapper\wrapper4.py

```
def test(number):
    ''' 外部函数 '''
    print('--1--')
    def test_in(number_in):
        ''' 内部函数 '''
        print('--2--')
        print('number is %d, number_in is %d' % (number, number_in))
        return number + number_in

    print('--3--')
    # 返回内部函数
    return test_in


test(3)  # 调用外部函数
```

运行程序，输出结果如下：

```
--1--
--3--
```

这里没有输出 2，为什么呢？

当调用外部函数的时候，内部函数只是做了声明，并没有被执行，因此也不会输出 2。如果要执行输出 2 的代码，则需要调用内部函数，例如：

```
fun = test(3)
fun(5)
```

运行程序，输出结果如下：

```
--1--
--3--
--2--
number is 3, number_in is 5
```

因此这里得到的结论是，当调用外部函数的时候，内部函数的代码并不会被执行。

5.7.3　闭包在内存中的状态

下面先看一个例子。

【例 5.44】对同一个外部函数，多次获取内部函数对象，代码如下。

Example_wrapper\wrapper5.py

```
def test(number):
    ''' 外部函数 '''

    def test_in(number_in):
        ''' 内部函数 '''
        print('number is %d, number_in is %d' % (number, number_in))
```

```
        return number + number_in

    # 返回内部函数
    return test_in
fun = test(3)  # 返回内部函数
fun2 = test(12)  # 返回内部函数
print(fun == fun2)
```

运行程序，输出结果如下：

```
False
```

代码中，依次声明 fun 和 fun2 为调用外部函数的时候传递参数不同的返回值。注意 fun 和 fun2 并不相同。

由于 fun 和 fun2 都是指向内部函数，本身也是函数类型的对象，因此可以进行函数调用。依次给 fun 和 fun2 传递不同的参数：

```
print(fun(8))
print(fun2(8))

print(fun(6))
print(fun2(6))
```

运行程序，输出结果如下：

```
number is 3, number_in is 8
11
number is 12, number_in is 8
20
number is 3, number_in is 6
9
number is 12, number_in is 6
18
```

可以看到，当使用 fun()调用内部函数时，number 的值为 3；当使用 fun2()调用内部函数时，number 的值为 12。这表示不同的函数对象相互交错使用并不会对各自 number 的值产生影响。

之前对函数的理解中，当函数被调用时，会在栈上创建执行环境，即初始化其中定义的变量和传入的形参，以便执行函数；当函数执行完毕并返回后，函数栈就会被销毁，临时变量和存储的中间结果都不会被保留。下次调用函数的时候，函数栈会被重新初始化。

但闭包是一种特殊情况。外部函数在结束的时候发现有临时变量（fun）指向了内部函数，也就是内部函数的引用计数不为 0，此时这个临时变量就绑定到内部函数中，对应的内部函数栈空间并不会被销毁。如果接下来外部函数再次被访问，则会把对应的内存空间复制一份。

对例 5.45 进行内存分析，如图 5.5 所示。

当访问 test(3)的时候，返回内部函数 test_in()，并且 fun 变量指向它。此时因为有临时变量指向了内部函数 test_in()，引用计数非 0，所以栈空间不会被释放。然后调用 test(12)的时候，将把对应栈空间复制一份，由 fun2 变量指向它。因此当调用 fun(8)和 fun2(8)的时候，实际访问的是不同的栈地址空间。

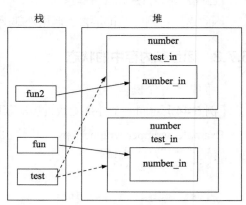

图 5.5　例 5.44 的内存分析

5.7.4 闭包的作用

下面看一个实际的例子。直角坐标系上的直线一般可以使用 $y=ax+b$ 来表示，这里 a、x、b 都是未知的。可以通过斜率 a 和偏移值 b 来确定一条直线，此时若要计算直线上的点，就不需要每次都传递 a、x、b 这 3 个值了，只需要传递 x 就可以。参见例 5.45。

【例 5.45】使用闭包定义直线函数，代码如下。

Example_wrapper\wrapper6.py
```python
def line(a, b):
    ''' 定义直线的闭包函数 '''
    def fun(x):
        ''' 内部函数是直线方程：y=a*x+b '''
        return a * x + b
    return fun

# 定义直线 y = 2x
line1 = line(2, 0)
result = line1(0) # x = 0 时 y = 0
print(result)
result = line1(2) # x = 2 时 y = 4
print(result)

# 定义直线 y = x + 2
line2 = line(1, 2)
result = line2(0) # x = 0 时 y = 2
print(result)
result = line2(2) # x = 2 时 y = 4
print(result)
```
运行程序，输出结果如下：
```
0
4
2
4
```
程序中定义了直角坐标系上的两条直线，即 $y=2x$ 和 $y=x+2$，并分别计算当 $x=0$ 和 $x=2$ 的时候对应 y 的值。

5.8 装饰器

5.8.1 基本概念

装饰器可以理解为对函数进行"装饰"和"打扮"。在开始介绍装饰器的概念前，先介绍以下场景。

这里可以把程序系统的实现分为业务层和服务层。业务层位于前端，主要负责与用户和客户打交道，当业务层被访问的时候，将调用服务层的接口，触发服务层代码的实现。而服务层主要负责实现系统的核心功能，包括算法、底层调用、网络通信、数据库访问等。

首先，把几个服务部门的代码封装到函数中，假设有 4 个服务部门，分别以 fun1()、fun2()、

fun3()、fun4()函数来描述，参见例5.46。

【例 5.46】定义几个服务部门的 API，让不同的业务部门选择调用执行，代码如下。

Example_decorator\decorator1.py

```python
# 服务部门的代码：提供各种 API 给业务部门去调用
def fun1():
    ''' 服务部门 1 '''
    print('--fun1--')

def fun2():
    ''' 服务部门 2 '''
    print('--fun2--')

def fun3():
    ''' 服务部门 3 '''
    print('--fun3--')

def fun4():
    ''' 服务部门 4 '''
    print('--fun4--')
```

各个业务部门会在合适的时候，根据需要去调用对应的服务部门的功能代码。

例如，业务部门 1 需要使用 fun1()、fun2()、fun3()、fun4()函数的功能，业务部门 2 需要使用 fun1()、fun2()、fun3()函数的功能，业务部门 3 需要使用 fun1()、fun2()函数的功能，业务部门 n 需要使用 fun1()函数的功能。

```python
# 业务部门的代码：负责与客户打交道，并通过调用服务部门的代码得到对应的结果


# 业务部门 1
print('---业务部门 1---')
fun1()
fun2()
fun3()
fun4()


# 业务部门 2
print('---业务部门 2---')
fun1()
fun2()
fun3()


# 业务部门 3
print('---业务部门 3---')
fun1()
fun2()


# 业务部门 n
print('---业务部门 n---')
fun1()
```

运行程序，输出结果如下：

```
---业务部门 1---
--fun1--
--fun2--
--fun3--
--fun4--
---业务部门 2---
--fun1--
--fun2--
--fun3--
---业务部门 3---
--fun1--
--fun2--
---业务部门 n---
--fun1--
```

上面的代码可以满足一些基本的要求，但随着项目的升级，客户可能提出更多的需求。例如，现在要添加验证功能。只有通过验证后，服务部门的功能才能对外公开。

验证方法有以下 3 种。

方法一：在业务部门中自行验证。

【例 5.47】在业务部门中自行验证，代码如下。

Example_decorator\decorator2.py

```python
# 服务部门的代码：提供各种 API 给业务部门去调用
# 略

# 业务部门的代码：负责与客户打交道并调用服务部门的代码得到对应的结果

# check1~check4 的值将根据实际情况设置为 True 或 False
check1, check2, check3, check4 = True, True, True, True

# 业务部门 1
print('---业务部门 1---')
if check1:
    fun1()
if check2:
    fun2()
if check3:
    fun3()
if check4:
    fun4()

# 业务部门 2
print('---业务部门 2---')
if check1:
    fun1()
if check2:
    fun2()
if check3:
    fun3()
```

```
    # 业务部门 3
    print('---业务部门 3---')
    if check1:
        fun1()
    if check2:
        fun2()

    # 业务部门 n
    print('---业务部门 n---')
    if check1:
        fun1()
```

运行程序，输出结果如下：

```
---业务部门 1---
--fun1--
--fun2--
--fun3--
--fun4--
---业务部门 2---
--fun1--
--fun2--
--fun3--
---业务部门 3---
--fun1--
--fun2--
---业务部门 n---
--fun1--
```

但是这样要完全把判断的标准交给业务部门，作为服务部门是无法确保业务部门是否遵守规则的，因此该方法明显不实用。

方法二：在服务部门内部进行验证。

【例 5.48】在服务部门中自行实现验证功能，代码如下。

Example_decorator\decorator3.py

```python
# 服务部门的代码：提供各种 API 给业务部门去调用
def fun1():
    ''' 服务部门 1 '''
    # 验证 1
    # 验证 2
    # 验证 3
    print('--fun1--')

def fun2():
    ''' 服务部门 2 '''
    # 验证 1
    # 验证 2
    # 验证 3
    print('--fun2--')

def fun3():
    ''' 服务部门 3 '''
```

```
       # 验证 1
       # 验证 2
       # 验证 3
       print('--fun3--')

def fun4():
    ''' 服务部门 4 '''
       # 验证 1
       # 验证 2
       # 验证 3
       print('--fun4--')

# 业务部门的代码: 略
```

运行程序，输出结果如下：

```
---业务部门 1---
--fun1--
--fun2--
--fun3--
--fun4--
---业务部门 2---
--fun1--
--fun2--
--fun3--
---业务部门 3---
--fun1--
--fun2--
---业务部门 n---
--fun1--
```

这种情况比刚才略好，但是随着项目功能越来越庞大，需要进行的验证也会越来越多，因此可能会出现很多重复的情况。在代码中出现大量重复的代码是程序员很忌讳的事情，因此需要考虑把通用的功能抽取出来。

方法三：在服务部门的内部，把验证的功能单独抽取出来，写在一个独立的验证函数中。

【例 5.49】把验证的功能放到独立的函数中实现，代码如下。

Example_decorator\decorator4.py
```
# 服务部门的代码: 提供各种 API 给业务部门去调用

def check():
    ''' 验证的函数 '''
    pass

def fun1():
    ''' 服务部门 1 '''
    check()
    print('--fun1--')

def fun2():
    ''' 服务部门 2 '''
    check()
```

```
        print('--fun2--')

    def fun3():
        ''' 服务部门 3 '''
        check()
        print('--fun3--')

    def fun4():
        ''' 服务部门 4 '''
        check()
        print('--fun4--')
```

```
# 业务部门的代码：略
```

这样，在 check()函数中完成检验就可以减少重复的代码。

但只是这样还不够。在软件开发中需要遵循"开闭原则"：对扩展开放，对修改关闭。也就是说之前写好的程序，如果想要加上新的功能，不应该尝试修改模块中的代码（对修改关闭），而应该考虑对它进行扩展，在扩展代码中添加新的功能（对扩展开放）。在面向对象的编程中，给一个类派生它的子类，并在子类中实现新的功能。

因此，方法三中代码的问题是：如果之前没有进行验证，后面要添加验证功能的时候，需要在服务部门的函数代码中添加 check()函数的代码，这样显然违反了开闭原则。代码如下：

```
    def fun1():
        ''' 服务部门 1 '''
        check()
        print('--fun1--')
```

要解决这个问题，就需要使用装饰器。

【例 5.50】使用装饰器对服务部分的代码进行验证，代码如下。

Example_decorator\decorator5.py

```
def wrapper(fun):
    ''' 装饰器函数 '''
    def check():
        ''' 验证的函数 '''
        # 验证 1
        print('--check1--')
        # 验证 2
        print('--check2--')
        # 验证 3
        print('--check3--')
        # 调用原来的函数
        fun()
    return check

@wrapper
def fun1():
    ''' 服务部门 1 '''
    print('--fun1--')

@wrapper
def fun2():
```

```
    ''' 服务部门 2 '''
    print('--fun2--')

@wrapper
def fun3():
    ''' 服务部门 3 '''
    print('--fun3--')

@wrapper
def fun4():
    ''' 服务部门 4 '''
    print('--fun4--')

# 业务部门的代码：略
```

注意，在服务部门的代码函数前使用@xxx，这种写法在 Python 中称为 "语法糖"，这种用法就称为装饰器。装饰器本质上就是一个返回内部函数的外部函数，装饰器里面的内容就是闭包。

5.8.2　装饰器原理

要理解装饰器的原理，可以先从最简单的代码开始，参见例 5.51。

【例 5.51】最简单的服务部门与业务部门，代码如下。

装饰器原理

Example_decorator\decorator6.py
```
# 服务部门的代码
def fun1():
    ''' 服务部门 1 '''
    print('--fun1--')


# 业务部门的代码
fun1()
```
运行程序，输出结果如下：

`--fun1--`

然后在此基础上，给 fun1()函数添加验证的功能。如果把验证的功能直接写在 fun1()函数中，会破坏开闭原则，因此考虑用返回内部函数（闭包）的函数来实现装饰器，参见例 5.52。

【例 5.52】实现一个闭包，代码如下。

Example_decorator\decorator7.py
```
def wrapper():
    ''' 装饰器实现 '''
    def check():
        ''' 验证的函数 '''
        # 验证 1
        print('--check1--')
        # 验证 2
        print('--check2--')
        # 验证 3
        print('--check3--')
    return check
```

```
innerFun = wrapper()
innerFun()
```

运行程序，输出结果如下：

```
--check1--
--check2--
--check3--
```

注意 wrapper()函数的使用，根据闭包中介绍的方法，先通过调用外部函数来返回内部函数，然后调用返回的内部函数。

对这部分代码进行调整，需要把原来的函数作为 wrapper()的参数放进去，参见例 5.53。

【例 5.53】给外部函数添加参数，代码如下。

Example_decorator\decorator8.py

```
def wrapper(fun):
    ''' 装饰器实现 '''
    def check():
        ''' 验证的函数 '''
        # 验证 1
        print('--check1--')
        # 验证 2
        print('--check2--')
        # 验证 3
        print('--check3--')
        # 调用原来的函数
        fun()
    return check


def fun1():
    ''' 服务部门 1 '''
    print('--fun1--')


innerFun = wrapper(fun1)
innerFun()
```

运行程序，输出结果如下：

```
--check1--
--check2--
--check3--
--fun1--
```

注意，调用 wrapper()函数时需要传递 fun1 作为参数。此时，运行的结果就有 fun1 了。

可是，业务部门的代码本来是要调用 fun1()函数的，现在却变成调用 innerFun()函数，与原来的业务不符合。所以，直接把上面代码中的 innerFun 改为 fun1，参见例 5.54。

【例 5.54】把调用 wrapper()函数的返回值重新赋给 fun1，代码如下。

Example_decorator\decorator9.py

```
# wrapper 闭包定义：略


def fun1():
    ''' 服务部门 1 '''
    print('--fun1--')
```

```
fun1 = wrapper(fun1)
fun1()
```

运行程序，输出结果如下：

```
--check1--
--check2--
--check3--
--fun1--
```

实际上，就是把调用 wrapper(fun1)的结果重新赋给 fun1，其他的都没变化。

最后，为了让业务部门的代码与之前的保持一致，装饰器的"语法糖"会把代码 fun1 = wrapper(fun1)改为@wrapper，并放到 fun1 声明的前面，参见例 5.55。

【例 5.55】使用@wrapper 实现装饰器，代码如下。

Example_decorator\decorator10.py

```
# wrapper 闭包定义：略

@wrapper # fun1 = wrapper(fun1)
def fun1():
    ''' 服务部门 1 '''
    print('--fun1--')

fun1()
```

运行程序，输出结果如下：

```
--check1--
--check2--
--check3--
--fun1--
```

以上就是装饰器的实现过程。

注意：一般建议在装饰器使用代码的最后加上注释（即#fun1 = wrapper(fun1)），以便阅读程序的人员更好地了解代码的原理。

对例 5.55 进行内存分析，如图 5.6 所示。

再次强调，下面两种写法是等价的：

```
@wrapper # fun1 = wrapper(fun1)
def fun1():
    ''' 服务部门 1 '''
    print('--fun1--')

def fun1():
    ''' 服务部门 1 '''
    print('--fun1--')

fun1 = wrapper(fun1)
```

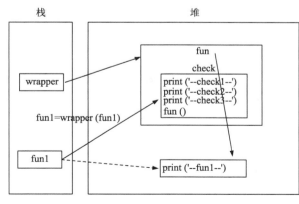

图 5.6　例 5.55 的内存分析

5.8.3　多个装饰器

理论上，一个函数可以添加多个装饰器，在函数前面写上多个@wrapper 即可，参考下面的代码。

首先，声明两个装饰器函数，参见例 5.56。

多个装饰器

【例 5.56】给函数添加多个装饰器，代码如下。

Example_decorator\decorator11.py

```python
def wrapper1(fun):
    ''' 装饰器 1 实现 '''
    def check():
        ''' 验证的函数 '''
        # 验证 1
        print('--check1--')
        # 调用原来的函数
        fun()
    return check

def wrapper2(fun):
    ''' 装饰器 2 实现 '''
    def check():
        ''' 验证的函数 '''
        # 验证 2
        print('--check2--')
        # 调用原来的函数
        fun()
    return check
```

然后，使用不同的装饰器对函数进行"装饰"，看看效果如何。

（1）对于 fun1()函数，同时使用 wrapper1 和 wrapper2 装饰器：

```python
@wrapper1 # fun1 = wrapper1(fun1)
@wrapper2 # fun1 = wrapper2(fun1)
def fun1():
    print('--fun1--')

fun1()
```

运行程序，输出结果如下：

```
--check1--
--check2--
--fun1--
```

这样在调用 fun1()函数的时候，将先后触发两个装饰器中的验证代码的运行。

（2）对于 fun2()函数，只使用 wrapper1 装饰器：

```python
@wrapper1 # fun2 = wrapper1(fun2)
def fun2():
    print('--fun2--')

fun2()
```

运行程序，输出结果如下：

```
--check1--
--fun2--
```

这样在调用 fun2()函数的时候，只触发 wrapper1 装饰器中的验证代码的运行。

（3）对于 fun3()函数，只使用 wrapper2 装饰器：

```python
@wrapper2 # fun3 = wrapper2(fun3)
def fun3():
    print('--fun3--')
```

```
fun3()
```

运行程序，输出结果如下：

```
--check2--
--fun3--
```

这样在调用 fun3()函数的时候，只触发 wrapper2 装饰器中的验证代码的运行。

（4）对于 fun4()函数，不使用任何装饰器：

```
def fun4():
    print('--fun4--')

fun4()
```

运行程序，输出结果如下：

```
--fun4--
```

这样在调用 fun4()函数的时候，不会触发任何装饰器中的验证代码的运行。

再来看在使用两个装饰器的情况下，程序运行的顺序。在两个装饰器函数中加上输出语句，参见例 5.57。

【例 5.57】使用两个装饰器的情况下，程序运行的顺序，代码如下。

Example_decorator\decorator12.py

```
def wrapper1(fun):
    ''' 装饰器 1 实现 '''
    print('--1.1--')
    def check():
        ''' 验证的函数 '''
        print('--1.2--')
        # 验证 1
        print('--check1--')
        # 调用原来的函数
        fun()
    print('--1.3--')
    return check

def wrapper2(fun):
    ''' 装饰器 2 实现 '''
    print('--2.1--')
    def check():
        ''' 验证的函数 '''
        print('--2.2--')
        # 验证 2
        print('--check2--')
        # 调用原来的函数
        fun()
    print('--2.3--')
    return check

@wrapper1 # fun1 = wrapper1(fun1)
@wrapper2 # fun1 = wrapper2(fun1)
def fun1():
    print('--fun1--')
```

运行程序，输出结果如下：

```
--2.1--
--2.3--
--1.1--
--1.3--
```

现在有个意外的发现：在装饰的时候明明是@wrapper1 写在@wrapper2 前面，运行的时候却是先输出 2.1 和 2.3，再输出 1.1 和 1.3。这是为什么呢？

在上面的代码中，加入 fun1()函数调用的代码：

```
fun1()
```

运行程序，输出结果如下：

```
--1.2--
--check1--
--2.2--
--check2--
--fun1--
```

此时为什么又是先运行 1.2，再运行 2.2 呢？

要解答这些问题，首先需要把装饰器的代码展开。程序中的代码如下：

```
@wrapper1 # fun1 = wrapper1(fun1)
@wrapper2 # fun1 = wrapper2(fun1)
def fun1():
    print('--fun1--')
```

把上面的代码用 fun = wrapper(fun)的形式展开，展开的时候注意，哪个装饰器与 fun1()函数距离比较远，就先展开哪个。这里是@wrapper1 与 fun1()函数距离比较远，因此要先展开@wrapper1，展开后放到最下面，如下：

```
@wrapper2 # fun1 = wrapper2(fun1)
def fun1():
    print('--fun1--')

fun1 = wrapper1(fun1)
```

接下来再展开@wrapper2，放到 fun1()函数定义的后面，但要位于展开后的 wrapper1()函数的前面，如下：

```
def fun1():
    print('--fun1--')

fun1 = wrapper2(fun1)
fun1 = wrapper1(fun1)
```

现在就比较明显了，程序会先调用 wrapper2()函数，再调用 wrapper1()函数，自然 wrapper2()函数中的输出语句 2.1 和 2.3 先于 wrapper1()中的输出语句 1.1 和 1.3 被执行。

对例 5.57 进行内存分析。

（1）声明 wrapper1()装饰器函数、wrapper2()装饰器函数、fun1()函数，内存分析如图 5.7 所示。

（2）按照展开后的流程，先执行 fun1 = wrapper2(fun1)，内存分析如图 5.8 所示。

当执行 fun1 = wrapper2(fun1)的时候，wrapper2()函数中的形参 fun 即为原来的 fun1 变量所指向的函数，wrapper2()函数的返回值为内部函数 check()，并重新赋给 fun1 变量。

因此，现在 fun1 变量将不再指向原来函数，而是指向 wrapper2()函数的内部函数 check()。

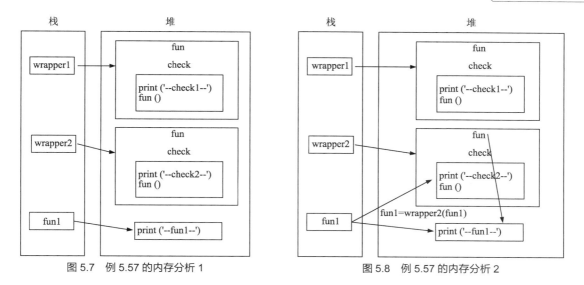

图 5.7　例 5.57 的内存分析 1　　　　　图 5.8　例 5.57 的内存分析 2

（3）按照展开后的流程，接下来执行 fun1 = wrapper1(fun1)，内存分析如图 5.9 所示。

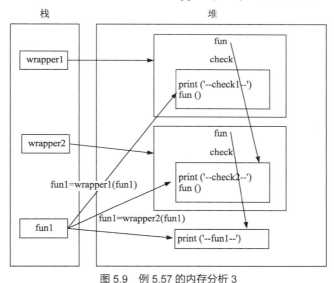

图 5.9　例 5.57 的内存分析 3

　　当执行 fun1 = wrapper1(fun1)的时候，wrapper1()函数中的形参 fun 即为 fun1 所指向的函数，即 wrapper2()函数的内部函数 check()，wrapper1()函数的返回值则为 wrapper1()函数的内部函数 check()，并重新赋给 fun1 变量。

　　因此，现在 fun1 不再指向 wrapper2()函数的内部函数 check()，而是指向 wrapper1 的内部函数 check()。

　　此时，执行 fun1()的时候，实际上是调用 wrapper1()函数的内部函数 check()。该函数首先进行 check1 检查，再调用外部函数 wrapper1()的形参 fun。而此时形参 fun 指向的是 wrapper2()函数的内部函数 check()，所以将调用 wrapper2()函数的内部函数 check()。该函数首先进行 check2 检查，再调用外部函数 wrapper2()的形参 fun。而此时形参 fun 指向的是最开始的函数，直到这个时候，程序才调用最开始的函数。

5.8.4 装饰带参数的函数

之前被装饰的函数都是没有参数的，参见例 5.58。

【**例 5.58**】在无参数的函数中使用装饰器，代码如下。

Example_decorator\decorator13.py
```python
def wrapper(fun):
    def check():
        print('--check--')
        fun()
    return check


@wrapper
def fun1():
    print('--fun1--')

fun1()
```
下面考虑要装饰的函数带有参数的情况。例如，需要对如下函数进行装饰：
```python
def fun1(a, b):
    ...
```
这里有个大原则，对业务层来说，函数被装饰前后的调用方法应该是一样的。例如这样调用：
```python
fun1(3, 8)
```
根据前面对装饰器的内存分析，当 fun1()函数被装饰后，实际上将指向内部函数 check()。既然
fun1()函数调用的时候需要传递两个参数，那么内部函数 check()自然也需要接收两个参数。同时，在
check()中执行 fun()的时候，fun()将指向原来的函数，这自然也需要传递两个参数。因此对装饰器的
代码进行修改，参见例 5.59。

【**例 5.59**】给带有参数的函数使用装饰器，代码如下。

Example_decorator\decorator14.py
```python
def wrapper(fun):
    def check(a, b):
        print('--check--')
        fun(a, b)
    return check

@wrapper
def fun1(a, b):
    print('--fun1--, sum is ', (a+b))

fun1(3, 8)
```
运行程序，输出结果如下：
```
--check--
--fun1--, sum is  11
```
以上就是装饰一个带参数的函数的方法。

如果被装饰的函数参数的个数不确定，那么该如何进行装饰？

此时，可以使用可变参数与关键字参数，参见例 5.60。

【**例 5.60**】给带有不同参数的多个函数使用装饰器，代码如下。

Example_decorator\decorator15.py
```python
def wrapper(fun):
    def check(*args, **kwargs):
```

```
        print('--check--')
        fun(*args, **kwargs)
    return check

@wrapper
def fun0():
    print('--fun0--')

@wrapper
def fun1(a):
    print('--fun1--, sum is ', a)

@wrapper
def fun2(a, b):
    result = a + b
    print('--fun2--, sum is ', result)

@wrapper
def fun3(a, b, c):
    result = a + b + c
    print('--fun3--, sum is ', result)

@wrapper
def fun4(a, b, c, d):
    result = a + b + c + d
    print('--fun4--, sum is ', result)

fun0()
fun1(3) # a=3
fun2(3, 8) # a=3 b=8
fun3(3, 8, 2) # a=3 b=8 c=2
fun4(3, 8, 2, 5) # a=3 b=8 c=2 d=5
```

运行程序，输出结果如下：

```
--check--
--fun0--
--check--
--fun1--, sum is  3
--check--
--fun2--, sum is  11
--check--
--fun3--, sum is  13
--check--
--fun4--, sum is  18
```

可以看到，如果要对不同参数个数的多个函数使用同一个装饰器进行装饰，则需要使用可变参数与关键字参数。

5.8.5　装饰有返回值的函数

如果被装饰的函数有返回值，则需要在闭包的内部函数中添加一条 return 语句，参见例 5.61。

【例 5.61】给带有返回值的函数使用装饰器，代码如下。

Example_decorator\decorator16.py
```
def wrapper(fun):
    def check():
```

```
        print('--check--')
        ret = fun()
        return ret
    return check

@wrapper
def fun1():
    return 5

result = fun1()
print(result)
```

运行程序，输出结果如下：

```
--check--
5
```

在调用 fun1()时，无论是装饰前还是装饰后，都需要获取函数的返回值。由于装饰后实际上调用的是闭包的内部函数 check()，因此需要给内部函数 check()添加返回值。

可以把装饰有参数和有返回值的函数的代码进行结合，参见例 5.62。

【例 5.62】给带有参数和返回值的函数使用装饰器，代码如下。

Example_decorator\decorator17.py

```
def wrapper(fun):
    def check(*args, **kwargs):
        print('--check--')
        ret = fun(*args, **kwargs)
        return ret
    return check

@wrapper
def fun0():
    return 0

@wrapper
def fun1(a):
    return a

@wrapper
def fun2(a, b):
    result = a + b
    return result

@wrapper
def fun3(a, b, c):
    result = a + b + c
    return result

@wrapper
def fun4(a, b, c, d):
    result = a + b + c + d
    return result

result = fun0()
print(result)
result = fun1(3)  # a=3
print(result)
result = fun2(3, 8)  # a=3 b=8
print(result)
result = fun3(3, 8, 2)  # a=3 b=8 c=2
```

```
print(result)
result = fun4(3, 8, 2, 5) # a=3 b=8 c=2 d=5
print(result)
```

运行程序，输出结果如下：

```
--check--
0
--check--
3
--check--
11
--check--
13
--check--
18
```

可以看到，装饰带有参数和返回值的函数需要给内部函数 check()添加参数和返回值。这种写法是装饰器的通用模板，在实现自己的装饰器的时候都应该使用这种方式。

5.8.6　带有参数的装饰器

既然装饰器是通过函数来实现的，那装饰器本身能不能接收参数呢？答案是可以的。

所谓带有参数的装饰器，指的是在使用装饰器@wrapper 的时候，后面加上参数，即 @wrapper(xxx)。

由于使用@wrapper 的时候，是在普通函数的外面包裹了一层函数，外层函数的参数是被装饰的函数本身（而不是装饰器的参数），因此如果要给装饰器加上参数，则肯定不能直接使用原来的包裹函数（因为参数类型不对），而是在原来包裹的函数的外面再添加一层函数的封装。参见例 5.63。

【例 5.63】给函数使用带有参数的装饰器，代码如下。

Example_decorator\decorator18.py

```
def wrapper(param): # 该参数是装饰器的参数

    def wrapper_fun(fun): # wrapp_fun 必须有一个参数，该参数是一个函数，就是被装饰的函数
        def check(*args, **kwargs):
            print('--check--')
            ret = fun(*args, **kwargs)
            return param + str(ret)
        # wrapper_fun 的返回值必须是 callable 的，即返回值必须是函数
        return check

    # wrapper 的返回值必须是 callable 的，即返回值必须是函数
    return wrapper_fun

@wrapper('hello') #  fun1 = wrapper('hello')(fun1)
def fun1(a, b):
    return a + b

# 调用被装饰的函数
result = fun1(3, 8)
print(result)
```

运行程序，输出结果如下：

```
--check--
hello11
```

注意这里的 wrapper 有 3 层函数，分别描述如下。

- 外层函数 wrapper()：带参数的装饰器。在上述代码中，参数 param 的类型是字符串。
- 中间层函数 wrapper_fun()：外层函数的返回值，去掉装饰器的参数后的结果。参数 fun 是被装饰函数的对象。
- 内层函数 check()：中间层函数的返回值，在实际函数调用前后，进行额外的操作。参数 args、kwargs 就是被装饰函数的参数。

此时，如果展开装饰器@wrapper('hello')，则是：

```
fun1 = wrapper('hello')(fun1)
```

带参数的装饰器一般会在授权、日志等场景下使用，详见习题中编程题的第 7 小题。

习题

一、选择题

1. 下列关于函数的定义中不合法的是（　　）。

    A. def func(*args):
    B. def func(arg2=2):
    C. def func(*args, a=2):
    D. def func(a=2, **args):

2. 下面程序输出的结果是（　　）。

```
def dec(f):
    n = 2
    def wrapper(*args, **kw):
        return f(*args, **kw) * n
    return wrapper

@dec
def func(n):
    return n * 4
```

    A. func(2) == 16
    B. func(3) == 18
    C. func(2) == 14
    D. func(3) == 20

3. 下面程序输出的结果是（　　）。

```
counter = 1
def func():
    global counter
    for i in (1,2,3,4,5):
        counter += 1

func()
print(counter)
```

    A. 4
    B. 5
    C. 6
    D. 7

4. 下面程序输出的结果是（　　）。

```
a = 10
def fun():
    b = a + 1
    a = 3
    print('a = %d' % a)

fun()
```

    A. 0
    B. 1
    C. 2
    D. 报错

二、填空题

1. 下面程序输出的结果是＿＿＿＿＿＿＿＿＿。

```
print([i for i, value in enumerate([1,2,3,1,3]) if value == max([1,2,3,1,3])])
```

2. 要求下面程序能够正确计算 5 的阶乘，在横线上填写相应代码。

```
def func(n):
    def factorial(n):
        result = 1
        for i in range(2, n + 1):
            result *= i
            _____

        _____


print(func(5))
```

3. 下面程序输出的结果是_____。

```
def pow(n, m):
    result = 1
    for i in range(1, m + 1):
        result *= n
    return result
func = pow
print(func(2, 3))
```

4. 下面程序输出的结果是_____。

```
def func(*args):
    a = sum(args) / len(args)
    t = []
    for i in args:
        if i > a:
            t.append(i)
    return a,t
print(func(2,2,4,4))
```

三、编程题

1. 使用生成器，计算百鸡百钱的问题。（提示：每次返回一种组合，包括公鸡、母鸡、小鸡各多少只）

2. 使用生成器，输出斐波那契数列的前 20 个数。

3. 编写一个生成器函数 funcs(n,m)，并输出 n～m 的所有素数。

4. 阅读下列程序，怎么调用才能输出"1"和"3"？

```
# 验证的函数
def wrapper(fun):
    print('--1--')
    def check():
        print('--2--')
        print('--check1--')
        fun()
    print('--3--')
    return check


@wrapper
def fun1():
    print('--fun1--')
```

5. 根据下列描述和现有代码，按要求编写对应的程序。

程序员为了进行性能优化，有时候需要查看一个函数的执行时间，假设有一个函数如下：

```
import time

def fun1():
    print('函数开始')
```

```
    time.sleep(3)
    print('函数结束')
```

现在要查看该函数的执行时间，因此需要在函数开始和结束位置获取当前时间戳：

```
def fun1():
    start = time.time()
    print('函数开始')
    time.sleep(3)
    print('函数结束')
    stop = time.time()
    duration = stop - start
    print('持续时间是%d秒' % duration)
```

由于不符合开闭原则，因此程序员需要考虑使用装饰器代替记录时间的功能，装饰器应该怎么写？

6. 根据下列描述和现有代码，按要求编写对应的程序。

有一个函数如下：

```
def say():
    return 'helloworld'
```

写两个装饰器，一个是 bold，另一个是 italic，并满足如下要求。

（1）使用@bold 对函数进行装饰：

```
@bold
def say():
    return 'helloworld'
```

此时，执行 say()则返回helloworld。

（2）使用@italic 对函数进行装饰：

```
@italic
def say():
    return 'helloworld'
```

此时，调用 say()则返回<i>helloworld</i>。

（3）同时使用@bold 和@italic 对函数进行装饰：

```
@bold
@italic
def say():
    return 'helloworld'
```

此时，调用 say()则返回helloworld。bold 和 italic 装饰器该怎么写？

7. 编写一个装饰器 log 以代表日志。装饰器需要带有一个参数来表示重要程度。

要求重要程度有 error（错误）、warning（警告）、info（普通信息）、debug（调试）、verbose（冗余）几个级别。例如使用@log('DEBUG')对函数进行装饰：

```
@log('DEBUG')
def fun1():
    print('helloworld')
```

此时调用 fun1()可以输出：

```
[DEBUG]: calling fun1()
helloworld
```

8. 编写一个装饰器，被装饰的函数输出日志信息，日志的格式为"时间：[字符串时间]"函数名为"xxx"，执行时间为"xxx"，执行返回的值结果为"xxx"，如下所示。

```
时间: [Thu Feb 12 20:44:15 2020] 函数名为: mult, 执行时间为: 2.000097, 执行返回的结果为: 20
时间: [Thu Feb 12 20:44:17 2020] 函数名为: add, 执行时间为: 2.000489, 执行返回的结果为: 15
```

第二篇

面向对象篇

06 第6章 Python面向对象

学习目标

- 掌握面向对象的思想，掌握类和对象的概念。
- 掌握属性和方法的定义和使用。
- 掌握__init__()、__del__()和__str__()方法。
- 掌握私有、继承和多态的使用方法。
- 掌握类属性、对象属性、类方法、对象方法和静态方法的使用。
- 掌握__new__()方法和运算符重载。
- 掌握模块与导包的方式。

Python 既可以使用面向过程的思想来进行编程，也可以使用面向对象的思想来进行编程。面向过程与面向对象审视的角度不一样，各有利弊。

本章主要讲解 Python 面向对象的内容。

6.1 面向对象思想

在本章之前，我们接触的 Python 编程都是根据业务逻辑从上到下写代码，这种编程方式是面向过程的。现在开始介绍另一种不同的编程方式——面向对象编程。

"对象"这个术语其实在前面已经出现过。在 Python 中，一切皆对象。到目前为止所有的编程，其实都是以对象为基础。例如，在脚本中传递对象、在表达式中调用对象的方法等。不过，要让代码真正归类于面向对象，有些东西还是得从头说起。

一般来说，编程最常用的思维方式有两种，一种是面向过程，另一种是面向对象。这两种编程思想基本上可以覆盖大部分的编程语言，它们都是对软件分析、设计、开发的思想。在程序设计刚出来的时候，只有面向过程的思想，但后面随着软件规模的日益增大，人们不断提出新的需求，问题的复杂性逐渐提高。面向过程的缺点和弊端越来越明显，于是面向对象的思想被提出并逐渐成为目前主流的软件开发方式。

面向过程的程序设计的核心是过程，就是流水式思维，过程就是解决问题的步骤。面向过程的程序设计就好比精心设计好的一条流水线，即在什么时候处理什么东西，并按照步骤一步步来实现，最终实现目标。该思想更适用于一些任务简单、不需要合作的事务操作。但是当我们思考一些复杂问题的时候，就会发现仅仅列出一个个步骤是不太现实的，因为每个步骤都需要协作才能完成。而面向对象思想则更契合人类的思维模式，所以会思考"怎么去设计这个事物？"而不是"按什么步骤去设计这个事物？"这就是思维方式的改变。

　　不能把面向过程和面向对象两者对立起来，它们是相辅相成的，面向对象编程是离不开面向过程编程的。

　　C 语言是纯粹的面向过程的编程语言，C 语言中没有类、方法、属性等概念；Java 则是纯粹的面向对象的编程语言，在 Java 中哪怕要实现一条最简单的输出语句，也要放到一个类的方法中，而不能单独实现。Python 则位于两者之间，按照面向过程的方式，从前向后一条条语句顺序执行，然后对该对象进行操作。

　　在面向对象编程中，类用于描述客观世界里某一类对象的共同特征，而对象是类的具体存在。Python 中可以使用类的初始化方法来创建类的对象。

　　下面先来看一个简单的例子，例如上课。如果按照面向过程的思维方式，则应该是：

走去教室

等待老师来到

听老师讲课，做练习，等待下课铃响

下课铃响，走出教室

写成伪代码，则如下：

```
走向(教室)
while 老师未来到:
    等待

开始上课
while 下课时间未到:
    听课
    做练习

离开(教室)
...
```

而如果按照面向对象的思维方式，则是这样的：

把教室看成一个类

定义位置、容纳人数等属性

把学生看成一个类

定义课程、教室等属性

定义上课、下课等方法

声明教室的对象

声明学生的对象

执行该学生上课、下课的操作

写成代码，则是：

```
class 教室:
    位置 = A404
    容纳人数 = 100
    ...

class 学生:
    课程 = Python 程序设计
    def 上课():
```

```
        ...

    def 下课():
        ...

A404 = new 教室()
A404.setLocation("综合楼")
A404.setCapacity(100)
张三 = new 学生()
张三.setCourse("Python 程序设计")
张三.setClassRoom(A404)
张三.上课()
```

因此，面向对象的产生在于它审视的角度与面向过程不一样。面向过程是从程序的角度去思考，第一步要怎样做、第二步要怎样做；而面向对象则是从人的角度去思考，一样事物有什么样的特征、能对它进行什么操作等。

相对来说，用面向过程思维设计的程序因为更符合计算机的思考运行方式，所以它运行的速度会比较快，但是难以组织大规模的工程，比较适合对速度要求比较快、需要与硬件接触的软件，例如底层应用程序、操作系统内核、驱动程序。而使用面向对象思维设计的程序更符合人类的思考方式，因此方便组织大规模的工程，但相对地，运行起来速度会比较慢，比较适合对速度要求不高的上层应用软件，例如数据库访问、网络通信、用户界面开发等。

因此，不同的思维模式各有利弊。也并不是说面向对象凌驾于其他编程方法之上，它只是一种编程思想。

面向对象编程试图在软件系统中模拟现实世界。现实世界是由各种类组成的，例如生物类和非生物类，而其中每一类又可以分为很多子类，例如生物类可以分为动物类和植物类，动物类还可以细分下去。

不同的类如何划分？依据就是属性和行为。例如鸟类，不管是哪种鸟，都有翅膀、眼睛、羽毛等属性，都有产卵、觅食等行为。

6.2　类与对象

对象本身就是一个很广泛的概念。对象可以是具体的，如飞机、大炮、猫、狗、桌子、椅子、手机、电视等；对象也可以是抽象的，如计划、事件、工程、项目、规则、规矩等。总之，世间万事万物都是对象。

对象是属性和操作相关属性的行为的集合，是类的具体化，是系统中用来描述客观事物的一个实体，是构成系统的一个基本单位。

所有的面向对象的程序都是由对象组成的，对象之间可以相互通信、协调、配合，共同完成整个程序的任务和功能。对象是面向对象编程的核心。

例如用户需要买一台笔记本电脑。他不能简单说"买一台笔记本电脑"，这样品牌、尺寸、系统不确定；不能说"买一台××笔记本电脑"，这样尺寸、系统不清晰；不能说"买一台 15 英寸的××笔记本电脑"，这样配置不清晰；要说"买一台 15 英寸的××飞行堡垒笔记本电脑，8GB 内存，

i7CPU，Windows 10 操作系统，GTX1060 显卡"等，这样才能将"笔记本电脑类"实例化为一个具体的对象。在面向对象编程中，类必须实例化生成对象后才能使用。

类是同一种对象的抽象。把众多的食物归纳、划分成一些类，这是人们在认识客观世界的时候经常采用的思维方式。分类的原则是抽象，为属于该类的所有对象提供统一的抽象描述。类的内部包含了属性和方法两个主要部分。在面向对象编程中，类是一个独立的单位，它应该有一个类名并包括属性说明和方法说明两个主要部分。

例如学校里有成千上万个学生，每个学生都是一个对象，而把所有的学生都抽象出来，则形成"学生"这个类。同样地，也可以定义老师、教室、课程、饭堂等类。

例如，"张三"和"李四"都属于"人"类，但是他们是"人"类的两个不同的对象。Python 是支持面向对象的编程语言，因此在编写 Python 程序时，应该更加着重地对"张三""李四"这些对象进行编程，如"张三吃饭""李四睡觉"等，而不应该是"人在吃饭""人要睡觉"之类的。

Python 中定义类的语法为：

```
class ClassName:
    <statement-1>
    ...
    <statement-N>
```

这里，ClassName 表示类名，类名必须是合法的标识符。按照编程规范，类名使用大驼峰法，就是每个单词的首字母大写，其余字母小写。statement-N 则表示一个完整的表达式，可以描述一个属性或一个方法。如果暂时想不到类中要写什么内容，可以写 pass 语句。

给一个类创建一个对象的语法为：

```
obj = ClassName()
```

这里 obj 表示对象。按照编程规范，对象名使用小驼峰法。小驼峰法规定第一个单词的首字母小写，其余单词的首字母大写，其余字母小写。对象名第一个单词通常不为动词。

例如要定义一个动物类，并给该类创建一个对象，参见例 6.1。

【例 6.1】定义动物类并创建该类的对象，代码如下。

Example_class\class1.py

```
class Animal:
    pass


# 创建 Animal 的实例
a = Animal()
print(a)
print(type(a))
```

运行程序，输出结果如下：

```
<__main__.Animal object at 0x0000020C2B7549A0>
<class '__main__.Animal'>
```

这里定义了一个最简单的类 Animal，类中不包含任何实质性的代码，它就是一个类。然后创建它的一个对象 a，a 就是一个 Animal 的对象，a 的类型即为 Animal。

初学者可能把"类"和"对象"这两个概念混淆。因此，有必要再说明一下。在这里，Animal是类，而 a 是对象。由于是面向"对象"的编程，而不是面向"类"的编程，因此是对 a 这个"对象"进行编程，例如调用 a 中的方法，设置它的某些属性等，而不是对 Animal 这个"类"进行编程。

从输出结果可以看到，输出"a"的时候是 object，表示它是个对象。使用 type()函数输出该对象的类型，可以看到是 Animal 的类型。

通常有如下的说法。

- 创建出来的对象叫作类的实例。
- 创建对象的操作叫作实例化。
- 对象的属性叫作实例属性。
- 定义在类里面、方法外面的属性叫作类属性。
- 对象调用的方法叫作实例方法。

下面来看一个类里面会包含的内容，例如属性和方法。

6.3 属性

属性用于定义该类或类的实例所包含的数据。属性在有些参考资料上也被称为"成员变量"，当然这个只是称呼上的不同而已，本书中统一称为"属性"。

如果要给类的对象设置属性，可以通过如下方法：

`obj.attr = value`

如果要访问类的属性，则可以直接这样访问：

`obj.attr`

这里 obj 就是指对象，attr 就是指该对象的属性。

按照编程规范，属性名使用小驼峰法。小驼峰法规定第一个单词的首字母小写，其余单词的首字母大写，其余字母小写。属性名第一个单词通常不为动词。

【例 6.2】给类的对象设置属性，并访问这些属性，代码如下。

Example_attr\attr1.py
```python
class Dog:
    pass

dog1 = Dog()
# 设置对象的属性
dog1.name = '旺财' # 名字
dog1.age = 13 # 年龄
dog1.sex = 'male' # 性别
# 访问对象的属性
print(dog1.name)
print(dog1.age)
print(dog1.sex)
```

运行程序，输出结果如下：
```
旺财
13
male
```

这里，给 Dog 类创建了对象 dog1 后，分别设置了 name、age、sex 这 3 个属性，然后访问这些属性并输出。

Python 中的 dir()函数可以查看类或对象中的属性和方法，并以列表的方式返回。可以在设置属性前后分别使用 dir()函数查看 dog1 对象的属性和方法有什么变化，参见例 6.3。

【例 6.3】使用 dir()函数查看对象的属性，代码如下。

Example_attr\attr2.py
```
class Dog:
    pass


dog1 = Dog()
# 设置对象属性前查看对象的属性和方法列表
print(dir(dog1))
# 设置对象的属性
dog1.name = '旺财'  # 名字
dog1.age = 13  # 年龄
dog1.sex = 'male'  # 性别
# 设置对象属性后查看对象的属性和方法列表
print(dir(dog1))
```
运行程序，输出结果如下：
```
['__class__', '__delattr__', '__dict__', '__dir__', '__doc__', '__eq__',
'__format__', '__ge__', '__getattribute__', '__gt__', '__hash__', '__init__',
'__init_subclass__', '__le__', '__lt__', '__module__', '__ne__', '__new__',
'__reduce__', '__reduce_ex__', '__repr__', '__setattr__', '__sizeof__', '__str__',
'__subclasshook__', '__weakref__']
['__class__', '__delattr__', '__dict__', '__dir__', '__doc__', '__eq__',
'__format__', '__ge__', '__getattribute__', '__gt__', '__hash__', '__init__',
'__init_subclass__', '__le__', '__lt__', '__module__', '__ne__', '__new__',
'__reduce__', '__reduce_ex__', '__repr__', '__setattr__', '__sizeof__', '__str__',
'__subclasshook__', '__weakref__', 'age', 'name', 'sex']
```
可以看到，在执行给对象设置属性的代码后，该对象多了 age、name、sex 这几个新设置的属性。

接下来创建 Dog 类的第二个对象，并输出该对象的属性和方法列表：
```
# 创建第二个对象
dog2 = Dog()
# 查看第二个对象的属性和方法列表
print(dir(dog2))
```
运行程序，输出结果如下：
```
['__class__', '__delattr__', '__dict__', '__dir__', '__doc__', '__eq__',
'__format__', '__ge__', '__getattribute__', '__gt__', '__hash__', '__init__',
'__init_subclass__', '__le__', '__lt__', '__module__', '__ne__', '__new__',
'__reduce__', '__reduce_ex__', '__repr__', '__setattr__', '__sizeof__', '__str__',
'__subclasshook__', '__weakref__']
```
现在发现，即使在 Dog 类的第一个对象中添加了 name、age、sex 等属性，但是在创建 Dog 类的第二个对象的时候，这些属性还是没有添加上去。

另外在 Python 中还可以使用 hasattr()函数来判断对象中是否包含某个属性，参见例 6.4。

【例 6.4】使用 hasattr()函数来判断对象中是否包含某个属性，代码如下。

Example_attr\attr3.py
```
class Dog:
    pass


dog1 = Dog()
dog2 = Dog()
dog2.name = '旺财'  # 给 dog2 对象添加 name 属性，该属性为对象属性
```

```
ret = hasattr(dog1, 'name')
print('dog1 对象是否包含属性 name:', ret)
ret = hasattr(dog2, 'name')
print('dog2 对象是否包含属性 name:', ret)
```

运行程序，输出结果如下：

dog1 对象是否包含属性 name: False

dog2 对象是否包含属性 name: True

默认情况下，Dog 类中是没有 name 属性的。代码中给该类创建了 dog1 和 dog2 两个对象，并给 dog2 对象设置了 name 属性，但 dog1 属性中并不会因此多了 name 属性。

如果希望每个 Dog 类的对象都包含相同的属性，则需要把这些属性写到类的定义中，参见例 6.5。

【例 6.5】 在类中定义属性，代码如下。

Example_attr\attr4.py
```
class Dog:
    # 把属性写到类的定义中
    name = ''
    age = 0
    sex = 'female'

dog1 = Dog()
print(dir(dog1))
dog2 = Dog()
print(dir(dog2))
```

运行程序，输出结果如下：

```
['__class__', '__delattr__', '__dict__', '__dir__', '__doc__', '__eq__',
'__format__', '__ge__', '__getattribute__', '__gt__', '__hash__', '__init__',
'__init_subclass__', '__le__', '__lt__', '__module__', '__ne__', '__new__',
'__reduce__', '__reduce_ex__', '__repr__', '__setattr__', '__sizeof__', '__str__',
'__subclasshook__', '__weakref__', 'age', 'name', 'sex']
['__class__', '__delattr__', '__dict__', '__dir__', '__doc__', '__eq__',
'__format__', '__ge__', '__getattribute__', '__gt__', '__hash__', '__init__',
'__init_subclass__', '__le__', '__lt__', '__module__', '__ne__', '__new__',
'__reduce__', '__reduce_ex__', '__repr__', '__setattr__', '__sizeof__', '__str__',
'__subclasshook__', '__weakref__', 'age', 'name', 'sex']
```

可以看到，此时 name、age 和 sex 属性在 Dog 类的每个对象中都存在。通常把写在类中的属性称为类属性。

6.4 方法

在面向对象的编程语言中方法的实现方式与面向过程的编程语言中函数的实现方式大体差不多，但也有一些差别。

面向过程的编程中，程序的组成单位是函数，所有的程序都是由一个个函数组成的；而面向对象的编程中，程序的组成单位是类，所有的程序都是由一个个类组成的，而不是方法。方法只是类中的一个成员，它不能独立存在，必须隶属于某个类或对象。

方法一般需要在类中进行定义，格式如下：
```
def methodname(parameters):
```

```
method_suite
[return expression]
```

按照编程规范，方法名使用小驼峰法。小驼峰法规定第一个单词的首字母小写，其余单词的首字母大写，其余字母小写。方法名第一个单词通常为动词。参见例 6.6。

【例 6.6】在类中定义方法，代码如下。

Example_method\method1.py
```
class Dog:
    # 定义狗吃东西的方法
    def eat(self):
        print('狗吃肉')
    # 定义狗叫的方法
    def bark(self):
        print('汪')


dog1 = Dog()
# 调用狗吃东西的方法
dog1.eat()
# 调用狗叫的方法
dog1.bark()
```

运行程序，输出结果如下：

狗吃肉

汪

这里给 Dog 类定义了 eat() 和 bark() 两个方法，分别描述狗吃东西和狗叫的行为，并通过类的对象 dog1 执行这两个方法。

方法和函数的代码看上去是比较类似的，但深入探讨一下，它们还是有很大的区别，具体如下。

● 函数是独立的概念，可以直接调用；方法必须通过类或者对象来调用。

● 函数可以有多个参数，也可以没有参数；方法至少需要有一个参数 self 或 cls。

● 所有传递给函数的参数都是显式传递的；方法中的参数 self 和 cls 是隐式传递的。

● 方法中可以操作当前类的内部属性。

如果在方法中想要访问类的属性，可以通过如下方式访问：
```
self.attr
```

【例 6.7】在类的方法中访问类的属性，代码如下。

Example_method\method2.py
```
class Dog:
    # 类属性
    name = ''
    age = 0
    # 定义狗吃东西的方法
    def eat(self):
        print('狗吃肉')
    # 定义狗叫的方法
    def bark(self):
        print('汪')
    # 定义输出狗的信息的方法
    def info(self):
```

```
        print('名字:%s，年龄:%d' % (self.name, self.age))

dog1 = Dog()
# 调用狗吃东西的方法
dog1.eat()
# 调用狗叫的方法
dog1.bark()
dog1.name = '旺财'  # 名字
dog1.age = 13  # 年龄
# 调用输出狗的信息的方法
dog1.info()
```

运行程序，输出结果如下：

狗吃肉

汪

名字:旺财，年龄:13

可以看到，在 Dog 类的 info()方法中，通过代码 self.name 和 self.age 即可访问当前类的 name 和 age 属性。

如果要给方法传递参数，则传递的参数需要写到 self 的后面，参见例 6.8。

【例 6.8】给类的方法传递参数，代码如下。

Example_method\method3.py
```
class Dog:
    # 类属性
    name = ''
    age = 0
    # 定义狗吃东西的方法，该方法需要接收一个参数 thing
    def eat(self, thing):
        print('狗吃' + thing)

dog1 = Dog()
# 调用狗吃东西的方法，并传递参数"骨头"
dog1.eat('骨头')
```

运行程序，输出结果如下：

狗吃骨头

可以看到，调用 eat()方法时传递的参数将传递到 self 后面的参数 thing 中。

类的方法也可以有返回值，这个和函数一样，参见例 6.9。

【例 6.9】类的方法可以有返回值，代码如下。

Example_method\method4.py
```
class Dog:
    # 类属性
    name = ''
    age = 0
    # 定义修改狗的年龄的方法
    def setAge(self, age):
        self.age = age
    # 定义读取狗的年龄的方法
    def getAge(self):
        return self.age
```

```
dog1 = Dog()
# 修改狗的年龄
dog1.setAge(8)
# 读取狗的年龄
age = dog1.getAge()
print('狗的年龄为%d岁' % age)
```

运行程序，输出结果如下：

狗的年龄为 8 岁

可以看到，调用类方法时，使用赋值语句即可获取它的返回值。

1．__init__()

__init__()是 Python 自带的方法，表示初始化。当需要对类的对象进行一些初始化操作的时候，可以使用该方法。该方法是对象生命周期中最重要的一步，每个对象都必须正确初始化后才能正常工作。

__init__()方法至少需要带一个参数 self。它的作用是初始化，例如当属性初始化、打开文件、连接数据库、连接网络等时候都需要使用这个方法进行对应的准备工作。当创建类的对象的时候会触发这个方法的执行，参见例 6.10。

【例 6.10】实现类的__init__()方法，代码如下。

Example_init\init1.py
```
class Dog:
    # 初始化方法
    def __init__(self, name, age):
        print('__init__')
        self.name = name # self.name:属性  name:参数
        self.age = age

# 创建对象时会触发初始化方法的执行
dog1 = Dog('旺财', 8)
print('名字是%s' % dog1.name)
print('年龄是%d岁' % dog1.age)
```

运行程序，输出结果如下：
```
__init__
名字是旺财
年龄是 8 岁
```

可以看到，当通过 Dog()方式创建类的对象时，__init__()初始化方法就被执行了。

2．__del__()

__del__()也是 Python 自带的方法。该方法的作用是销毁对象，当用户调用 del 命令去删除对象的时候，就会触发__del__()方法的执行。

与__init__()方法类似，__del__()方法也是至少需要带一个参数 self。当对象被销毁、涉及数据的清 0、文件打开后的关闭、数据库连接后的关闭、网络连接后的关闭等时候，都需要使用这个方法进行对应的清理工作。当用户调用 del 命令或者对象所在的栈被销毁的时候会触发这个方法的执行，参见例 6.11。

【例 6.11】实现类的 __del__()方法，并通过 del 命令触发，代码如下。

Example_del\del1.py
```
class Dog:
    # 初始化方法
    def __init__(self, name, age):
        self.name = name # self.name:属性  name:参数
        self.age = age
    # 销毁方法
    def __del__(self):
        print('__del__')
        self.name = ''
        self.age = 0


# 创建对象时会触发初始化方法的执行
dog1 = Dog('旺财', 8)
print('名字是%s' % dog1.name)
print('年龄是%d 岁' % dog1.age)


# 执行 del 命令时会主动触发销毁的方法
del dog1
print('程序退出')
```

运行程序，输出结果如下：

```
名字是旺财
年龄是 8 岁
__del__
程序退出
```

可以看到，当执行 del dog1 的时候，__del__()方法就被执行了。

注意在上面的代码中，如果不写 del dog1，则在程序结束后，Python 会通过垃圾回收机制自动回收没有用的变量，相当于调用了 del 的操作，所以对应的__del__()方法也会被执行，参见例 6.12。

【例 6.12】实现类的 __del__()方法，并通过垃圾回收机制被动触发，代码如下。

Example_del\del2.py
```
class Dog:
    ...

    # 销毁
    def __del__(self):
        print('__del__')
        self.name = ''
        self.age = 0


dog1 = Dog('旺财', 8)
print('名字是%s' % dog1.name)
print('年龄是%d 岁' % dog1.age)


# del dog1
print('程序退出')
```

```
# dog1 会通过垃圾回收机制被删除
# 从而被动触发销毁的方法
```

运行程序，输出结果如下：

名字是旺财

年龄是 8 岁

程序退出

__del__

可以看到，该程序中并没有执行 del dog1 的命令，但是程序退出后，__del__()方法还是被触发了。这是因为系统的垃圾回收机制触发了__del__()方法，并回收了对应的资源。

现在把代码稍做修改，多添加一个对象，结果会如何？参见例 6.13。

【例 6.13】有多个对象的情况下使用 del 命令，代码如下。

Example_del\del3.py
```python
class Dog:
    ...

    # 销毁方法
    def __del__(self):
        print('__del__')
        self.name = ''
        self.age = 0

dog1 = Dog('旺财', 8)
dog2 = dog1

del dog1
print('程序退出')
```

运行程序，输出结果如下：

程序退出

__del__

为什么__del__()方法是在程序结束后才执行的呢？

Python 中，每个类的对象有一个引用计数的属性，用于描述当前有多少个变量指向它。由于前面通过 dog2 = dog1 多创建了一个变量指向同一个对象，因此当执行 del dog1 的时候，__del__()方法并没有被执行（而是到了程序结束后才通过垃圾回收机制被动触发）。也就是说，在内存中创建的对象只有当引用计数为 0 的时候，才会触发__del__()方法的执行。

3．__str__()

如果创建一个类的对象后，想要通过对象名称直接输出对象的信息，可以使用__str__()方法。__str__()方法会返回一个字符串，内容是该对象的信息。

【例 6.14】实现类的__str__()方法，代码如下。

Example_str\str1.py
```python
class Dog:
    # 初始化方法
    def __init__(self, name, age):
        self.name = name # self.name:属性  name:参数
        self.age = age
```

```
    # 描述对象信息的方法，该方法必须返回一个字符串
    def __str__(self):
        print('__str__')
        return self.name + ',' + str(self.age)

dog1 = Dog('旺财', 8)
print(dog1)
```

运行程序，输出结果如下：

```
__str__
旺财,8
```

可以看到，当需要访问并输出类的对象时，如果类中实现了__str__()方法，则会把该方法的返回值输出。

6.5 私有

很多时候，对一种事物的了解只停留在表面就足够了。例如，对于"学生"这个类的对象，只需要知道他有"读书"这个方法，而不需要关心他具体是在哪个学校、哪个班级、哪个专业读的书；只需要知道他有"上学"这个方法，而不需要关心他是骑车去的还是走路去的。

所谓封装，就是指将对象的一些属性进行隐藏，不直接对外公开。可以通过类提供的一些方法来对这些被封装的属性进行操作。

一般来说，封装的原则有以下两条。

- 把不需要对外提供的内容都隐藏起来。
- 把属性隐藏，对外提供通用方法来访问或操作。

在大部分其他面向对象的编程语言中，对于属性和方法权限都会提供类似 public、private 等关键字表示公开或私有。如果是公有的属性和方法，则在类的外部或子类中能够访问；如果是私有的属性和方法，则只能在类的内部访问。

在 Python 中也有类似封装的思想，但具体代码实现方式有点不一样。默认情况下属性和方法都是公有的，如果要描述私有属性或私有方法，则需要通过前置或后置下画线来表示，包括如下几种写法。

- 单前置下画线，例如_name、_getName()。这样的标识可以防止使用 from ... import ...方式导入，只能在类的对象或子类中访问。
- 双前置下画线，例如__age、__getAge()。这样写的目的是避免与子类中的属性命名冲突。
- 双前置双后置下画线，例如__init__()、__del__()。这种写法的方法一般是类的内部已经定义好的，外部不能直接调用或访问。用户一般不要自己定义这种格式的标识符。
- 单后置下画线，例如 for_、if_等。这样写的目的是避免与 Python 中的关键字冲突。

这里重点介绍双前置下画线，参见例 6.15。

【例 6.15】使用双前置下画线描述类的私有属性，代码如下。

Example_private\private1.py

```
class Dog:
    # 初始化方法
```

```
    def __init__(self, name):
        # 使用双前置下画线描述私有属性
        self.__name = name

    # 描述对象信息的方法
    def __str__(self):
        return 'name:%s' % self.__name

dog1 = Dog('旺财')
dog1.__name = '小白'  # 尝试修改私有属性
print(dog1)
```

运行程序，输出结果如下：

```
name:旺财
```

在上面的 Dog 类定义中，name 属性被设置为私有属性。在创建 dog1 对象后，尝试在类的外部直接通过"类名.属性名"的方式去修改私有属性。运行程序后发现，虽然程序没有报错，但是也没有修改成功，说明私有属性是不能在外部被修改的。

可以使用 dir()函数查看该对象的属性和方法列表：

```
dog1 = Dog('旺财')
print(dir(dog1))
```

运行程序，输出结果如下：

```
['_Dog__name', '__class__', '__delattr__', '__dict__', '__dir__', '__doc__',
'__eq__', '__format__', '__ge__', '__getattribute__', '__gt__', '__hash__',
'__init__', '__init_subclass__', '__le__', '__lt__', '__module__', '__ne__',
'__new__', '__reduce__', '__reduce_ex__', '__repr__', '__setattr__', '__sizeof__',
'__str__', '__subclasshook__', '__weakref__']
```

可以看到，私有属性__name 在类的内部被设置为_Dog__name 这样比较隐晦的属性名。如果在类的外部使用诸如"dog1.__name = '小白'"之类的代码，是不会修改原来的_Dog__name 属性的。

如果在父类中定义了私有属性，子类中是否能够访问和修改呢？参见例 6.16。

【例 6.16】在子类中修改父类的私有属性，代码如下。

Example_private\private2.py

```
# 狗类为父类
class Dog:
    # 初始化
    def __init__(self, name):
        # 父类中的私有属性
        self.__name = name

    def __str__(self):
        return 'name:%s' % self.__name

# 哈巴狗类为子类
class HabaDog(Dog):
    def setName(self, name):
        # 在子类中修改父类的属性
        self.__name = name

    def __str__(self):
        return 'name:%s' % self.__name
```

```
# 定义子类的对象
dog1 = HabaDog('旺财')
dog1.setName('小白')
print(dir(dog1))
```

运行程序，输出结果如下：

```
['_Dog__name', '_HabaDog__name', '__class__', '__delattr__', '__dict__', '__dir__',
'__doc__', '__eq__', '__format__', '__ge__', '__getattribute__', '__gt__',
'__hash__', '__init__', '__init_subclass__', '__le__', '__lt__', '__module__',
'__ne__', '__new__', '__reduce__', '__reduce_ex__', '__repr__', '__setattr__',
'__sizeof__', '__str__', '__subclasshook__', '__weakref__', 'setName']
```

结果发现，系统自动给子类另外分配了一个名为_HabaDog__name 的属性。所以原则上，在子类中也是无法修改父类中定义的私有属性的。

这种防止子类或外部直接修改父类的方法或属性的做法叫作"名字重整"（name mangling）（实际上就是在类内部把属性改名为"_类名__属性名"）。

当然，方法也可以私有化，同样使用双前置下画线来实现，参见例 6.17。

【例 6.17】使用双前置下画线描述类的私有方法，代码如下。

Example_private\private3.py
```
class Dog:
    # 初始化
    def __init__(self, name):
        # 私有属性
        self.__name = name

    # 私有方法
    def __setName(self, name):
        self.__name = name

    def __str__(self):
        return 'name:%s' % self.__name

dog1 = Dog('旺财')
#dog1.__setName('小白') # 无法直接设置狗的名字
print(dog1)
```

运行程序，输出结果如下：

name:旺财

其中，如果在类的外部调用__setName()方法设置狗的名字，则程序会报错：

```
dog1 = Dog('旺财')
dog1.__setName('小白') # 无法直接设置狗的名字
```

运行程序，报告如下错误：

```
Traceback (most recent call last):
  File "D:\python\workspace\ch06\src\p6_8\Example_private\private3.py", line 13, in
<module>
    dog1.__setName('小白') # 无法直接设置狗的名字
AttributeError: 'Dog' object has no attribute '__setName'
```

原理同上，系统会把双前置下画线的方法名__setName 在内部自动修改为_Dog__setName，因此在类外部无法访问。

其实 Python 中没有真正的私有属性或私有方法，只是双前置下画线会把对应的成员名称进行修改，这样在外部看起来就好像属性或方法消失了一样。

6.6　继承

继承是面向对象编程的三大特征之一。通过继承，可以有效地实现代码的复用，减少冗余的代码，充分利用现有的类来实现更加复杂的功能。

在实现继承时，被继承的类称为父类（也叫超类、基类），实现继承的类则称为子类。子类可以继承父类中非私有的属性和方法，并且子类还可以增加额外的属性和方法。

在深入介绍继承的概念前，有一个概念要明确。在其他书籍或者网上查询的资料中经常会提到"派生"这个词。其实派生和继承是同一个东西，只是站在不同的角度去看问题而已。所谓的继承，是站在子类的角度去看，子类"继承"了父类；所谓的派生，是站在父类的角度去看，父类"派生"了子类。例如说，动物是父类，狗是子类，那么就可以说，动物类"派生"了狗类，狗类"继承"了动物类。

为了统一说法，本书统一使用"继承"这个概念。如果读者在查阅其他资料的时候看到有"派生"的说法，知道其真实意义即可。

6.6.1　继承的实现

子类和父类是一种一般和特殊的关系。例如狗类继承动物类，动物类是狗类的父类，狗类是动物类的子类，表示狗是一种特殊的动物。又因为子类是一种特殊的父类，所以虽然子类的属性和方法可能会比父类的多，但父类包含的范围比子类的广，因此父类实际上是个"大"类，子类实际上是个"小"类。通过继承可以简化类的定义、扩展类的功能。

Python 编程中，实现继承的格式如下：

```
class DerivedClassName(BaseClassName):
    <statement-1>
    ...
    <statement-N>
```

这里，DerivedClassName 表示子类，BaseClassName 表示父类。其中子类和父类必须在同一个作用域内，这样，父类中的所有非私有的属性和方法，在子类中都可以使用，参见例 6.18。

【例 6.18】定义子类继承父类，代码如下。

Example_extends\extends1.py
```
# 父类
class Animal:
    def eat(self):
        print('Animal eat')

# 子类
class Dog(Animal):
    pass

dog1 = Dog()
dog1.eat()
```

运行程序，输出结果如下：

```
Animal eat
```

可以看到，即使子类中没有实现任何有效代码，子类对象也一样可以调用 eat()方法，那是因为默认情况下，父类的方法被子类重用了。

使用 dir()函数也可以查看子类对象所包含的属性和方法列表，如下：
```
print(dir(dog1))
```

运行程序，输出结果如下：
```
['__class__', '__delattr__', '__dict__', '__dir__', '__doc__', '__eq__',
'__format__', '__ge__', '__getattribute__', '__gt__', '__hash__', '__init__',
'__init_subclass__', '__le__', '__lt__', '__module__', '__ne__', '__new__',
'__reduce__', '__reduce_ex__', '__repr__', '__setattr__', '__sizeof__', '__str__',
'__subclasshook__', '__weakref__', 'eat']
```

可以看到，在子类对象 dog1 中也能找到父类中定义的 eat 标识。

另外，在子类中如果觉得父类的方法不是自己想要的，也可以重写该方法，参见例 6.19。

【例 6.19】在子类中重写父类的方法，代码如下。

Example_extends\extends2.py
```python
# 父类
class Animal:
    def eat(self):
        print('Animal eat')


# 子类
class Dog(Animal):
    # 重写父类的 eat()方法
    def eat(self):
        print('Dog eat')


dog1 = Dog()
dog1.eat()
```

运行程序，输出结果如下：
```
Dog eat
```

可以看到，当通过子类对象访问 eat()方法时，由于子类中已经重写了该方法，因此程序就直接执行子类中的 eat()方法。

在子类中，如果想要调用父类的方法，可以使用 super()，参见例 6.20。

【例 6.20】在子类方法中调用父类的方法，代码如下。

Example_extends\extends3.py
```python
# 父类
class Animal:
    def eat(self):
        print('Animal eat')


# 子类
class Dog(Animal):
    # 重写父类的 eat()方法
    def eat(self):
        # 调用父类的 eat()方法
        super().eat()
        print('Dog eat')
```

```
dog1 = Dog()
dog1.eat()
```

运行程序，输出结果如下：

```
Animal eat
Dog eat
```

此时，父类的 eat() 方法就可以在子类中被调用了。

需要注意的是，super() 方法只能在子类的方法中调用，不能在类的外部调用。如果写成下面这样：

```
dog2 = Dog()
dog2.super().eat()
```

运行程序，报告如下错误：

```
Traceback (most recent call last):
  File "D:\python\workspace\ch06\src\p6_9\Example_extends\extends3.py", line 18, in
<module>
    dog2.super().eat()
AttributeError: 'Dog' object has no attribute 'super'
```

对于继承了父类的子类，还可以定义它的子类，这个可以算是"孙"类，参见例 6.21。

【例 6.21】定义子类的子类，代码如下。

Example_extends\extends4.py

```
# 父类
class Animal:
    def eat(self):
        print('Animal eat')


# 子类
class Dog(Animal):
    # 重写父类 eat() 方法
    def eat(self):
        super().eat()
        print('Dog eat')


# 子类的子类
class HabaDog(Dog):
    def eat(self):
        # 调用父类的 eat() 方法
        super().eat()
        print('HabaDog eat')


dog2 = HabaDog()
dog2.eat()
```

运行程序，输出结果如下：

```
Animal eat
Dog eat
HabaDog eat
```

可以看到，子类的子类同样遵循上面关于继承的原理。

在子类的 __init__() 方法中，如果想要调用父类的 __init__() 方法，可以通过如下方式来实现：

父类类名.__init__(self, 其他参数列表)

类似地，在子类的 __del__() 方法中，如果想要调用父类的 __del__() 方法，也可以这样来实现：

父类类名.__del__(self)

注意，调用这两个方法的时候必须传入 self。参见例 6.22。

【例 6.22】调用父类的__init__()和__del__()方法，代码如下。

Example_extends\extends5.py

```python
# 父类
class Animal(object):
    # 初始化
    def __init__(self, name):
        self.name = name
    def __str__(self):
        return 'name:%s' % self.name
    def __del__(self):
        print('Animal del')


# 子类
class Dog(Animal):
    # 初始化
    def __init__(self, name, age):
        # 调用父类的__init__()方法
        Animal.__init__(self, name)
        self.age = age
    def __del__(self):
        print('Dog del')
        # 调用父类的__del__()方法
        Animal.__del__(self)


dog1 = Dog('旺财', 8)
print(dog1)
```

运行程序，输出结果如下：

```
name:旺财
Dog del
Animal del
```

需要注意的是，通过这种写法访问父类的方法，在钻石继承的情况下，会存在一定的隐患，具体见 6.6.4 小节。

父类中的私有属性或者方法，在子类中是不能访问的，参见例 6.23。

【例 6.23】访问父类的私有属性和私有方法，代码如下。

Example_extends\extends6.py

```python
# 父类
class Animal(object):
    # 初始化
    def __init__(self, name):
        self.name = name
        # 父类中的私有属性
        self.__age = 0

    def __str__(self):
        return 'name:%s, age:%d' % (self.name, self.__age)
```

```
    # 父类中的私有方法
    def __getAge(self):
        return self.__age


    def __del__(self):
        print('Animal del')


# 子类
class Dog(Animal):
    # 初始化
    def __init__(self, name):
        Animal.__init__(self, name)
    def info(self):
        #print(self.__age) # 报错。子类不能访问父类的私有属性
        #print(self.__getAge()) # 报错。子类不能访问父类的私有方法
        pass


    def __del__(self):
        print('Dog del')
        Animal.__del__(self)


dog1 = Dog('旺财')
dog1.info()
```

运行程序，输出结果如下：

```
Dog del
Animal del
```

父类中包含了 __age 私有属性和 __getAge() 私有方法，此时在子类的 info() 方法中，通过 self.__age 访问私有属性：

```
    def info(self):
        print(self.__age)
```

会报告如下错误：

```
Traceback (most recent call last):
  File "D:\python\workspace\ch06\src\p6_9\Example_extends\extends6.py", line 34, in
<module>
    dog1.info()
  File "D:\python\workspace\ch06\src\p6_9\Example_extends\extends6.py", line 25, in
info
    print(self.__age)
AttributeError: 'Dog' object has no attribute '_Dog__age'
```

同样地，在子类的 info() 方法中，通过 self.__getAge() 方法访问私有方法：

```
    def info(self):
        print(self.__getAge())
```

会报告如下错误：

```
Traceback (most recent call last):
  File "D:\python\workspace\ch06\src\p6_9\Example_extends\extends6.py", line 34, in
<module>
    dog1.info()
  File "D:\python\workspace\ch06\src\p6_9\Example_extends\extends6.py", line 25, in
info
    print(self.__getAge())
AttributeError: 'Dog' object has no attribute '_Dog__getAge'
```

可以看到，对于父类中定义的私有属性和私有方法，子类是无法访问的。

6.6.2　object

Python 中有一个 object 类，是所有类的父类。在 Python 中规定，如果一个类没有继承任何父类，则该类默认继承 object 类。也就是说，下面两种写法的效果是一样：

```
class Animal:
    def eat(self):
        print('Animal eat')

class Animal(object):
    def eat(self):
        print('Animal eat')
```

前面一种写法（不继承任何父类）称为经典类，主要在 Python2 中使用，现在已经过时了；后面一种写法（继承 object 类）称为新式类，主要在 Python3 中使用。相对来说，更推荐读者使用新式类的方式，因此后面的例子中，如果没有特殊的原因和说明，都默认使用新式类。

6.6.3　多继承

多继承是指一个子类可以同时继承多个父类。例如骡子是马和驴的杂交，因此可以认为"骡"类同时继承了"马"类和"驴"类。

Python 中多继承的格式如下：

```
class DerivedClassName(Base1, Base2, ...):
    <statement-1>
    ...
    <statement-N>
```

需要注意圆括号中父类的顺序。如果父类中有相同名称的方法，并且子类中未重写该方法，则当子类对象需要访问该方法时，Python 会依次搜索各个父类，看父类中是否定义了该方法，先找到哪个就调用哪个。参见例 6.24。

【例 6.24】子类同时继承多个父类，代码如下。

Example_extends\extends7.py
```
# 父类 1
class Base1(object):
    def test1(self):
        print('--Base1::test1--')
    def test3(self):
        print('--Base1::test3--')

# 父类 2
class Base2(object):
    def test2(self):
        print('--Base2::test2--')
    def test3(self):
        print('--Base2::test3--')

# 子类 Sub 同时继承 Base1 和 Base2
class Sub(Base1, Base2):
    pass
```

```
sub = Sub()
sub.test1()
sub.test2()
sub.test3()
```

运行程序，输出结果如下：

```
--Base1::test1--
--Base2::test2--
--Base1::test3--
```

可以看到，子类 Sub 同时继承类 Base1 和 Base2，因此即使子类 Sub 中不实现任何方法，默认也可以调用两个父类中的方法。另外，由于两个父类中都定义 test3()方法了，因此当调用 test3()方法时会根据继承父类的先后顺序依次搜索各个父类中是否有 test3()的方法。由于首先搜索到 Base1 中有 test3()方法，于是就调用了 Base1 中的 test3()方法。

6.6.4　钻石继承

如果子类继承自两个单独的父类，而两个父类又继承自同一个父类，那么就构成了钻石继承体系。这种继承体系很像竖立的菱形，因此也称作菱形继承，如图 6.1 所示。

按照该图编写代码，参见例 6.25。

【例 6.25】实现钻石继承，代码如下。

Example_extends\extends8.py

```
# 动物类
class Animal(object):
    def __init__(self):
        print('Animal init')


# 马类，继承动物类
class Horse(Animal):
    def __init__(self):
        Animal.__init__(self)
        print('Horse init')


# 驴类，继承动物类
class Donkey(Animal):
    def __init__(self):
        Animal.__init__(self)
        print('Donkey init')


# 骡类，同时继承马类和驴类
class Mule(Horse, Donkey):
    def __init__(self):
        Horse.__init__(self)
        Donkey.__init__(self)
        print('Mule init')


mule = Mule()
```

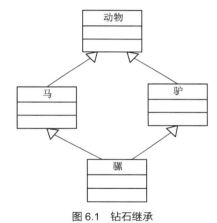

图 6.1　钻石继承

运行程序，输出结果如下：

```
Animal init
```

```
Horse init
Animal init
Donkey init
Mule init
```

此时会发现在该程序中，Animal 的 init 被调用了两次，这个不是我们希望出现的情况，那该怎样解决这个问题呢？

这种钻石继承的问题在不同编程语言中处理起来都比较麻烦，例如 C++中使用了虚继承的概念来解决钻石继承的问题；Java 中则直接不允许使用多继承，改为使用接口实现的方式来模拟多继承的场景；而 Python 中则推荐在调用父类初始化方法的时候，使用 super().__init__()来代替父类.__init__(self) 的代码。

把上面的代码修改一下，参见例 6.26。

【例 6.26】解决钻石继承的问题，代码如下。

Example_extends\extends9.py
```python
# 动物类
class Animal(object):
    def __init__(self):
        print('Animal init')


# 马类，继承动物类
class Horse(Animal):
    def __init__(self):
        # 调用父类初始化的方法
        #Animal.__init__(self)
        super(Horse, self).__init__()
        print('Horse init')


# 驴类，继承动物类
class Donkey(Animal):
    def __init__(self):
        # 调用父类初始化的方法
        #Animal.__init__(self)
        super(Donkey, self).__init__()
        print('Donkey init')


# 骡类，同时继承马类和驴类
class Mule(Horse, Donkey):
    def __init__(self):
        # 调用父类初始化的方法
        #Horse.__init__(self)
        #Donkey.__init__(self)
        super(Mule, self).__init__()
        print('Mule init')


mule = Mule()
```
运行程序，输出结果如下：
```
Animal init
Donkey init
Horse init
Mule init
```

注意：调用 super()时，参数必须是两个。第一个参数为当前类的类型（即类名），第二个参数为类的对象（例如 self）。另外在 Python3 中，可以直接使用 super().__init__()代替 super(Class, self).__init__()。

Python 中的 super()方法就是用来解决多继承和钻石继承的问题的。

6.6.5　MRO

思考一下，例 6.27 的代码运行结果是什么？

【例 6.27】查看 MRO 顺序，代码如下。

Example_mro\mro1.py
```
# 动物类
class Animal(object):
    def eat(self):
        print('Animal eat')

# 马类，继承动物类
class Horse(Animal):
    def eat(self):
        print('Horse eat')

# 驴类，继承动物类
class Donkey(Animal):
    def eat(self):
        print('Lv eat')

# 骡类，同时继承马类和驴类
class Mule(Horse, Donkey):
    pass

mule = Mule()
mule.eat()
```
运行程序，输出结果如下：
```
Horse eat
```
这个结果是在意料之中还是意料之外呢？

在钻石继承中，要查找调用一个类的普通方法（例如这里的 eat()方法）的先后顺序，可以通过 MRO（Method Resolution Order，方法解析顺序）来确定。

可以通过如下的方式来获取调用类的方法的先后顺序：
```
print(Mule.mro())
```

运行程序，输出结果如下：
```
[<class '__main__.Mule'>, <class '__main__.Horse'>, <class '__main__.Donkey'>, <class '__main__.Animal'>, <class 'object'>]
```
这个结果表示，如果通过 Mule 对象调用一个方法，则查找含有该方法的类的顺序应该依次是 Mule、Horse、Donkey、Animal、object，直到找到有该方法的类为止。

6.7　多态

在面向对象的三大特征中，多态算是一个难点。

先来看这样一种场景，假设有 3 种不同职业的人，分别是理发师、医生、演员。当他们同时接收到"Cut"的指示后，他们分别会做什么事？理发师会剪头发，医生开始动手术，演员则可以杀青了。多态就是基于这样的思想设计出来的。在父类（人类）中定义的方法在子类中所表现出来的行为不同，使得不同子类的实例所对应的实际操作也不全相同，这就是多态。

与其他面向对象的编程语言（例如 Java）比较起来，Python 中的多态的表现比较弱。参见例 6.28。

【例 6.28】实现多态的场景，对不同的对象执行 doEat() 函数，代码如下。

Example_poly\poly1.py

```python
# 父类
class Animal(object):
    def eat(self):
        print('Animal eat')

# 子类 1
class Dog(Animal):
    def eat(self):
        print('Dog eat')

# 子类 2
class Cat(Animal):
    def eat(self):
        print('Cat eat')

# 函数
def doEat(obj):
    obj.eat()

# 创建子类对象
dog1 = Dog()
cat1 = Cat()
# 调用 doEat() 函数时，分别传入不同类型的对象
doEat(dog1)
doEat(cat1)
```

运行程序，输出结果如下：

```
Dog eat
Cat eat
```

该例中，定义了一个父类 Animal 和它的两个子类 Dog 和 Cat，并为两个子类分别创建了一个对象。然后在 doEat() 函数中，传递了一个参数 obj，并调用 obj 对象的 eat() 方法。这样，当传递的 obj 对象为 Dog 的实例时，实际上将进入 Dog 类的 eat() 方法中，并输出 Dog eat；当传递的 obj 对象为 Cat 的实例时，实际上将进入 Cat 类的 eat() 方法中，并输出 Cat eat。这就是多态的一个简单的例子。同一个方法（eat）、不同类（Dog 或 Cat）的对象所对应的实际操作不完全一样。

上面的代码有个很大的缺陷，如果传递的 obj 对象所对应的类中没有定义 eat() 方法，怎么办？

参见例 6.29。

【例 6.29】对没有定义 eat()方法的对象执行 doEat()函数，代码如下。

Example_poly\poly2.py
```
class Plant(object):
    # 该类中并没有定义 eat()方法
    pass


# 函数
def doEat(obj):
    obj.eat()

plant1 = Plant()
doEat(plant1)
```

运行程序，报告如下错误：
```
Traceback (most recent call last):
  File "D:\python\workspace\ch06\src\p6_10\Example_poly\poly2.py", line 10, in <module>
    doEat(plant1)
  File "D:\python\workspace\ch06\src\p6_10\Example_poly\poly2.py", line 7, in doEat
    obj.eat()
AttributeError: 'Plant' object has no attribute 'eat'
```

此时，程序就会报告 AttributeError 属性错误，表示 Plant 的对象中没有名为 eat 的属性或方法。因此，在 doEat()函数中直接调用参数 obj 的 eat()方法就会有缺陷，因为它无法确定里面是否包含 eat()方法。

可以给出这样的规定，只有当 obj 为 Animal 类或它的子类的对象的时候，才去调用 eat()方法。这样就可以避免上面的问题了。在 Python 中通过 isinstance()函数可以判断某个对象是否为某个类的实例。该函数定义如下：

```
isinstance(object, classinfo)
```

表示判断 object 是否为 classinfo 的对象或它子类的对象，如果是则返回 True，否则返回 False。参见例 6.30。

【例 6.30】使用 isinstance()函数判断对象是否为类的实例，代码如下。

Example_poly\poly3.py
```
# 父类
class Animal(object):
    def eat(self):
        print('Animal eat')

# 子类 1
class Dog(Animal):
    def eat(self):
        print('Dog eat')

# 子类 2
class Cat(Animal):
    def eat(self):
        print('Cat eat')

a1 = Animal()
dog1 = Dog()
```

```
print('dog1 是否为 Dog 的实例: ', isinstance(dog1, Dog))           # True
print('dog1 是否为 Animal 的实例: ', isinstance(dog1, Animal))     # True
print('a1 是否为 Animal 的实例: ', isinstance(a1, Animal))         # True
print('a1 是否为 Dog 的实例: ', isinstance(a1, Dog))              # False
print('"hello"是否为 Animal 的实例: ', isinstance('hello', Animal)) # False
```

运行程序，输出结果如下：

dog1 是否为 Dog 的实例: True

dog1 是否为 Animal 的实例: True

a1 是否为 Animal 的实例: True

a1 是否为 Dog 的实例: False

"hello"是否为 Animal 的实例: False

这里需要注意的是，isinstance()会认为子类对象是父类的实例，但不会认为父类对象是子类的实例。

要解决例 6.29 中的问题，可以把 doEat()方法的实现修改一下，具体参见例 6.31。

【例 6.31】doEat()方法中，只有 Animal 类或子类的对象才允许调用 eat()方法。代码如下。

Example_poly\poly4.py

```python
# 父类
class Animal(object):
    def eat(self):
        print('Animal eat')


# 子类 1
class Dog(Animal):
    def eat(self):
        print('Dog eat')


# 子类 2
class Cat(Animal):
    def eat(self):
        print('Cat eat')


class Plant(object):
    pass


# 函数
def doEat(obj):
    # obj 只有是 Animal 类或其子类的对象才有 eat()方法
    # isinstance()用于判断 obj 是否为某个类的对象
    # 参数 1: object 对象
    # 参数 2: type 类（类型）
    if isinstance(obj, Animal):
        obj.eat()


# 创建子类对象
dog1 = Dog()
cat1 = Cat()
plant1 = Plant()
# 调用 doEat()方法时，分别传入不同类型的对象
```

```
doEat(dog1)
doEat(cat1)
doEat(plant1)
```

运行程序，输出结果如下：

```
Dog eat
Cat eat
```

可以看到，如果传递的 obj 参数是 Dog 或 Cat 的对象，由于它是 Animal 子类的对象，因此 if 条件成立，执行 obj.eat() 方法；如果传递的 obj 参数是其他的对象，则 if 条件不成立，不会执行 obj.eat() 方法。

6.8　对象属性与类属性

如果一个属性只有特定的对象才具有，或者不同的对象该属性对应的值不完全一样，则该属性称为对象属性，又称非静态属性；相对地，如果一个属性是属于类本身的，或者说一个属性在类的所有对象中共用，则该属性称为类属性，又称静态属性。

例如，不同狗的年龄不完全相同，则"年龄"属性应该设置为对象属性；而每条狗都有 4 条腿，则"腿"属性应该设置为类属性。

如果要访问对象属性，则只能通过"对象名.属性名"方式访问；如果要访问类属性，则既可以通过"对象名.属性名"的方式访问，也可以通过"类名.属性名"的方式访问（一般建议使用后者）。参见例 6.32。

【例 6.32】类属性和对象属性的定义和访问，代码如下。

Example_clsattr\clsattr1.py
```python
class Dog:
    ''' 描述狗的类 '''
    # 类属性
    legCount = 4

    def __init__(self, age):
        # 对象属性
        self.age = age

dog1 = Dog(5)
dog2 = Dog(7)

# 访问 legCount 类属性
# 通过"对象名.属性名"访问
print('dog1 有%d 条腿' % dog1.legCount)
print('dog2 有%d 条腿' % dog2.legCount)
# 通过"类名.属性名"访问
print('Dog 类中所有的对象都有%d 条腿' % Dog.legCount)

# 访问 age 对象属性
# 通过"对象名.属性名"访问
print('dog1 今年%d 岁' % dog1.age)
print('dog2 今年%d 岁' % dog2.age)
# 不能通过"类名.属性名"访问
#print('Dog 类中所有的对象今年%d 岁' % Dog.age)
```

运行程序，输出结果如下：

dog1 有 4 条腿

dog2 有 4 条腿

Dog 类中所有的对象都有 4 条腿

dog1 今年 5 岁

dog2 今年 7 岁

这里在 Dog 类中定义了 legCount 类属性，要访问该属性，既可以通过 "对象名.属性名" 的方式访问，也可以通过 "类名.属性名" 的方式访问。

另外 Dog 类中也定义了 age 对象属性，要访问该属性，则只能通过 "对象名.属性名" 的方式访问。

注意，如果尝试通过 "类名.属性名" 访问对象属性：

```
print('Dog 类中所有的对象今年%d 岁' % Dog.age)
```

运行程序，报告如下错误：

```
Traceback (most recent call last):
  File "D:\python\workspace\ch06\src\p6_11\Example_clsattr\clsattr1.py", line 25, in
<module>
    print('Dog 类中所有的对象今年%d 岁' % Dog.age)
AttributeError: type object 'Dog' has no attribute 'age'
```

6.9 对象方法与类方法

与属性类似，方法也有对象方法和类方法的划分。

对象方法的第一个参数是 self，表示当前对象，是类实例化后的对象才有的；类方法的第一个参数是 cls，表示当前类，是对当前类做的额外的处理。

要访问类方法，可以通过 "类名.方法名()" 或者 "对象名.方法名()" 方式来访问；如果要访问对象方法，则只能通过 "对象名.方法名()" 方式来访问。

前面例子中的方法都属于对象方法，如果要定义类方法，则需要在对象方法代码的基础上进行如下的修改。

- 把对象方法中的第一个参数 self 改为 cls，表示当前类。
- 在类方法前面添加@classmethod 装饰器。
- 在外部调用该方法的时候，使用 "类名.方法名()" 方式调用。

【例 6.33】类方法的定义和访问，代码如下。

Example_clsmethod\clsmethod1.py

```
class Dog(object):
    # 类属性
    __count = 0

    def __init__(self, name):
        self.__name = name # 对象属性
        Dog.__count += 1

    def say(self):
        print('%s 说：目前总共有%d 只狗' % (self.__name, Dog.__count))
```

```
# 定义类方法时需要在方法前添加@classmethod 装饰器
@classmethod
def addOne(cls):
    cls.__count += 1

dog1 = Dog('旺财')
dog1.say()
dog2 = Dog('小白')
dog1.say()

Dog.addOne()
dog1.say()
```

运行程序，输出结果如下：

旺财说：目前总共有 1 只狗

旺财说：目前总共有 2 只狗

旺财说：目前总共有 3 只狗

在 Dog 类中，__count 是类属性。前面提到，访问类属性的方式一般是使用"类名.类属性"，在 __init__()方法中就是这样。而 addOne()则是类方法，该方法的第一个参数为 cls，表示当前类。因此要想在类方法中访问类属性，则可以直接使用"cls.类属性"的方式来访问。

6.10　静态方法

有些独立的代码可能和类的属性、方法并没有什么关系，但是和类本身又有一定的关系。如果把这些代码封装到独立的函数中，则与面向对象的思想不符合；如果把这些代码封装到类的方法或属性中，又感觉这些代码和这些方法的参数 self 和 cls 好像又没有什么关系。此时，可以考虑把这些代码封装到类的独立的静态方法中。

可以在方法定义的前面使用@staticmethod 装饰器来声明静态方法，参见例 6.34。

【例 6.34】静态方法的定义和访问，代码如下。

Example_staticmethod\staticmethod1.py
```
class Dog(object):
    # 静态方法
    @staticmethod
    def bark():
        print('汪')


Dog.bark()
```

运行程序，输出结果如下：

汪

可以看到，静态方法与类方法比较类似，都是通过"类名.方法名()"的方式来调用，但是方法实现的时候也有一定的差别，包括以下几点。

- 类方法至少需要有一个参数 cls，静态方法则没有这个参数。
- 类方法前面的装饰器为@classmethod，静态方法前面的装饰器为@staticmethod。
- 类方法中可以通过"cls.属性名"的方式访问类属性，静态方法无法访问类属性。

下面把函数、对象方法、类方法、静态方法放在同一个例子中，比较它们的差别，参见例 6.35。

【例 6.35】函数、对象方法、类方法、静态方法的比较，代码如下。

Example_staticmethod\staticmethod2.py

```python
class Dog(object):
    # 对象方法
    def bark2(self):
        print('汪 2')

    # 类方法
    @classmethod
    def bark3(cls):
        print('汪 3')

    # 静态方法
    @staticmethod
    def bark4():
        print('汪 4')

# 函数
def bark1():
    print('汪 1')

dog1 = Dog()
bark1()              # 调用函数：函数名()
dog1.bark2()         # 调用对象方法：对象.方法名()
Dog.bark3()          # 调用类方法：类名.方法名()
Dog.bark4()          # 调用静态方法：类名.方法名()
```

运行程序，输出结果如下：

汪 1
汪 2
汪 3
汪 4

这里的代码中，定义狗叫的方法有以下几个。

- 函数：通过"函数名()"的方式进行调用。
- 对象方法：通过"对象名.方法名()"的方式进行调用。
- 类方法：通过"类名.方法名()"的方式进行调用。
- 静态方法：通过"类名.方法名()"的方式进行调用。

从理论上来说，任意一种方法都可以使用。但是"狗叫"的场景和 self、cls 都没有太大关系，但也属于狗类的功能点，所以建议使用静态方法。

下面来比较一下函数、对象方法、类方法、静态方法之间的区别，如表 6.1 所示。

表 6.1　函数、对象方法、类方法、静态方法的区别

对比项目	函　　数	对象方法	类　方　法	静态方法
代码实现的位置	类的外面	类的里面	类的里面	类的里面
装饰器	没有装饰器	没有装饰器	@classmethod	@staticmethod
参数列表	可以没有参数	至少需要有一个参数 self	至少需要有一个参数 cls	可以没有参数
调用的方法	函数名()	对象名.方法名()	类名.方法名()	类名.方法名()

对比项目	函　　数	对象方法	类 方 法	静态方法
访问属性		可以访问当前类的类属性和对象属性	只能访问当前类的类属性	不能访问当前类的任何属性
使用场景	与类无关的功能	与对象有关的功能	需要访问类属性的功能	不需要访问类属性，但又和类有关的功能

6.11　__new__()方法

在其他的面向对象编程语言中（例如 C++、Java），构造器的概念深入人心。这就导致了相当一部分刚接触 Python 的人认为，在 Python 编程中，__init__()方法就是类的构造器的概念。可事实上，Python 中真正创建对象的方法是__new__()方法。

__new__()方法的参数基本与__init__()方法一样，唯一的区别是__new__()方法第一个参数是 cls，而不是 self。

【例 6.36】定义类的__new__()方法，代码如下。

Example_new\new1.py
```
class A(object):
    # 创建对象的方法
    def __new__(cls):
        print("__new__方法被执行")
        return super().__new__(cls)
    # 初始化方法
    def __init__(self):
        print("__init__方法被执行")


a = A()
```
运行程序，输出结果如下：

__new__方法被执行

__init__方法被执行

可以看到，__new__()方法传入的参数是 cls，表示类；而__init__()方法传入的参数是 self，表示对象。当进入__new__()方法的时候，对象还没创建，事实上对象是在__new__()方法中创建的，并通过返回值传递给__init__()方法。因此，__new__()方法应该是在__init__()方法之前被调用的。

绝大多数情况下，都不需要自己重写__new__()方法，只有在一些特殊情况下，才有可能需要重写。下面列出几个重写__new__()方法的经典情况。

1. 继承不可变的类型

如果需要对不可变的类型（例如 str 或 int 等）进行扩展，则可以考虑在子类的__new__()方法中添加对应的功能。

【例 6.37】通过重写 str 类的__init__()方法，把字符串转换成全大写，代码如下。

Example_new\new2.py
```
class CapStr(str):
    # 初始化方法
    def __init__(self, string):
```

```
        string = string.upper()

    a = CapStr("HelloWorld")
    print(a)
```

运行程序，输出结果如下：

```
HelloWorld
```

定义 CapStr 类的目的是想得到全大写的字符串。通过 string.upper()方法可以把字符串变成大写。可是字符串是不可变的类型，在进行赋值操作的时候，实际上会重新分配内存空间并让 string 指向它。例 6.37 的代码中，在创建对象时，该对象中字符串的值已经被设置为"HelloWorld"了，在执行 string = string.upper() 的时候，对象中字符串的值本身并没有发生变化，只是让 string 变量指向了新的内存区域。因此，如果要把对象中字符串的值转为全大写，该操作需要在创建对象前完成，因此考虑在 __new__()方法中实现该功能。参见例 6.38。

【例 6.38】通过重写 str 类的 __new__()方法，把字符串转成全大写，代码如下。

Example_new\new3.py
```
class CapStr(str):
    # 创建对象的方法
    def __new__(cls, string):
        string = string.upper()
        return super().__new__(cls,string)

a = CapStr("HelloWorld")
print(a)
```

运行程序，输出结果如下：

```
HELLOWORLD
```

可以看到，重写 __new__()方法就可以达到目的了。

2．单例

单例的场景则更为经典。单例是 23 种常见的设计模式之一，这种类型的设计模式属于创建型模式，它提供了一种创建对象的最佳方式。在项目环境中，如果要求某个类只能创建一个实例对象，则该场景称为单例。例如天上只有一个太阳、世界上只有一个中国等。

单例有如下特征。

- 单例的类只能有一个实例。
- 单例的类必须自己创建唯一的实例。
- 单例的类必须给所有其他对象提供这一实例。

例如说定义一个太阳类，并创建它的两个对象，参见例 6.39。

【例 6.39】定义 Sun 类，创建该类的两个对象，代码如下。

Example_singleton\singleton1.py
```
class Sun(object):
    pass


sun1 = Sun()
sun2 = Sun()
print(id(sun1))
print(id(sun2))
print(sun1 == sun2)
```

运行程序，输出结果如下：

```
1755474319776
1755472756592
False
```

一般情况下，就像上面这样，这两个对象在内存中的地址并不相等，也就是说实际上是两个不同的对象。但是单例却要求这两个对象的地址是一样的，也就是 sun1 == sun2。

由于创建类的实例都是在__new__()方法中实现的，因此要实现单例的类，就必须重写__new__()方法。一般需要根据如下原则来设计单例的类。

- 把类的对象定义为类属性。
- 在__new__()方法中，返回这个类属性。
- 如果是第一次进入__new__()方法，则创建它的实例并返回；否则不创建，直接返回之前创建好的实例。

下面给出一种参考的实现代码。

【例 6.40】使用单例的方式定义 Sun 类，代码如下。

Example_singleton\singleton2.py
```python
class Sun(object):
    # 类对象
    __instance = None

    def __new__(cls):
        if cls.__instance == None:
            # 如果之前还没有创建，则创建对象，并将其保存到类对象中
            cls.__instance = object.__new__(cls)
            return cls.__instance
        else:
            # 如果之前创建过了，则直接从类对象中获取
            return cls.__instance

    def __init__(self):
        pass


sun1 = Sun()
sun2 = Sun()
print(id(sun1))
print(id(sun2))
print(sun1 == sun2)
```

运行程序，输出结果如下：
```
3060813168496
3060813168496
True
```

可以看到，此时 sun1 和 sun2 两个对象的内存地址是相同的，因此实际上都是同一个实例。该类的实例在整个程序中实际上只创建了一次。

上面的单例代码中，并没有传递参数。如果添加了参数又会怎样呢？

【例 6.41】使用单例的方式定义 Moon 类，代码如下。

Example_singleton\singleton3.py
```python
class Moon(object):
    __obj = None
```

```
    def __new__(cls, name):
        # 对象在这里创建，如果要实现单例，即使在外面调用了多个 Moon()，这一句也只能被调用一次
        # 加上条件判断语句，只有第一次进来的时候才被调用
        if Moon.__obj == None:
            Moon.__obj = object.__new__(cls)
        else:
            pass
        # __new__()的返回值将作为 self 参数传递到__init__()中，并返回当前类的对象
        return Moon.__obj
    def __init__(self, name):
        self.name = name
    def __str__(self):
        return 'name:%s' % self.name


moon1 = Moon('圆月')
moon2 = Moon('弯月')
print(moon1)
print(moon2)
```

运行程序，输出结果如下：

```
name:弯月
name:弯月
```

这里创建了 Moon 的两个对象，第一个叫"圆月"，第二个叫"弯月"。如果是普通的类倒没有什么问题，可是这里是单例的类。理论上应该是只有第一次创建的对象才会保存下来，可是运行程序输出的是"弯月"，是第二次创建时候传递的参数。这就不符合单例的要求了。

可以进行如下的调整，参见例 6.42。

【例 6.42】使用单例的方式定义 Moon 类，在第一次使用参数时对其进行设置，代码如下。

Example_singleton\singleton4.py
```
class Moon(object):
    __obj = None
    __flag = False # 在__init__()中使用，判断是否第一次触发__init__()

    def __new__(cls, name):
        # 对象在这里创建，如果要实现单例，即使在外面调用了多个 Moon()，这一句也只能被调用一次
        # 加上条件判断语句，只有第一次进来的时候才被调用
        if Moon.__obj == None:
            Moon.__obj = object.__new__(cls)
        else:
            pass
        # __new__()的返回值将作为 self 参数传递到__init__()中，并返回当前类的对象
        return Moon.__obj
    def __init__(self, name):
        # 如果是第一次进入__init__()则设置 self.name
        if Moon.__flag == False:
            self.name = name
            Moon.__flag = True
        # 否则沿用之前的 self.name
    def __str__(self):
        return 'name:%s' % self.name


moon1 = Moon('圆月')
```

```
moon2 = Moon('弯月')
print(moon1)
print(moon2)
```

运行程序，输出结果如下：

```
name:圆月
name:圆月
```

可以看到，只有第一次创建的对象的参数才会保存下来。

很多企业招聘的面试题和笔试题中会考到单例的知识，建议读者重视这方面的知识点。

6.12　运算符重载

所谓的运算符重载，就是对已有的运算符重新进行定义，并为其赋予另一种功能，以适应不同的数据类型。

在 Python 中，+、-、*、/等运算符只能对 int 整数、float 浮点数、bool 布尔值、complex 复数等基本数值型进行运算。如果希望类的对象也可以进行这些运算符的运算，则需要在定义类的时候对这些运算符进行重载。

在 Python 的类中，定义了＿＿add＿＿()、＿＿sub＿＿()、＿＿mul＿＿()、＿＿truediv＿＿()、＿＿floordiv＿＿()、＿＿mod＿＿()、＿＿pow＿＿()方法，就可以对+、-、*、/、//、%、**等运算符进行重载。

【例 6.43】对 Point 类重载加号运算符，代码如下。

Example_operator\operator1.py
```python
class Point(object):
    def __init__(self, x, y, z):
        self.__x = x
        self.__y = y
        self.__z = z

    def getPoint(self):
        return self.__x, self.__y, self.__z

    def __str__(self):
        return '%.2f,%.2f,%.2f' % (self.__x, self.__y, self.__z)

    # 重载加号运算符，以便计算 point+point
    def __add__(self, other):
        if isinstance(other, Point):
            otherX, otherY, otherZ = other.getPoint()
            newX = self.__x + otherX
            newY = self.__y + otherY
            newZ = self.__z + otherZ
            return Point(newX, newY, newZ)

p1 = Point(1,2,3)
p2 = Point(7,8,9)
p3 = p1 + p2
print(p3)
```

运行程序，输出结果如下：

```
8.00,10.00,12.00
```

上面的代码定义了一个类 Point，用于描述三维空间上的点，并重载了加号运算符。这样当对两个点类的对象进行加法操作的时候，将进入__add__()方法中，经过运算，返回一个新的 Point 类的对象。

6.13　模块与导包

为了组织大规模的软件开发，需要把一些独立功能的代码分别存放在不同的文件中。例如，习惯上，一个文件中只写一个类（可能需要包括一些测试代码）。

【例 6.44】模块的定义，代码如下。

Example_module\dog.py
```
class Dog(object):
    def __init__(self, name, age):
        self.__name = name
        self.__age = age

    def __str__(self):
        return 'name:%s, age:%d' % (self.__name, self.__age)

    @property # name = property(name)
    def name(self):
        return self.__name

    @name.setter # name = name.setter(name)
    def name(self, name):
        self.__name = name

class HabaDog(Dog):
    pass
```

然后在主流程的文件中（main.py）导入 dog 模块，并使用其中的类或函数等标识符。

（1）使用 import 模块名。

此时，需要通过"模块名.类名"或"模块名.函数名"来访问对应的标识符，参见例 6.45。

【例 6.45】使用 import 方式导入模块，代码如下。

Example_module\main1.py
```
# 导入 dog 模块
import dog

dog1 = dog.Dog('旺财', 11)
dog1.name = '二哈'
print(dog1.name)
```

运行程序，输出结果如下：

二哈

（2）使用 from 包名 import 标识符。

其中，标识符包括类名、函数名、变量名等，参见例 6.46。

【例 6.46】使用 from...import...方式导入模块，代码如下。

Example_module\main2.py
```
from dog import Dog

dog2 = Dog('旺财', 12)
dog2.name = '二哈'
print(dog2.name)
```
运行程序，输出结果如下：

二哈

如果要导入模块中的多个标识符，可以使用逗号进行分隔。
```
from dog import Dog, HabaDog
```
如果要导入模块中的所有标识符，可以使用*代替。
```
from dog import *
```
这样，**dog.py** 中所有的标识符都会被导入 main 中。

（3）如果导入的标识符名称过长，可以使用 as 改名。

【例 6.47】对导入的模块使用 as 改名，代码如下。

Example_module\main3.py
```
from dog import HabaDog as HD

dog3 = HD('旺财', 15)
dog3.name = '二哈'
print(dog3.name)
```
运行程序，输出结果如下：

二哈

另外，如果在原来的模块中写上了如下内容：
```
dog1 = Dog('旺财', 8)
dog1.name = '小白'
print(dog1.name)
```
此时，在 main 中运行的时候，会发现"小白"和"二哈"都呈现出来了。

解决方法是在 **dog.py** 中加上"if __name__ =='__main__':"语句：
```
# 只有运行 dog.py 的时候才会执行下面的代码
# 其他文件导入 dog.py 的时候不会执行这里的代码
if __name__ == '__main__':
    dog1 = Dog('旺财', 8)
    dog1.name = '小白'
    print(dog1.name)
```
if __name__ =='__main__'中的代码，只有直接执行 dog.y 文件的时候，才会执行；而当其他模块通过 import 等方式导入 dog 模块时，则不会执行。

习题

一、选择题

1. 关于面向过程和面向对象，下列说法错误的是（　　　）。

A. 面向过程和面向对象都是解决问题的一种思路

B. 面向过程是基于面向对象的

C. 面向过程强调的是解决问题的步骤

D. 面向对象强调的是解决问题的对象

2. 下列选项中对__new__()方法和__init__()方法的介绍，说法不正确的是（　　）。

A. __new__()方法是一个实例方法，而__init__()方法是一个静态方法

B. __new__()方法会返回一个创建的实例，而__init__()方法什么都不返回

C. 只有在__new__()方法返回一个 cls 的实例时，后面的__init__()方法才能被调用

D. 当创建一个新实例时用__new__()方法，初始化一个实例时用__init__()方法

3. 下列方法中不可以使用类名访问的是（　　）。

A. 类方法　　　　　B. 静态方法　　　　　C. 实例方法　　　D. 以上 3 项都是

4. 下列关于类属性和实例属性的说法中，描述正确的是（　　）。

A. 类属性既可以显式定义，又能在方法中定义

B. 通过类可以获取实例属性的值

C. 类的实例只能获取实例属性的值

D. 公有类属性可以通过类和类的实例访问

5. 在下面选项 C 类继承 A 类和 B 类的格式中，正确的是（　　）。

A. class A, B C:　　　B. class C (A or B):　　　C. class C (A, B):　　　D. class C A and B:

二、填空题

1. 下面程序输出的结果是_____。

```python
class A(object):
    def AA(self):
        print('A')
class B():
    def BB(self):
        print('B')
if __name__ == '__main__':
    a = B()
    a.BB()
```

2. 下面程序输出的结果是_____。

```python
class Animal:
    def eat(self):
        print('猫吃鱼')


class Cat(Animal):
    def eat(self):
        super().eat()


if __name__ == '__main__':
    a = Cat()
    a.eat()
```

3. 假设如下代码需要输出狗的年龄为"8"岁，补充完整程序。

```python
class Dog:
    age=0
    def setAge(self,age):
        self.age=age

    def getAge(self):
```

```
        return self.age
if __name__ == '__main__':
    dog1 = Dog()
    dog1.setAge(8)
    _____
    print(age)
```

4. 下面程序输出的结果是_____。

```
class fun(object):

    def __init__(self):
        print("__init__")

    def __new__(cls, *args, **kwargs):
        print("__new__")
        return object.__new__(cls)

if __name__ == '__main__':
    fun()
```

5. 下面程序输出的结果是_____。

```
class Dog:
    # 初始化
    def __init__(self, name, age):
        self.name = name
        self.age = age
    # 销毁
    def __del__(self):
        print('__del__')
        self.name = ''
        self.age = 0

dog1 = Dog('旺财', 8)
dog2 = dog1

print('--0--')
del dog1
print('--1--')
del dog2
print('--2--')
```

6. 阅读如下代码。

（1）假设要执行 "print(D.mro())"，则输出的结果为_____。

（2）假设要执行 "x = D()"，则输出的结果为_____。

```
class A(object):
    def __init__(self):
        print('A')

class B(object):
    def __init__(self):
        print('B')

class C(object):
    def __init__(self):
        print('C')

class D(A, B, C):
```

```
        def __init__(self):
            super(D, self).__init__()
            super(A, self).__init__()
            super(B, self).__init__()
            super(C, self).__init__()
```

三、编程题

1. 假设有一个 Circle（圆）类，包括圆心位置、半径、颜色等属性。编写代码，计算圆的周长和面积。

2. 定义一个 Point 类，描述三维空间的一个点，属性包括 x、y、z 的值。添加两种方法：描述当前点与另外一个点之间的曼哈顿距离和欧氏距离。添加两个函数：描述任意两个点之间的曼哈顿距离和欧氏距离。

注意，假设两个点分别为 (x_1, y_1, z_1) 和 (x_2, y_2, z_2)，则曼哈顿距离计算公式为：

$$|x_1 - x_2| + |y_1 - y_2| + |z_1 - z_2|$$

欧氏距离计算公式为：

$$\sqrt{(x_1 - x_2)^2 + (y_1 - y_2)^2 + (z_1 - z_2)^2}$$

3. 参考例 6.43，重置 Point 类的减、乘、除运算符。可以简单通过对应坐标值相减、相乘、相除的方式来实现。

第三篇

高 级 篇

07　第7章　异常处理

学习目标

- 了解异常的基本概念。
- 掌握 Python 中与异常处理相关的语法，熟悉 try、except、else、finally、raise 等关键字的使用场合。
- 掌握异常的捕获和抛出方法，根据实际情况在两者之间进行权衡使用。
- 掌握使用异常对代码进行处理的方法，进一步增强代码的稳健性。

异常（Exception）是指在程序运行过程中由于某些不可知的原因而发生的意外事件。当需要对异常进行处理的时候，可以使用如下两种处理方法。

（1）把有可能出现异常的代码放到 try...except 语句中捕获异常，最后通过 finally 子句进行一些善后的处理。

（2）使用 raise 语句主动抛出异常，把异常交给方法的调用者来处理。

如果要处理的异常在系统中没有定义，可以通过继承 Exception 类来自定义异常类。

7.1　异常概述

异常又称为例外，通常是由外部原因导致的（例如输入错误、硬件错误等）。它中断正在执行的程序的正常指令流，并进入特定的异常处理流程。为了能够及时有效地处理程序中的运行错误，必须使用异常类。

异常处理机制已经成为判断编程语言是否成熟的标准。面向过程的程序设计语言（例如 C 语言）是没有提供异常处理机制的，当程序出现错误时，通常使用 error code 的方式来处理；而目前主流的面向对象的编程语言（如 Java、Python、C++等）都具备成熟的异常处理机制。异常处理机制可以把程序中的异常代码和正常代码进行分隔，从而提高程序的稳健性，并保证在发生错误的时候程序不至于崩溃，程序员也可以在短时间内找出错误的具体位置，为错误的修复节省时间。

7.2　异常处理的常见操作

在面向过程的程序设计语言（例如 C 语言）中，当程序出现错误时，通常会使用 error code 的方式来处理，类似下面这样：

```
if (出现错误) {
    进行错误处理;
} else {
    正常操作;
}
```

而在面向对象的程序设计语言（例如 Python 语言）中，通常采用异常处理的方式来处理。它把接收和处理错误的代码进行分离，这样可以帮助编程者整理思绪，同时也增强了代码的可读性，方便代码维护人员的阅读。

在 Python 中，当需要对异常进行处理时，会把正常的代码放在 try 子句中实现，同时把针对异常进行处理的操作放在 except 子句实现。代码如下：

```
try:
    正常操作
except Exception:
    错误处理
```

这样，当 try 子句里面的代码出现异常的话，系统将自动生成 Exception 异常对象，并提交给 Python 运行时的环境。这个过程称为抛出异常。

1. 多个 except 子句

在 try 子句中的代码可能会出现多种异常，因此 try 后面可能需要加上多个不同的 except 子句，在实际运行的时候，将根据不同的异常进行不同的处理。

例如，a=int(arr[2])这句代码可能会出现 IndexError 索引错误异常（当序列 arr 的长度小于 3 的时候）和 ValueError 数值错误异常（当 arr[2]不是纯数字的时候）。

这种情况下，Python 将按照 except 子句出现的顺序依次判断该异常是否属于该 except 子句的异常类或其子类的实例。如果是，则调用该 except 子句中的代码来处理该异常；否则再和下一个 except 子句里的异常类进行比较。

一般会把异常子类写在前面，而把异常父类写在后面。如果反过来，将导致在后面的异常子类成为不可进入的代码，如：

```
try:
    正常操作
except Exception:
    错误处理 1
except IndexError:
    错误处理 2
```

由于 Exception 为 IndexError 的父类，因此即使 try 子句中出现了 IndexError 异常，它也会被第一个 except 子句所捕获，这样第二个 except 子句将永远不会被执行。

关于多个 except 子句的具体使用，可以参考例 7.1。

【例 7.1】在异常处理代码中使用多个 except 子句，代码如下。

Example_tryexcept\tryexcept1.py
```
import sys

try:
    # 读取终端输入的参数
    a = int(sys.argv[1])
    b = int(sys.argv[2])
```

```
    c = a / b
    print("您输入的两个数相除的结果是：", c)
except IndexError:
    print('索引错误：运行程序时输入的参数个数不够')
except ValueError:
    print('数值错误：程序只能接收整数参数')
except Exception:
    print('未知异常')
```

运行程序时，根据输入参数的不同情况，可能会出现多种异常，具体如下。

（1）输入两个以上的参数，且参数格式正确，此时将正常显示运行结果：

```
python tryexcept1.py 6 3
```

运行程序，输出结果如下：

您输入的两个数相除的结果是：2.0

（2）输入参数的格式不正确（例如输入浮点数），将会抛出 ValueError 异常：

```
python tryexcept1.py 6 3.5
```

运行程序，输出结果如下：

数值错误：程序只能接收整数参数

（3）没有输入参数或输入参数的个数小于 2，此时将抛出 IndexError 异常：

```
python tryexcept1.py
```

运行程序，输出结果如下：

索引错误：运行程序时输入的参数个数不够

注意，一个异常处理语句中可以包含多个 except 子句，但只有一个 except 子句的代码会被执行。

例 7.1 中出现的 ValueError、IndexError 等异常类都是内置异常类。Python 中的内置异常类很多，下面列出一些常见的内置异常类，如表 7.1 所示。

2. 一个 except 子句捕获多个异常

在 Python 中可以把多个 except 子句合并成一个子句，同时处理多个异常。

【例 7.2】在异常处理代码中使用一个 except 子句处理多个异常，代码如下。

表 7.1　Python 中常见的内置异常类

内置异常类	描　述
Exception	错误异常的父类
ValueError	无效的参数
IndexError	序列中没有这个索引
IOError	输入/输出错误
KeyError	字典中没有这个键
AttributeError	对象中没有这个属性
SyntaxError	Python 语法错误
NameError	变量未声明
SystemError	解释器系统错误

Example_tryexcept\tryexcept2.py

```
import sys

try:
    # 读取终端输入的参数
    a = int(sys.argv[1])
    b = int(sys.argv[2])
    c = a / b
    print("您输入的两个数相除的结果是：", c)
except (IndexError, ValueError):  # 同时处理多个异常
    print('出现索引错误、数值错误中的一个异常')
```

运行程序，输出结果如下：

出现索引错误、数值错误中的一个异常

可以看到，如果要捕获多个异常，可以把它们作为元组列出。try 子句执行过程中，只要碰到其

中一个异常，就会执行该子句。当多个异常需要输出相同信息的时候，就可以把它们放到同一个异常子句中。

3. 捕获异常对象

在 except 子句中，如果希望能够访问异常对象、查看异常信息，可以在 except 后面使用 as。

【例 7.3】在异常处理代码中使用 except ... as 子句捕获异常对象，代码如下。

Example_tryexcept\tryexcept3.py
```
import sys

try:
    # 读取终端输入的参数
    a = int(sys.argv[1])
    b = int(sys.argv[2])
    c = a / b
    print("您输入的两个数相除的结果是: ", c)
except (IndexError, ValueError) as e:  # 同时处理多个异常
    print(e)
```
运行程序时，根据输入参数的不同情况，可能会出现多种异常。

（1）输入两个以上的参数，且参数格式正确，此时将正常显示运行结果：
```
python tryexcept3.py 6 3
```
运行程序，输出结果如下：
```
您输入的两个数相除的结果是:  2.0
```
（2）输入的参数格式不正确（例如输入浮点数），此时将会抛出 ValueError 异常：
```
python tryexcept3.py 6 3.5
```
运行程序，输出结果如下：
```
invalid literal for int() with base 10: '3.5'
```
（3）没有输入参数，或输入参数的个数小于 2，此时将抛出 IndexError 异常。
```
python tryexcept3.py
```
运行程序，输出结果如下：
```
list index out of range
```
使用这种方法，可以在一个 except 子句中捕获多个异常，程序员可根据输出的异常信息判断错误的原因。

4. 捕获所有异常

尽管可以在 except 子句中捕获多个异常，但程序员很多时候无法准确地列出程序可能会抛出的所有异常。例如在例 7.3 中，如果输入的被除数为 0，则程序会抛出 ZeroDivisionError 异常，表示被除数为 0 的错误。这种错误出现的概率较小，程序员会容易遗漏和忘记处理。

因此，还需要一条子句用于处理余下所有异常。可以在 except 子句中忽略所有的异常类，并输出自定义的所有异常信息。

【例 7.4】在异常处理代码中使用 except 子句处理余下的异常，代码如下。

Example_tryexcept\tryexcept4.py
```
import sys

try:
```

```
    # 读取终端输入的参数
    a = int(sys.argv[1])
    b = int(sys.argv[2])
    c = a / b
    print("您输入的两个数相除的结果是：", c)
except (IndexError, ValueError) as e:  # 同时处理多个异常
    print(e)
except:  # 捕获其他异常
    print('出现其他异常')
```

运行程序时，输入的第二个参数（被除数）为 0：

```
python tryexcept3.py 6 0
```

运行结果如下：

出现其他异常

可以看到，如果程序运行的过程中出现除 IndexError 和 ValueError 外的其他异常（例如这里的被除数为 0，属于 ZeroDivisionError），则程序会在 except 子句中对其进行处理。

5. 异常的 else 子句

在 Python 的 try...except 后面还可以添加 else 子句，格式如下：

```
try:
    正常操作
except Exception:
    错误处理
else:
    没有异常发生时的后续处理
```

如果在执行 try 子句的时候没有出现异常，则会执行 else 子句中的代码。这样比把所有代码都放到 try 子句中要好。

【例 7.5】在异常处理代码中使用 else 子句处理没有异常的情况，代码如下。

Example_tryexcept\tryexcept5.py

```
import sys

try:
    # 读取终端输入的参数
    a = int(sys.argv[1])
    b = int(sys.argv[2])
    c = a / b
    print("您输入的两个数相除的结果是：", c)
except (IndexError, ValueError) as e:  # 同时处理多个异常
    print(e)
except:  # 捕获其他异常
    print('出现其他异常')
else:  # 没有出现异常
    print('没有出现异常')
```

运行程序时，可以分别尝试有异常与没有异常的情况。

（1）输入两个以上的参数，且参数格式正确，此时将正常显示运行结果：

```
python tryexcept5.py 6 3
```

运行程序，输出结果如下：

您输入的两个数相除的结果是： 2.0

没有出现异常

（2）输入第二个参数（被除数）为 0：

```
python tryexcept5.py 6 0
```

运行结果如下：

出现其他异常

可以看到，只有程序在没有出现异常的时候，才会执行 else 子句；而当异常发生的时候，则不会执行 else 子句。

6. finally 子句

在 try...except 后面还可以添加 finally 子句，格式如下：

```
try:
    正常操作
except Exception:
    错误处理
else:
    没有异常发生时的后续处理
finally:
    其他后续处理
```

与 else 子句不同的是：无论 try 子句的代码是否出现异常，finally 子句都会被执行，用于进行一些后续的工作。

【例 7.6】在异常处理代码中使用 finally 子句进行后续处理，代码如下。

Example_tryexcept\tryexcept6.py

```
import sys

try:
    # 读取终端输入的参数
    a = int(sys.argv[1])
    b = int(sys.argv[2])
    c = a / b
    print("您输入的两个数相除的结果是: ", c)
except (IndexError, ValueError) as e: # 同时处理多个异常
    print(e)
except: # 捕获其他异常
    print('出现其他异常')
else: # 没有出现异常
    print('没有出现异常')
finally: # 其他后续处理
    print('异常处理结束')
```

运行程序时，可以分别尝试有异常与没有异常的情况。

（1）输入两个以上的参数，且参数格式正确，此时将正常显示运行结果：

```
python tryexcept6.py 6 3
```

运行程序，输出结果如下：

您输入的两个数相除的结果是： 2.0

没有出现异常

异常处理结束

（2）输入第二个参数（被除数）为0：

```
python tryexcept6.py 6 0
```

运行结果如下：

出现其他异常

异常处理结束

注意，finally 子句必须是最后执行的，如果异常处理的代码中有 try、except、else、finally 等子句同时出现，则代码编写的顺序必须是 try→except→else→finally。如果在 try 子句中打开了文件、数据库、网络等，则必须在 finally 中进行关闭。

7. 抛出异常

有时，在当前的方法或函数中，不想处理异常或者不知道应该怎样处理异常，这时可以通过 raise 语句把该异常抛出，交由上一级的调用者来处理。raise 语句的语法如下：

```
raise [Exception]
```

【例 7.7】在异常处理代码中使用 raise 语句抛出异常，代码如下。

Example_raise\raise1.py

```python
def grade(score):
    if 90 <= score <= 100:
        return '优秀'
    elif 80 <= score < 90:
        return '良好'
    elif 70 <= score < 80:
        return '中等'
    elif 60 <= score < 70:
        return '及格'
    elif 0 <= score < 60:
        return '不及格'
    else:
        # 抛出异常
        raise Exception("无效参数: %s" % score)

try:
    grade1 = grade(73)
    print(grade1)
    grade2 = grade(55)
    print(grade2)
    grade3 = grade(103)  # 这里的调用会有异常抛出
except Exception as e:
    print(e)
```

运行程序，输出结果如下：

中等

不及格

无效参数: 103

由于分数的有效值是 0~100，因此当输入一个小于 0 或大于 100 的分数值的时候，程序会主动抛出异常，告诉调用者传入的参数有误。

8.　自定义异常

尽管内置异常类可以满足大部分需求，但有些时候，程序员根据项目实际情况，仍然需要自定义一些新的异常类。此时，可以从 Exception 类派生一个子类，来实现自定义的异常类，然后在实现的代码中通过 raise 关键字主动抛出该异常类。

【例 7.8】自定义异常类，代码如下。

Example_raise\raise2.py

```python
class ScoreError(Exception):
    def __init__(self):
        pass

    def __str__(self):
        return '分数值必须在 0~100'

def grade(score):
    if 90 <= score <= 100:
        return '优秀'
    elif 80 <= score < 90:
        return '良好'
    elif 70 <= score < 80:
        return '中等'
    elif 60 <= score < 70:
        return '及格'
    elif 0 <= score < 60:
        return '不及格'
    else:
        # 抛出异常
        raise ScoreError()

try:
    grade1 = grade(73)
    print(grade1)
    grade2 = grade(55)
    print(grade2)
    grade3 = grade(103)  # 这里的调用会有异常抛出
except Exception as e:
    print(e)
```

运行程序，输出结果如下：

中等

不及格

分数值必须在 0~100

注意：异常类的类名建议统一以 Error 结尾，这样以后看到后面的 Error 就知道这个是异常类了。

习题

··

一、选择题

1.　下列关于抛出异常的说法中，描述错误的是（　　　）。

　　A.　当 raise 指定异常的类名时，会隐式地创建异常类的实例

　　B.　显式地创建异常类实例，可以使用 raise 直接引发

C. 不带参数的 raise 语句，只能引发刚刚发生过的异常

D. 使用 raise 抛出异常时，无法指定描述的信息

2. 下列选项中，唯一不在运行时发生的异常是（　　　）。

    A. ZeroDivisionError B. NameError   C. SyntaxError   D. KeyError

3. 假设当 try 语句中没有任何错误信息时，一定不会执行的语句是（　　　）。

    A. try   B. except   C. else   D. finally

4. 完整的异常语句中，语句出现的顺序是（　　　）。

    A. try→except→else→finally   B. try→else→except→finally

    C. try→finally→else→except   D. try→else→except→else

5. 下列选项中，用于触发异常的是（　　　）。

    A. try   B. catch   C. raise   D. except

二、填空题

1. 下面程序输出的结果是_____。

```python
def sub(x, y):
    try:
        if x < y:
            raise BaseException('被减数不能小于减数')
        else:
            print(x - y)
    except BaseException as e:
        print(e)

if __name__ == '__main__':
    sub(6, 2)
```

2. 下面程序输出的结果是_____。

```python
def div(a, b):
    try:
        s = a // b
        print(s)
    except:
        print("1")
    else:
        print("2")
    finally:
        print("3")

if __name__ == '__main__':
    div(6,2)
```

3. 下面程序输出的结果是_____。

```python
class Test(Exception):
    def __init__(self, name):
        self.name = name

try:
    raise Test('出现错误')
except Test as e:
    print(e)
```

三、编程题

定义一个异常类，继承 Exception 类，捕获下面的异常：判断输入的字符串长度是否小于 6，如果小于 6，则输出“Yes”；大于 6，则输出“No”。

08 第8章 文件

学习目标

- 掌握打开文件的各种模式，并根据不同场合的实际需求选择合适的模式来使用。
- 掌握常见的文件读写方式。
- 掌握文件读写位置的获取和修改方法。
- 掌握 with...as 的使用方法，并了解其原理。
- 了解序列化与反序列化的概念。
- 熟悉常见的编码方式。

与其他编程语言一样，Python 也具有操作文件的能力，如打开文件、关闭文件、读取文件、写入数据等。本章将重点介绍 Python 中与文件相关的操作和知识点。

8.1 文件的基本操作

8.1.1 打开和关闭文件

在程序开发的时候，经常需要保存一些数据。按照前面提到的方法，通过变量保存数据是比较通用的方法。可是有些时候，我们希望在程序结束后数据仍然能够保存，以便在下次运行程序的时候能够读取该数据，显然这种情况下通过变量保存数据的方法就行不通了，需要另外寻找保存数据的方法。此时使用文件保存数据就是一个不错的选择，可以在程序运行过程中把数据保存到文件中，然后在下次运行程序的时候，读取文件中的数据并加载到变量中。

在 Python 中，通过 open()函数可以打开文件，格式如下：

```
open(file_name [, access_mode][, buffering])
```

其中各参数解释如下。

（1）file_name：包含了要访问的文件的名称。该值可以是绝对路径，也可以是相对路径。

（2）access_mode：打开文件的模式，包括只读、写入、追加等。如果不写该参数，则默认为只读。

（3）buffering：如果该值为 0，则不会有缓存；如果该值为 1，则访问文件的时候会缓存行；如果该值为大于 1 的整数，则表示缓存区的缓存大小；如果该值为负数，则缓存区的大小为系统默认的值。

另外，open()函数会返回一个 File 对象，代表计算机中的一个文件，后续对文件的其他操作（包括读、写、关闭等）都需要通过 File 对象进行。

【例 8.1】打开文件，代码如下。

Example_fileopen\open1.py
```
# 打开文件
f = open('test.txt')
print(f.name)
```
运行程序，输出结果如下：
```
test.txt
```

使用 open()函数打开文件的时候，需要注意如下几点。

（1）打开的文件路径一般分为两种：绝对路径和相对路径。

① 绝对路径：从根文件夹开始，往下一级级地查找路径。对于 Windows 操作系统，是从 C 盘、D 盘等盘符开始；对于 Linux 等操作系统，则是从"/"总路径开始。

② 相对路径：相对当前工作目录的路径。相对路径中会经常使用一个点（"."表示当前目录）和两个点（".."表示父目录或上一级目录），例如例 8.1 中使用的就是相对路径，因此当前工作目录就是 open1.py 文件所在的目录。

（2）这里没有写 access_mode 参数，因此该参数使用默认参数值"r"，表示只读。对于这种权限，程序要求打开的文件 test.txt 必须存在。如果文件不存在，则会报告如下错误：
```
Traceback (most recent call last):
    File "D:\python\workspace\ch08\src\p8_1\Example_fileopen\open1.py", line 2, in <module>
    f = open('test.txt')
FileNotFoundError: [Error 2] No such file or directory: 'test.txt'
```
打开文件的时候需要传递 access_mode 参数，该参数有表 8.1 所示的模式。

表 8.1　access_mode 参数的模式

模式	解　　释
r	如果文件不存在，报错。如果文件存在，正常打开。该文件只能读，不可写
w	如果文件不存在，创建文件。如果文件存在，清空文件。该文件只能写，不可读
a	如果文件不存在，创建文件。如果文件存在，把读写位置定位到文件尾。该文件只能写，不可读
r+	如果文件不存在，报错。如果文件存在，正常打开。该文件可读可写
w+	如果文件不存在，创建文件。如果文件存在，清空文件。该文件可读可写
a+	如果文件不存在，创建文件。如果文件存在，把读写位置定位到文件尾。该文件可读可写
rb	如果文件不存在，报错。如果文件存在，正常打开。该文件只能读，不可写。以二进制方式读取文件内容
wb	如果文件不存在，创建文件。如果文件存在，清空文件。该文件只能写，不可读。以二进制方式写入文件
ab	如果文件不存在，创建文件。如果文件存在，把读写位置定位到文件尾。该文件只能写，不可读。以二进制方式写入文件
rb+	如果文件不存在，报错。如果文件存在，正常打开。该文件可读可写。以二进制方式读写文件内容
wb+	如果文件不存在，创建文件。如果文件存在，清空文件。该文件可读可写。以二进制方式读写文件内容
ab+	如果文件不存在，创建文件。如果文件存在，把读写位置定位到文件尾。该文件可读可写。以二进制方式读写文件内容

在打开文件的时候，可以不指定 access_mode 参数，此时默认使用 r 模式。但建议把该参数写上，方便阅读。

另外，如果打开的模式中包含了字母 b，则表示用于读写二进制文件；如果没有包含字母 b，则表示用于读写文本文件。关于文本文件和二进制文件的区别，会在后面的章节中介绍。

关于这几种模式的区别，也可以通过下面的表进行比较，如表 8.2 所示。

表 8.2　文件打开模式的区别

模式	可读	可写	创建文件	覆盖文件	文件读写位置
r	√				开始位置
r+	√	√			开始位置
w		√	√	√	开始位置
w+	√	√	√	√	开始位置
a		√	√		结束位置
a+	√	√	√		结束位置

在文件处理完成后，还需要调用 File 对象的 close() 方法关闭文件。因此完整的文件操作应该是下面这样，参见例 8.2。

【例 8.2】打开和关闭文件，代码如下。

Example_fileopen\open2.py
```
# 打开文件
f = open('test.txt', 'r')

# 对文件进行操作
# ...

# 关闭文件
f.close()
```

注意，使用 open() 函数打开的文件，当操作完成后，必须调用 close() 方法将其关闭，否则程序的运行可能会出现问题。

下面重点介绍文件的读写操作。

8.1.2　读文件

如果文件已经存在，要读取文件的内容，需要通过 r、r+ 模式来打开文件。

假设在当前目录下已经存在一个文件 test.txt，内容如下：
```
Hello Python
This Chapter refer to file operation.
use open() function to open a file, return the file object.
use file object's close() method to close the file.
```
要读取文件内容，有如下方法。

（1）通过 File 对象的 read() 方法，可以读取文件内容。格式如下：
```
f.read([count])
```
其中，count 参数表示要读取的字节数。

【例 8.3】读取文本部分内容，代码如下。

Example_fileread\read1.py
```
# 打开文件
f = open('test.txt', 'r')

# 读取文件头 5 个字节
content = f.read(5)
print(content)

# 关闭文件
f.close()
```

运行程序，输出结果如下：

```
Hello
```

另外，count 参数也可以省略，表示直接读到文件尾，参见例 8.4。

【例 8.4】读取文本全部内容，代码如下。

Example_fileread\read2.py
```
# 打开文件
f = open('test.txt', 'r')

# 读取文件的所有内容
content = f.read()
print(content)

# 关闭文件
f.close()
```

运行程序，输出结果如下：

```
Hello Python
This Chapter refer to file operation.
use open() function to open a file, return the file object.
use file object's close() method to close the file.
```

（2）通过 File 对象的 readline()方法，可以读取文件的一行。

【例 8.5】逐行读取文件的内容，代码如下。

Example_fileread\read3.py
```
# 打开文件
f = open('test.txt', 'r')

count = 0
while True:
    result = f.readline()  #  读取一行的内容
    # 如果读取到空字符串，则表示到达文件末尾了
    if result == '':
        break
    print('文件中第 %d 行的内容是：%s' % (count, result))
    count += 1

# 关闭文件
f.close()
```

运行程序，输出结果如下：

```
文件中第 0 行的内容是：Hello Python

文件中第 1 行的内容是：This Chapter refer to file operation.

文件中第 2 行的内容是：use open() function to open a file, return the file object.

文件中第 3 行的内容是：use file object's close() method to close the file.
```

（3）通过 File 对象的 readlines()方法，可以读取文件所有的行，并以列表的方式返回每行的内容。

【例 8.6】读取文件所有的行，代码如下。

Example_fileread\read4.py
```
# 打开文件
f = open('test.txt', 'r')

lines = f.readlines()  #  读取所有行的内容
for number, content in enumerate(lines):
```

```
        print('文件中第 %d 行的内容是: %s' % (number, content))
```

```
# 关闭文件
f.close()
```

运行程序，输出结果如下:

文件中第 0 行的内容是: Hello Python

文件中第 1 行的内容是: This Chapter refer to file operation.

文件中第 2 行的内容是: use open() function to open a file, return the file object.

文件中第 3 行的内容是: use file object's close() method to close the file.

8.1.3　写文件

要向文件中写入内容，有如下方法。

（1）如果是以文本方式打开文件，例如打开模式为 w、a、w+和 a+等，此时写入的内容则为文本格式。

通过 File 对象的 write()方法，可以向文件中写入文本格式的内容。格式如下:

```
f.write(string)
```

其中，string 就是写入的字符串数据。

【例 8.7】向文件中写入内容，代码如下。

Example_filewrite\write1.py
```
# 打开文件
f = open('test.txt', 'w')
```

```
# 向文件中写入一个字符串
f.write('Hello')
```

```
# 关闭文件
f.close()
```

运行程序，此时在当前目录下创建了一个文件 test.txt，其中的内容为:

```
Hello
```

注意，write()方法接收的参数是字符串型的。因此如果要把其他类型的数据写入文件中，则需要把数据转换为字符串格式，参见例 8.8。

【例 8.8】向文件中写入非字符串型的数据，代码如下。

Example_filewrite\write2.py
```
# 打开文件
f = open('test.txt', 'w')
```

```
# 把列表数据写入文件中
arr = [1,2,3,4,5]
f.write(str(arr))  # 使用 str()把其他参数转换为字符串才能写入文件中
```

```
# 关闭文件
f.close()
```

运行程序，此时在当前目录下创建了一个文件 test.txt，其中的内容为:

```
[1, 2, 3, 4, 5]
```

（2）如果是以二进制方式打开文件，例如打开模式为 wb、ab、wb+和 ab+等，此时写入的内容就需要转换为二进制格式，有如下方法。

① 在字符串前面加上字母 b，表示把字符串转换为二进制格式。

【例 8.9】在字符串前面加上字母 b，把字符串转换为二进制格式，代码如下。

Example_filewrite\write3.py
```
# 打开文件
f = open('test.txt', 'wb')

# 以二进制方式向文件中写入一个字符串
data = b'Hello'
f.write(data)

# 关闭文件
f.close()
```
运行程序，此时在当前目录下创建了一个文件 test.txt，其中的内容为：
```
Hello
```
如果字符串全部都是 ASCII 字符，在前面加上 b 即可将其转换为二进制格式。

② 调用字符串的 encode()方法进行编码。

【例 8.10】通过 encode()方法把字符串转换为二进制格式，代码如下。

Example_filewrite\write4.py
```
# 打开文件
f = open('test.txt', 'wb')

# 以二进制方式向文件中写入一个字符串
str = 'Hello'
str2 = str.encode(encoding='utf-8')
f.write(str2)

# 关闭文件
f.close()
```
运行程序，此时在当前目录下创建了一个文件 test.txt，其中的内容为：
```
Hello
```
如果字符串中包含特殊字符（例如中文），则需要通过 encode()方法将其转换成二进制格式。

上面这两个程序运行的时候，写入文件的数据为二进制格式。例如通过网络下载的数据即为二进制的数据，此时就可以用这种方式把数据写入文件中。

8.1.4　文件读写位置

默认情况下，打开文件的时候读写位置会定位到文件头（用 r 或 w 模式打开文件）或文件尾（用 a 模式打开文件）。当进行一部分的读写操作后，文件的读写位置会发生改变，有时我们希望能够得知文件当前的读写位置，此时需要获取读写位置的值；有时我们还希望从文件中某个位置开始进行读写操作，此时需要手动修改读写位置。

通过 File 对象的 tell()方法，可以得知文件当前的读写位置，参见例 8.11。

【例 8.11】获取文件当前的读写位置，代码如下。

Example_filetell\tell1.py
```
# 打开文件
f = open('test.txt', 'r')
```

```
# 获取当前读写位置
pos = f.tell()
print('刚开始时，读写位置为：%d' % pos) # 0

# 读 5 个字节
content = f.read(5)
print('读取 5 个字节：%s' % content)

# 再次获取当前读写位置
pos = f.tell()
print('读取 5 个字节后，读写位置为：%d' % pos)

f.close()
```

注意，需要确保在当前目录下已经存在一个文件 test.txt。

运行程序，输出结果如下：

刚开始时，读写位置为：0

读取 5 个字节：Hello

读取 5 个字节后，读写位置为：5

另外，如果以 a 模式打开文件，则读写位置将直接定位到文件尾，参见例 8.12。

【例 8.12】用 a 模式打开文件，并获取文件的读写位置，代码如下。

Example_filetell\tell2.py
```
f = open('test.txt', 'a')

# 获取当前读写位置
pos = f.tell()
print('使用a模式打开文件，读写位置为：%d' % pos)

f.close()
```

运行程序，输出结果如下：

使用a模式打开文件，读写位置为：165

注意运行的结果将根据文件的内容来决定。但不管如何，输出的值表示的是文件末尾的位置，也表示文件的长度。

通过 File 对象的 seek()方法，可以修改文件的读写位置。该方法的语法如下：
```
seek(offset[, from])
```

其中各参数解释如下。

（1）offset：要移动的字节数。

（2）from：开始移动字节的参考位置。可以有如下值。

① 0：从文件开头开始移动。该值为默认值。

② 1：从当前位置开始移动。

③ 2：从文件末尾开始移动。

【例 8.13】修改文件的读写位置为文件开头偏移的字节数，代码如下。

Example_fileseek\seek1.py
```
f = open('test.txt', 'r')

# 从文件开头偏移两个字节
f.seek(2, 0)
```

```
result = f.read(3)
print(result)

f.close()
```

运行程序，输出结果如下：

```
llo
```

本来文件头的几个字节是 "Hello…"，可是程序中跳过了头两个字节，因此将从索引为 2 的字节开始读起，总共读 3 个字节，所以输出 "llo"。

另外，如果要从文件当前位置或者是从文件尾进行移动，则该文件需要以二进制的方式打开，即调用 open()函数时第二个参数需要使用带 "b" 的模式。参见例 8.14。

【例 8.14】修改文件的读写位置为文件尾偏移的字节数，代码如下。

Example_fileseek\seek2.py
```
f = open('test.txt', 'rb')

# 从文件尾往前偏移 3 个字节
f.seek(-3, 2)

result = f.read(3)
print(result.decode())

f.close()
```

运行程序，输出结果如下：

```
le.
```

缓存

这里通过二进制方式打开文件，可以定位到文件尾，再往前偏移 3 个字节，相当于读取了文件最后的 3 个字节。另外需要注意的是：通过二进制方式读取出来的结果必定也是二进制的数据类型，要正常输出的话，还需要通过 decode()方法将其转换成字符串格式。

文件中还有缓存的相关内容，读者可扫描二维码查看。

8.1.5 with…as

某些任务中可能事前需要进行一些设置，然后在事后进行清理工作。这种场景下，Python 提供了一个比较方便的处理方法，就是 with…as 语句。在文件处理中，使用 with…as 语句就比较方便，它可以获取一个文件句柄，用于从文件中读取数据，在 with…as 结束时关闭文件句柄。

假设要读取文件的所有内容，如果不使用 with…as 语句，则写成下面这样：

```
f = open('test.txt', 'r')
result = f.read()
print(result)
f.close()
```

这里就会出现几个问题。第一，程序员有些时候可能会忘记关闭文件句柄；第二，如果文件读取过程中发生了异常，则没有机会进行任何异常处理。

当然可以添加异常处理的代码，代码如下：

```
f = open('test.txt', 'r')
try:
    result = f.read()
    print(result)
except Exception:
```

```
    pass # 异常处理
finally:
    f.close()
```

但是这样代码量有点大，因此此时可以考虑使用 with...as，这样可以大大优化代码，参见例 8.15。

【例 8.15】使用 with...as 打开文件并读取文件内容，代码如下。

Example_ filebuffer\with1.py

```
with open('test.txt', 'r') as f: # 相当于 f = open('test.txt', 'r')
    result = f.read()
    print(result)
    # 在 with 语句结束的时候，程序会自动关闭文件
```

运行程序，输出结果如下：

```
Hello Python
This Chapter refer to file operation.
use open() function to open a file, return the file object.
use file object's close() method to close the file.
```

可见，与前面代码的运行效果是一致的。

8.2 序列化与反序列化

序列化是把对象的状态信息数据转换为可以存储或传输的形式的过程。序列化的时候，对象当前的状态信息数据会写入临时存储区。当需要提取数据的时候，可以进行反序列化操作，并重新构建对象。

在 Python 中，通过 pickle 模块可以实现基本的数据序列化和反序列化的操作。

要使用 pickle 模块，首先需要导入：

```
import pickle
```

pickle 模块中有如下主要的函数。

（1）dump()。

该函数用于把数据写入文件对象中。格式如下：

```
pickle.dump(obj, file [, protocol])
```

其中各参数解释如下。

● obj：要写入的数据。该数据可以是任意类型的对象。

● file：写入的文件名。

● protocol：协议。该参数一般不需要写。

（2）load()。

该函数用于从文件中读取 pickle 数据，并返回其中的对象。格式如下：

```
pickle.load(file)
```

其中 file 参数即为读取的文件。返回值为 pickle 数据。

【例 8.16】把数据通过序列化方式写入 pickle 文件对象中，代码如下。

Example_pickle\pickle1.py

```
import pickle

data = {
    'name':'zhangsan',
```

```
        'age':23,
        'height':172.3,
        'married':True,
        'family':['father', 'mother', 'sister']
}

with open('data.pkl', 'wb') as f:
    pickle.dump(data, f)
```

运行程序，此时会在当前目录下生成一个 data.pkl 二进制文件，该文件就是序列化后的结果。

然后，如果需要从文件中读取数据，可以进行反序列化的操作。

【例 8.17】从 pickle 文件对象中通过反序列化方式读取数据，代码如下。

Example_pickle\pickle2.py
```
import pickle

with open('data.pkl', 'rb') as f:
    data = pickle.load(f)
    print(data)
```

运行程序，输出结果如下：

```
{'name': 'zhangsan', 'age': 23, 'height': 172.3, 'married': True, 'family': ['father',
'mother', 'sister']}
```

可见，例 8.17 中的数据就原封不动地被提取出来了。

8.3　编码与解码

对很多人来说，编码是一件很麻烦的事。有时我们希望能够输出普通的汉字，可是结果却输出了一段类似于 "\xe4\xbd\xa0\xe5\xa5\xbd" 这样的乱码的字符串。下面简单介绍编码与解码的相关内容。

8.3.1　基本概念

编码是指信息从一种形式转换成另一种形式的过程。在编程中编码特指把数据转换成二进制格式，从而便于数据存储或在网络上传播。

在 Python 中可以通过字符串对象的 encode()方法进行编码，格式如下：

```
encode([encoding][, errors])
```

其中各参数解释如下。

- encoding：要使用的编码格式。默认是 utf-8。
- errors：设置不同的错误处理方案。默认是 strict，表示编码错误引起一个 UnicodeError。其他可能的值有 ignore、replace、xmlcharrefreplace、backslashreplace 等。

该方法的返回值为编码后的字符串。

通过字符串对象的 decode()方法进行解码，格式如下：

```
decode([encoding][, errors])
```

其中各参数解释如下。

- encoding：要使用的编码格式。默认是 utf-8。
- errors：设置不同的错误处理方案。默认是 strict，表示解码错误引起一个 UnicodeError。其他可能的值有 ignore、replace、xmlcharrefreplace、backslashreplace 等。

该方法的返回值为解码后的字符串。

下面介绍几种常见的编码。

8.3.2 常见的编码

1. ASCII 编码

在所有的编码字符集中，最出名的可能是 ASCII 的 8 位字符集。ASCII（American Standard Code for Information Interchange）指美国标准信息交换代码。ASCII 使用指定的 7 位或 8 位二进制数组合表示 128 或 256 种可能的字符。

其中，标准 ASCII 使用 7 位二进制数，由 128 个字符组成，包括大小写字母、数字、标点符号、非输出字符、控制字符等，如表 8.3 所示。

表 8.3 标准 ASCII 编码

$b_4b_3b_2b_1$	$b_7b_6b_5$							
	000(0)	001(1)	010(2)	011(3)	100(4)	101(5)	110(6)	111(7)
0000(0)	NUL	DLE	SP	0	@	P	`	p
0001(1)	SOH	DC1	!	1	A	Q	a	q
0010(2)	STX	DC2	"	2	B	R	b	r
0011(3)	ETX	DC3	#	3	C	S	c	s
0100(4)	EOT	DE4	$	4	D	T	d	t
0101(5)	ENQ	NAK	%	5	E	U	e	u
0110(6)	ACK	SYN	&	6	F	V	f	v
0111(7)	BEL	ETB	'	7	G	W	g	w
1000(8)	BS	CAN	(	8	H	X	h	x
1001(9)	HT	EM	)	9	I	Y	i	y
1010(A)	LF	SUB	*	:	J	Z	j	z
1011(B)	VT	ESC	+	;	K	[	k	{
1100(C)	FF	FS	,	<	L	\	l	|
1101(D)	CR	GS	-	=	M	]	m	}
1110(E)	SO	RS	.	>	M	^	n	~
1111(F)	SI	US	/	?	O	_	o	DEL

在标准的 ASCII 编码中，各字符的意义如下。

（1）0～31 及 127（共 33 个）是控制字符或通信专用字符，并没有特定的图形显示。

（2）32～126 是字符，包括以下几部分。

① 48～57：阿拉伯数字 0～9。

② 65～90：大写英文字母 A～Z。

③ 97～122：小写英文字母 a～z。

④ 其他：标点符号、数学运算符等。

在小型计算机开发的初期，严格规定一个字节的长度是 8 位。由于 8 位最多可以表示 256 个数值，因此如果要使用一个字节来保存 ASCII 字元，则需要在 ASCII 标准编码的基础上再添加 128 个附加的字元来补充，这就是扩展的 ASCII。

英语中的基本符号在标准 ASCII 中都有包含，但是对于其他国家的语言，128 个字符是不够的。

例如法语中字母上方有注音符号（如“ê”），这些符号无法用 ASCII 表示，于是一些欧洲的国家就使用了扩展 ASCII 以编入这些符号。

2．GBK 编码

GB 就是指“国标”，是“国家标准”的简称。所有的国标码汉字和符号排列成一个 94×94 的方阵。方阵中每一行称为一个“区”，每个区有 94 个“位”。一个汉字在方阵中的坐标称为该字的区位码。例如“中”字在方阵中处于第 54 行第 48 位，所以它的区位码为 5448。

GB 编码标准中，较常用的是 GB 2312 和 GBK 两种。其中 GB 2312 是 GBK 的一个子集。这里只讨论 GBK 编码。

GBK 是 GB 码的扩展字符编码，对两万多个简繁体汉字进行了编码。微软自从 Windows 95 简体中文版开始，操作系统都采用了 GBK 编码。在网络上，很多网站也使用 GBK 编码。

GBK 采用双字节表示，编码范围为 0x8140 ~ 0xFEFE，并规定首字节在 81 ~ FE，尾字节在 40 ~ FE，并提出尾字节为 7F 相关的值。GBK 编码总共 23 940 个码位，共有 21 886 个汉字和图形符号，其中汉字 21 003 个，图形符号 883 个。

例如，汉字“你”对应的 GBK 编码为 C4E3，汉字“好”对应的 GBK 编码为 BAC3。

【例 8.18】使用 GBK 格式进行编码和解码，代码如下。

```
Example_encoding\encoding1.py
str1 = '你好'
str2 = str1.encode('gbk') # 使用 GBK 进行编码
print(str2)

str3 = b'\xc4\xe3\xba\xc3'
str4 = str3.decode('gbk') # 使用 GBK 进行解码
print(str4)
```

运行程序，输出结果如下：

```
b'\xc4\xe3\xba\xc3'
你好
```

可以看到，汉字“你好”的 GBK 编码为：C4 E3 BA C3。

3. UTF–8 编码

UTF-8（8-bit Unicode Transformation Format）指 8 位的 Unicode 长度字符编码，可用来表示 Unicode 标准中的任何字符。且 UTF-8 编码中的第一个字节与 ASCII 相容，使 ASCII 字符无须更改即可继续使用。因此，UTF-8 编码逐渐成为电子邮件、网页网站及其他存储或传输文字的应用中优先使用的编码。

例如，汉字“你”对应的 UTF-8 编码为 E4BDA0，汉字“好”对应的 UTF-8 编码为 E5A5BD。

【例 8.19】使用 UTF-8 格式进行编码和解码，代码如下。

```
Example_encoding\encoding1.py
str1 = '你好'
str2 = str1.encode('utf-8') # 使用 UTF-8 进行编码
print(str2)

str3 = b'\xe4\xbd\xa0\xe5\xa5\xbd'
str4 = str3.decode('utf-8') # 使用 UTF-8 进行解码
```

```
print(str4)

str3 = b'\xe4\xbd\xa0\xe5\xa5\xbd'
with open('encode.txt', 'w', encoding='utf-8') as f:
    f.write(str3.decode('utf-8'))
```

运行程序，输出结果如下：

```
b'\xe4\xbd\xa0\xe5\xa5\xbd'
你好
```

可以看到，汉字"你好"的 UTF-8 编码为：E4 BD A0 E5 A5 BD。

另外，程序运行后还生成了文件 encode.txt，文件中的内容为"你好"。

4. URL 编码

URL（Uniform Resource Locator，统一资源定位符）编码是浏览器用来打包表单输入数据的格式。当通过前端页面的表单提交数据的时候，浏览器会从表单中获取所有的 name 和对应的值，并以键值对的方式进行编码，然后将其作为 URL 的一部分或者放到请求体中发送给服务器。该编码中每对 name/value 都需要通过"&"符号隔开。URL 编码的格式例子如下：

```
name=zhangsan&age=23&height=172.3
```

这个 URL 编码中存在 3 个键值对，分别如下。

- name 为姓名属性，值为 zhangsan。
- age 为年龄属性，值为 23。
- height 为身高属性，值为 172.3。

另外，如果在编码的过程中出现了特殊字符（例如中文文字），将使用百分符号"%"和十六进制进行编码。例如汉字"你"对应的编码为 E4 BD A0，则 URL 编码的结果为%e4%bd%a0；汉字"好"对应的编码为 E5 A5 BD，则 URL 编码的结果为%e5%a5%bd。

举个例子，我们访问某个网址时需要添加写上参数，如在 URL 地址栏输入 http://www.name.com/name=xxx。其中 name 参数对应的值为用户输入的姓名，该参数必须以 URL 编码的形式展示，则可以通过如下例子生成要访问的 URL 地址。参考例 8.20。

【例 8.20】通过 URL 编码生成链接，代码如下。

Example_encoding\encoding3.py

```
from urllib import parse

name = input('请输入用户名：')
key = parse.urlencode({'name': name})
url = 'https://www.name.com/' + key
print(url)
```

运行程序，输出结果如下：

```
请输入用户名：张三
https://www.name.com/name=%E5%BC%A0%E4%B8%89
```

其中，parse 包中 urlencode()函数的作用就是把键值对打包成 URL 编码格式字符串。

习题

一、选择题

1. 下列方法中，用于向文件中写入内容的是（   ）。

    A. open()   B. write()   C. close()   D. read()

2. 打开一个已有文件，然后在文件末尾添加信息，正确的打开模式为（   ）。

    A. 'r'   B. 'w'   C. 'a'   D. 'a+'

3. 下列关于文件的叙述中，错误的是（   ）。

    A. 使用 append()方法打开文件时，文件指针被定位于文件尾

    B. 当用 Input()函数打开文件时，如果文件不存在，则建立一个新文件

    C. 随机文件打开后，既可以进行读操作，也可以进行写操作

    D. 顺序文件各记录的长度可以不同

4. 假设以 a 模式打开一个已存在的文件，则下列叙述正确的是（   ）。

    A. 文件打开时，原有文件内容不被删除，只能进行读操作

    B. 文件打开时，原有文件内容被删除，只能进行写操作

    C. 文件打开时，原有文件内容被删除，不能进行写操作

    D. 文件打开时，原有文件内容不被删除，位置指针移到文件末，可以进行添加或读操作

5. 假设 f 是文本文件对象，则读取文件中一行内容的代码是（   ）。

    A. f.read()   B. f.readline(10)

    C. f.readlines()   D. f.readline()

二、填空题

1. 在 Python 中，通过_____函数可以打开文件。

2. ASCII 使用_____位二进制数，由_____个字符组成。

3. 在 Python 中通过文件对象的_____方法，可以得知文件当前的读写位置。

三、编程题

1. 读取一个文件，显示除了以"#"开头的行以外的所有行数据。假设文件中的内容如下所示，则执行后只能输出"python"和"hello"。

```
#123
#abc
python
hello
```

2. 假设有一个英文文本文件，编写程序以读取内容，并将其中的大写字母转为小写字母，小写字母转为大写字母。假设文件中的内容为"Hello"，则执行后变为"hELLO"。

第9章　正则表达式

学习目标

- 理解正则表达式的概念。
- 熟悉常用的正则表达式模式。
- 掌握常用正则函数的使用方式。
- 了解贪婪模式与非贪婪模式的区别。
- 掌握如何把正则表达式应用到具体的场景中。

正则表达式常用于字符串的检索和替换。在代码中合理地使用正则表达式，能极大地提高编程的效率。

正则表达式中，可以使用各种各样的符号来表示一个或多个特殊或指定的字符，并把它们应用到各自具体的场合下。

本章将介绍正则表达式的相关知识。

9.1　正则表达式概述

正则表达式（Regular Expression）是对字符串进行操作的一种逻辑公式。它可以用事先定义好的一些特殊字符和字符的组合，组成一个规则的字符串，用来表达字符串的一种过滤的逻辑。

一般来说，正则表达式有如下作用。

- 测试给定的字符串是否符合和匹配制定的规则。
- 从整个字符串中提取想要的特定部分。

正则表达式使用起来比较灵活，而且有很强的逻辑性。它可以用最简单的方式对字符串进行控制。当然，对初学者来说，一些正则表达式格式不是马上就能够看懂的，需要一定的经验积累。

在 Python 中，如果要使用正则表达式，需要导入 re 模块：

```
import re
```

表 9.1 列出了正则表达式模式中的特殊元素。

表 9.1　正则表达式模式中的特殊元素

模　　式	描　　述
^	匹配字符串开头
$	匹配字符串结尾
?	前面的表达式匹配 0 个或 1 个

续表

模　式	描　　述
+	前面的表达式匹配 1 个到多个
*	前面的表达式匹配 0 个到多个
{n}	前面的表达式匹配 n 次
{m,n}	前面的表达式匹配 m 次到 n 次
{m,}	前面的表达式至少匹配 m 次
a|b	匹配 a 或 b
[abc]	匹配其中任意一个字符，[abc]匹配'a'、'b'或'c'
[a-d]	匹配范围中所有字符的任意一个，[a-d]匹配'a'、'b'、'c'或'd'
[^abc]	匹配不在[]中的字符。[^abc]匹配除'a'、'b'和'c'外的字符
.	匹配除换行符外的任意字符。如果使用了 re.S，则匹配包括换行符的任意字符
\w	匹配数字、字母、下画线，即[0-9A-Za-z_]
\W	匹配除数字、字母、下画线外的其他字符，即[^0-9A-Za-z_]
\s	匹配任意空白字符，即[\t\n\r\f]
\S	匹配任意非空白字符，即[^\t\n\r\f]
\d	匹配任意数字，即[0-9]
\D	匹配任意非数字，即[^0-9]
\+、\$、\^、\?、*、\.	转义字符。分别匹配'+'、'\$'、'^'、'?'、'*'和'.'字符
\1、\2、…、\9	匹配第 n 个分组的内容

熟悉表 9.1 中的内容，可以极大提升使用正则表达式编程的效率。

9.2　常用正则函数

在 Python 中，使用 match()或 search()函数，可以使用正则模板对字符串进行匹配。匹配上的子串可以通过 group()函数提出来。还可以使用 sub()函数通过正则表达式进行字符串的替换。

9.2.1　match()函数

match()函数格式如下：

```
match(pattern, string[, flags])
```

其中各参数解释如下。

- pattern：正则表达式模板。
- string：待匹配的字符串。
- flags：匹配的规则。

【例 9.1】使用 match()函数匹配字符串开头的内容，代码如下。

Example_refun\match1.py

```
import re

str = 'helloworld' # 待匹配的字符串
pattern = 'he' # 匹配的模板
result = re.match(pattern, str)
print(result)
```

```
print(result.span())
```
运行程序，输出结果如下：
```
<re.Match object; span=(0, 2), match='he'>
(0, 2)
```
因为字符串 str 是以"he"子串开头的，所以能成功匹配上。注意匹配的结果是(0,2)，表示从索引 0 开始，到索引 2 结束，包含开始的位置，不包含结束的位置。

注意：match()函数只能从字符串开始的位置进行匹配，如果待匹配的模板出现在字符串的中间，则 match()函数不能匹配。

【例 9.2】使用 match()函数匹配字符串中间的内容，代码如下。

Example_refun\match2.py
```
import re

str = 'helloworld' # 待匹配的字符串
pattern = 'wor' # 匹配的模板
result = re.match(pattern, str)
print(result)
```
运行程序，输出结果如下：
```
None
```
因为字符串 str 不是以"wor"子串开头的，所以无法匹配（尽管字符串中间出现了"wor"子串），match()函数返回 None。

9.2.2　search()函数

search()函数格式如下：
```
search(pattern, string[, flags])
```
其中各参数解释如下。
- pattern：正则表达式模板。
- string：待匹配的字符串。
- flags：匹配的规则。

search()函数的使用方法与 match()函数基本一样。不同之处在于，search()函数匹配的模板不限定于只出现在字符串头，在字符串中间的内容也能进行匹配。

【例 9.3】使用 search()函数匹配字符串开头的内容，代码如下。

Example_refun\search1.py
```
import re

str = 'helloworld' # 待匹配的字符串
pattern = 'he' # 匹配的模板
result = re.search(pattern, str)
print(result)
print(result.span())
```
运行程序，输出结果如下：
```
<re.Match object; span=(0, 2), match='he'>
(0, 2)
```
因为字符串 str 中包含"he"子串，所以能成功匹配。

【例 9.4】使用 search()函数匹配字符串中间的内容，代码如下。

Example_refun\search2.py
```
import re

str = 'helloworld' # 待匹配的字符串
pattern = 'wor' # 匹配的模板
result = re.search(pattern, str)
print(result)
print(result.span())
```
运行程序，输出结果如下：
```
<re.Match object; span=(5, 8), match='wor'>
(5, 8)
```
同样因为字符串 str 中包含"wor"子串，所以能成功匹配上，并且不需要理会该子串是否出现在字符串 str 的开头。

另外，match()和 search()函数都可以添加第三个参数 flag，表示搜索的规则，flag 可以有如下值。

- re.I：忽略大小写。
- re.M：多行匹配。
- re.S：使圆点"."匹配包含换行符在内的所有字符。

【例 9.5】使用 search()函数的第三个参数 flag，忽略大小写，代码如下。

Example_refun\search3.py
```
import re

str = 'HelloWorld' # 待匹配的字符串
pattern = 'wor' # 匹配的模板
result = re.search(pattern, str, re.I) # 忽略大小写
print(result)
print(result.span())
```
运行程序，输出结果如下：
```
<re.Match object; span=(5, 8), match='Wor'>
(5, 8)
```
因为 search()的第三个参数使用了 re.I，表示忽略大小写，所以"wor"子串可以匹配 str 中的"Wor"内容。

9.2.3 group()函数

通过 match()或 search()函数匹配上以后，如果想要获取具体匹配的内容，可以使用 group()函数。该函数格式如下：
```
group([num])
```
其中，num 参数表示匹配的第几个分组，如果不传递该参数，则默认为 0。所谓的分组，就是在正则模板中用圆括号括起来的子串。另外，如果 num=0，则返回匹配的整个表达式。

【例 9.6】使用 group()函数获取具体匹配的内容，代码如下。

Example_refun\group1.py
```
import re

str = 'hello,world' # 待匹配的字符串
```

```
pattern = '(.*),(.*)' # 匹配的模板
result = re.search(pattern, str)
if result != None:
    print('匹配成功。匹配的内容是: ', result.group(0))
    try:
        num = 1
        while True:
            # 逐个提取匹配的内容
            ret = result.group(num)
            print('匹配的第%d 个分组是: %s' % (num, ret))
            num += 1
    except Exception:
        pass
```

运行程序，输出结果如下：

匹配成功。匹配的内容是: hello,world

匹配的第 1 个分组是: hello

匹配的第 2 个分组是: world

可以看到，在匹配的模板中出现了两个圆括号，如果能对字符串进行匹配，则可以匹配到两个分组。分别通过 result.group(1)和 result.group(2)可以获取到分组的内容。

9.2.4　sub()函数

sub()函数用于替换字符串中匹配的项，格式如下：

```
sub(pattern, repl, string[, count])
```

其中各参数解释如下。

- pattern：正则表达式模板。
- repl：替换的字符串。
- string：搜索的字符串。
- count：匹配多少次。默认为 0，表示全部匹配。

【例 9.7】使用 sub()函数对匹配的内容进行替换，代码如下。

Example_refun\sub1.py

```
import re

phone = '123-4567-8901'
result = re.sub('-', '', phone)
print(result)
```

运行程序，输出结果如下：

```
12345678901
```

该程序相当于把手机号码中的符号"-"去掉。

另外，repl 参数可以作为一个函数，参见例 9.8。

【例 9.8】sub()函数的应用。

Example_refun\sub2.py

```
import re

str = '0x2b4c8acf'
# 小写转大写的函数
```

```
def upper(matchered):
    low = matchered.group()
    upper = chr(ord(low) - 32)
    return upper

# 把 upper() 函数作为参数传递到 sub() 的第二个参数中
result = re.sub('[a-f]', upper, str)
print(result)
```

运行程序，输出结果如下：

```
0x2B4C8ACF
```

该程序可以把输入字符串中的小写字母变成大写字母。

9.3 贪婪模式与非贪婪模式

正则表达式对字符串进行匹配的时候，分为贪婪模式和非贪婪模式，默认情况下是贪婪模式。

正则表达式一般趋向于匹配最大长度，也就是说总是尝试匹配尽可能多的字符，这就是所谓的贪婪模式。

【例 9.9】使用贪婪模式对字符串进行匹配，代码如下。

Example_greed\greed1.py

```
import re

str = 'abcabc' # 待匹配的字符串
pattern = 'a.*c' # 匹配的模板，默认为贪婪模式
result = re.match(pattern, str)
print(result)
print(result.span())
```

运行程序，输出结果如下：

```
<re.Match object; span=(0, 6), match='abcabc'>
(0, 6)
```

该例中，使用模式 "a.*c" 匹配字符串，结果匹配到 abcabc，因为当匹配遇到第一个 c 的时候，继续向后找，直到找到最后一个 c。此时字符 "bcab" 就作为 ".*" 的匹配结果。

若要使用非贪婪模式，则需在量词后面加一个问号（?）。常见的量词包括以下几种。

- *：匹配 0 个到多个。
- +：匹配 1 个到多个。
- ?：匹配 0 个或 1 个。
- {m,n}：匹配 m 个到 n 个。

在例 9.9 的正则模式中，在 ".*" 后面添加一个 "?"，即非贪婪模式，参见例 9.10。

【例 9.10】使用非贪婪模式对字符串进行匹配，代码如下。

Example_greed\greed2.py

```
import re

str = 'abcabc' # 待匹配的字符串
pattern = 'a.*?c' # 匹配的模板，?表示非贪婪模式
result = re.match(pattern, str)
```

```
print(result)
print(result.span())
```

运行程序，输出结果如下：

```
<re.Match object; span=(0, 3), match='abc'>
(0, 3)
```

该例子中，使用模式"a.*?c"匹配字符串，结果匹配到 abc，因为匹配时遇到第一个 c 的话，就停止查找，此时字符"b"就作为".*"的匹配结果。

9.4　正则表达式常见应用

9.4.1　匹配邮政编码

邮政编码一般是 6 个数字，这里假设第一个数不为 0，参见例 9.11。

【例 9.11】使用正则表达式匹配邮政编码格式，代码如下。

Example_reapp\app1.py

```
import re

# 匹配邮政编码
# 6 位数字，首位不能为 0
def re_test1(str):
    # 模板中：
    # 第一位可以为数字 1~9(不能为 0)
    # 第二至第六位可以为数字 0~9
    # 如果匹配上，返回 True，否则返回 False
    pattern = '^[1-9]\d{5}$'
    if re.search(pattern, str):
        return True
    return False

print('字符串%s 匹配邮政编码的结果为%s' % ('123456', re_test1('123456')))
print('字符串%s 匹配邮政编码的结果为%s' % ('666666', re_test1('666666')))
print('字符串%s 匹配邮政编码的结果为%s' % ('12345', re_test1('12345')))
print('字符串%s 匹配邮政编码的结果为%s' % ('1234567', re_test1('1234567')))
print('字符串%s 匹配邮政编码的结果为%s' % ('012345', re_test1('012345')))
print('字符串%s 匹配邮政编码的结果为%s' % ('123a45', re_test1('123a45')))
print('字符串%s 匹配邮政编码的结果为%s' % ('123_45', re_test1('123_45')))
print('字符串%s 匹配邮政编码的结果为%s' % ('123456c', re_test1('123456c')))
```

运行程序，输出结果如下：

字符串 123456 匹配邮政编码的结果为 True
字符串 666666 匹配邮政编码的结果为 True
字符串 12345 匹配邮政编码的结果为 False
字符串 1234567 匹配邮政编码的结果为 False
字符串 012345 匹配邮政编码的结果为 False
字符串 123a45 匹配邮政编码的结果为 False

字符串 123_45 匹配邮政编码的结果为 False

字符串 123456c 匹配邮政编码的结果为 False

其中，re_test1()函数可以判断输入的字符串是否为邮政编码格式，如果是邮政编码格式则返回 True，否则返回 False。

9.4.2　匹配年龄

这里假设年龄的取值范围为 0~120 的整数，参见例 9.12。

【**例 9.12**】使用正则表达式匹配 0~120 的整数，代码如下。

Example_reapp\app2.py

```python
import re

# 匹配年龄 0~120
def re_test2(str):
    # 如果匹配上，返回 True；匹配失败，返回 None
    # 情况 1：一位数。\d
    # 情况 2：二位数。[1-9]\d
    # 情况 3：三位数。100-119。1[01][0-9]
    # 情况 4：三位数。120
    pattern = '^(\d|[1-9]\d|1[01]\d|120)$'
    result = re.search(pattern, str)
    if result:
        return int(result.group(1))
    return False


print('字符串%s 匹配 0-120 年龄值的结果为%s' % ('0', re_test3('0')))
print('字符串%s 匹配 0-120 年龄值的结果为%s' % ('2', re_test3('2')))
print('字符串%s 匹配 0-120 年龄值的结果为%s' % ('13', re_test3('13')))
print('字符串%s 匹配 0-120 年龄值的结果为%s' % ('102', re_test3('102')))
print('字符串%s 匹配 0-120 年龄值的结果为%s' % ('120', re_test3('120')))
print('字符串%s 匹配 0-120 年龄值的结果为%s' % ('121', re_test3('121')))
print('字符串%s 匹配 0-120 年龄值的结果为%s' % ('130', re_test3('130')))
print('字符串%s 匹配 0-120 年龄值的结果为%s' % ('070', re_test3('070')))
print('字符串%s 匹配 0-120 年龄值的结果为%s' % ('1a', re_test3('1a')))
```

运行程序，输出结果如下：

字符串 0 匹配 0-120 年龄值的结果为 0

字符串 2 匹配 0-120 年龄值的结果为 2

字符串 13 匹配 0-120 年龄值的结果为 13

字符串 102 匹配 0-120 年龄值的结果为 102

字符串 120 匹配 0-120 年龄值的结果为 120

字符串 121 匹配 0-120 年龄值的结果为 False

字符串 130 匹配 0-120 年龄值的结果为 False

字符串 070 匹配 0-120 年龄值的结果为 False

字符串 1a 匹配 0-120 年龄值的结果为 False

其中，re_test2()函数可以判断输入的字符串是否为 0~120 的整数，如果是则返回 True，否则返回 False。

9.4.3 匹配 IP 地址

IP 地址格式为 x.x.x.x，通过圆点分隔 4 个整数，每个整数的取值范围为 0~255，参见例 9.13。

【例 9.13】使用正则表达式匹配 IP 地址，代码如下。

Example_reapp\app3.py

```python
import re

# 匹配 IP 地址 xxx.xxx.xxx.xxx，每个字段的值都是 0~255
def re_test3(str):
    # 如果匹配上，返回 True；匹配失败，返回 None
    # 情况 1：一位数。\d
    # 情况 2：二位数。[1-9]\d
    # 情况 3：三位数，以 1 开头。100~199。1\d\d
    # 情况 4：三位数，以 2 开头，第二位是 0~4。200~249。2[0-4]\d
    # 情况 5：三位数，以 2 开头，第二位是 5，第三位是 0~5。250~255。25[0-5]
    pattern = '^(\d|[1-9]\d|1\d\d|2[0-4]\d|25[0-5])\.(\d|[1-9]\d|1\d\d|2[0-4]\d|25[0-5])\.(\d|[1-9]\d|1\d\d|2[0-4]\d|25[0-5])\.(\d|[1-9]\d|1\d\d|2[0-4]\d|25[0-5])$'
    result = re.search(pattern, str)
    if result:
        return str
    return False

print('字符串%s 匹配 IP 地址的结果为%s' % ('0.0.0.0', re_test4('0.0.0.0')))
print('字符串%s 匹配 IP 地址的结果为%s' % ('2.0.0.0', re_test4('2.0.0.0')))
print('字符串%s 匹配 IP 地址的结果为%s' % ('13.0.0.0', re_test4('13.0.0.0')))
print('字符串%s 匹配 IP 地址的结果为%s' % ('102.0.0.0', re_test4('102.0.0.0')))
print('字符串%s 匹配 IP 地址的结果为%s' % ('203.0.0.0', re_test4('203.0.0.0')))
print('字符串%s 匹配 IP 地址的结果为%s' % ('247.0.0.0', re_test4('247.0.0.0')))
print('字符串%s 匹配 IP 地址的结果为%s' % ('255.0.0.0', re_test4('255.0.0.0')))
print('字符串%s 匹配 IP 地址的结果为%s' % ('256.0.0.0', re_test4('256.0.0.0')))
print('字符串%s 匹配 IP 地址的结果为%s' % ('312.0.0.0', re_test4('312.0.0.0')))
print('字符串%s 匹配 IP 地址的结果为%s' % ('070.0.0.0', re_test4('070.0.0.0')))
print('字符串%s 匹配 IP 地址的结果为%s' % ('1001.0.0.0', re_test4('1001.0.0.0')))
print('字符串%s 匹配 IP 地址的结果为%s' % ('2b.0.0.0', re_test4('2b.0.0.0')))
```

运行程序，输出结果如下：

```
字符串 0.0.0.0 匹配 IP 地址的结果为 0.0.0.0
字符串 2.0.0.0 匹配 IP 地址的结果为 2.0.0.0
字符串 13.0.0.0 匹配 IP 地址的结果为 13.0.0.0
字符串 102.0.0.0 匹配 IP 地址的结果为 102.0.0.0
字符串 203.0.0.0 匹配 IP 地址的结果为 203.0.0.0
字符串 247.0.0.0 匹配 IP 地址的结果为 247.0.0.0
字符串 255.0.0.0 匹配 IP 地址的结果为 255.0.0.0
字符串 256.0.0.0 匹配 IP 地址的结果为 False
字符串 312.0.0.0 匹配 IP 地址的结果为 False
字符串 070.0.0.0 匹配 IP 地址的结果为 False
字符串 1001.0.0.0 匹配 IP 地址的结果为 False
字符串 2b.0.0.0 匹配 IP 地址的结果为 False
```

其中，re_test3()函数可以判断输入的字符串是否为 IP 地址格式，如果是则返回 True，否则返回 False。

习题

一、选择题

1. 正则表达式中，可以表示 0 个或者 1 个的是（　　）。

    A. "+"　　　　　　　B. "."　　　　　　　C. "^"　　　　　　　D. "?"

2. 下面程序输出的结果是（　　）。

```
import re

str = "2020Python"
result = re.search('.[0-9]*', str)
res = result.group()
print(res)
```

    A. 2020　　　　　　　B. 2020Python　　　　C. 2　　　　　　　D. 20

3. 能够完全匹配字符串 "(020)-19950801" 和字符串 "02019950801" 的正则表达式是（　　）。

    A. "[0-9( )-]+"　　　B. "[0-9( )-]"　　　C. "[0-9( )-]?"　　　D. ".[0-9( )-]"

二、填空题

1. 下面程序输出的结果是＿＿＿＿＿。

```
import re

str = '2hello2python6'
sum = 0
sum1 = re.findall(r'\d+\.\d+|\d+', str)
for item in sum1:
    sum += int(item)

print(sum)
```

2. 要使程序正常输出 "hello-python"，根据现有代码，将程序补充完整。

```
import re

str1 = "hello-python"
result1 = re.search('_____', str1)
res1 = result1.group()
print(res1)
```

3. 下列是匹配 QQ 号码的程序，规定 QQ 号码长度为 5～10 位，由纯数字组成，且不能以 0 开头。根据现有代码，将程序补充完整。

```
import re

str= "12345987"
ret = re.match('_____', str)
if ret != None:
    print(ret.group())
else:
    print('匹配失败!')
```

三、编程题

1. 编写正则表达式，匹配整数。注意：可以是负数和 0。

2. 编写正则表达式，匹配小数，要求小数点后最多有两位小数。

3. 编写正则表达式，判断字符串是否全部为小写。

pythonhello 全为小写!

pythonHello 不是全小写!

HelloPython 不是全小写!

4. 编写正则表达式,将输入的数字转换成大写的数字。

请输入数字:0123456789

零一二三四五六七八九

5. 编写一个简单的人机对话程序,要求如下。

(1)用户输入"你好",程序输出"你好"。

(2)用户输入"我想吃 xx",程序输出"今晚吃 xx"。这里要求能匹配任意字符串,例如用户输入"我想吃苹果",则程序输出"今晚吃苹果"。

(3)用户输入"1 加 2 等于几",程序输出"等于 3"。这里要求能完成简单的加法运算。

(4)用户输入其他内容,程序输出"这个我不会"。

请输入:你好

你好

请输入:我要吃西瓜

今晚吃西瓜

请输入:10 加 3 等于几

等于 13

请输入:来唱首歌

这个我不会

6. 根据下列网页信息,按要求匹配出内容。

```
data = """
<div>
  <p>岗位: </p>
  <p>Python 开发工程师</p>
  <p>技术要求: </p>
  <p>1.一年以上 Python 开发经验</p >
  <p>2.熟练掌握 Python 语言</p>
</div>
"""
```

要求匹配的结果如下:

岗位:

Python 开发工程师

技术要求:

1.一年以上 Python 开发经验

2.熟练掌握 Python 语言

7. 根据下列网址信息,按要求匹配出内容。

```
data = """
  http://www.zhangsan.com/good.asp?id=19
  http://www.lisi.com/good.asp?id=95
  http://www.wangwu.com/good.asp?id=08
  http://www.zhaoliu.com/good.asp?&id=01
"""
```

要求匹配的结果如下:

http://www.zhangsan.com/

http://www.lisi.com/

http://www.wangwu.com/

http://www.zhaoliu.com/

第四篇

数据结构与算法篇

10 第10章 数据结构

学习目标

- 熟悉栈与队列的区别。
- 掌握链表的概念，熟悉单向链表的常用操作，了解循环链表与双向链表。
- 了解树、堆、图等数据结构。

本章介绍如何用 Python 来实现一些常用的数据结构。数据结构是计算机存储和组织数据的方式，也是指数据相互间存在一种或多种关系的数据元素的集合。通常情况下，使用精选的数据结构可以带来更高的运行和存储的效率。

本章主要介绍 Python 语言中的数据结构，包括数组、栈、队列、链表、树、堆、散列表、图等，会对每种数据结构的存储方式进行详细的介绍。学完本章后，读者要能够准确地认识各种数据结构的内在结构和存储方式。如果是初学者，可以结合图形进一步认识各个数据结构的内在结构和存储方式等。

10.1 数组

数组（Array）是在内存中连续存储多个元素的结构，其中元素在内存中的地址是连续的。数组中的元素可以通过数组索引（下标）进行访问，索引从 0 开始。

（1）数组的优点如下。

① 按索引查找元素的速度较快。

② 按索引遍历元素比较方便。

（2）数组的缺点如下。

① 数组大小固定后一般无法扩大容量。如果一定要扩容，需要把原数组迁移到一个更大的数组上，这样效率很低。

② 数组只能固定存储一种类型的数据。

③ 在数组中进行添加或删除操作的速度比较慢。

注意，Python 中没有内置对数组的支持，一般可以使用列表代替数组。

10.2 栈

栈（Stack）又称为堆栈，是一种运算受到限制的线性表。它规定只能在表尾进行插入和删除操作。进行插入和删除操作的这一端称为栈顶，另一端称为栈底。向栈中插入元素的操作称为进栈、入栈或压栈，该操作是把新元素放到栈顶元素的上面，使它成为新的栈顶元素；从栈中删除元素的操作称为出栈或退栈，该操作是把栈顶元素删除，使它下面的元素成为新的栈顶元素。

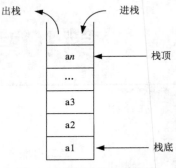

图 10.1 栈的形态与基本操作

图 10.1 描述了栈的形态与基本操作。

看如下例子，假设有一个长度为 4 的栈，初始化的时候，top 指向栈顶，即 top=0，如图 10.2 所示。

然后向栈中压入一个元素 28，top 后移，此时 top=1，如图 10.3 所示。

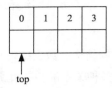

图 10.2 初始化后栈的形态

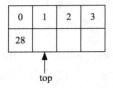

图 10.3 压入一个元素后栈的形态

继续向栈中压入两个元素 36 和 43，top 连续后移，此时 top=3，如图 10.4 所示。

然后从栈中弹出一个元素 43，top 前移，此时 top=2，如图 10.5 所示。

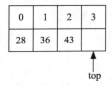

图 10.4 再次压入两个元素后栈的形态

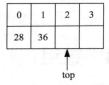

图 10.5 弹出一个元素后栈的形态

栈的常用操作如表 10.1 所示。

表 10.1 栈的常用操作

栈操作	解　释	栈操作	解　释
isEmpty()	判断栈是否为空	push(item)	往栈顶压入元素
length()	求栈长度	pop()	获取栈顶的元素
travel()	遍历栈的所有元素		

栈的实现代码可参见例 10.1。

【例 10.1】实现栈的数据结构，代码如下。

Example_stack\stack1.py

```
class Stack(object):
    '''栈'''
    def __init__(self):
        '''初始化栈'''
        self.data = []

    def push(self, item):
        '''往栈顶压入元素'''
        self.data.append(item)
```

```
    def pop(self):
        '''获取栈顶的元素'''
        if self.isEmpty():
            raise Exception('栈为空')

        return self.data.pop()

    def travel(self):
        '''遍历栈中的所有元素'''
        for value in self.data:
            print(value, end = ' ')
        print()

    def isEmpty(self):
        '''判断栈是否为空'''
        return len(self.data) == 0

    def length(self):
        '''求栈的长度'''
        return len(self.data)
```

测试代码如下:

```
if __name__ == '__main__':
    stack = Stack()
    print('栈是否为空: ', stack.isEmpty())
    print('栈长度为: ', stack.length())
    print('-------------------')
    stack.push(28)
    print('插入 1 个元素')
    print('栈是否为空: ', stack.isEmpty())
    print('栈长度为: ', stack.length())
    stack.travel()
    print('-------------------')
    stack.push(36)
    stack.push(43)
    stack.push(52)
    stack.push(66)
    print('插入 4 个元素')
    print('栈长度为: ', stack.length())
    stack.travel()
    print('-------------------')
    ret = stack.pop()
    print('删除 1 个元素: ', ret)
    print('栈长度为: ', stack.length())
    stack.travel()
```

运行程序, 输出结果如下:

```
栈是否为空: True
栈长度为: 0
-------------------
```

```
插入 1 个元素
栈是否为空： False
栈长度为： 1
28
-------------------
插入 4 个元素
栈长度为： 5
28 36 43 52 66
-------------------
删除 1 个元素： 66
栈长度为： 4
28 36 43 52
```

该程序中，先往栈中插入 5 个元素，然后删除 1 个元素。注意删除的元素是栈顶的元素。

10.3 队列

队列（Queue）是一种特殊的线性表。它允许在表的前端，即队头（front），进行删除操作（称为出队列）；允许在表的后端，即队尾（rear），进行插入操作（称为入队列）。和栈一样，队列的操作也受到限制。

下面简单描述了队列的形态与基本操作，如图 10.6 所示。

看如下例子，假设有一个长度为 4 的队列，初始化的时候，front 和 rear 都指向队头，即 front=0、rear=0，如图 10.7 所示。

接下来依次往队列中插入 28、36、43 这 3 个元素，rear 依次后移，此时 front=0、rear=3，如图 10.8 所示。

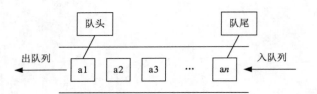

图 10.6 队列的形态与基本操作

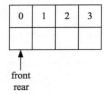

图 10.7 初始化后队列的形态

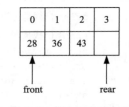

图 10.8 插入 3 个元素后队列的形态

接下来从队列中删除一个元素，按照队列的规则，删除 front 所指向的元素，front 后移，此时 front=1、rear=3，如图 10.9 所示。

接下来从队列中删除两个元素，依次从队头删除元素，front 后移，此时 front=3、rear=3，队列被清空，如图 10.10 所示。

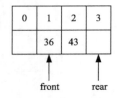

图 10.9 删除一个元素后队列的形态

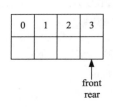

图 10.10 队列被清空后的形态

队列的常用操作如表 10.2 所示。

队列的实现代码可参见例 10.2。

【例 10.2】实现队列的数据结构，代码如下。

Example_queue\queue1.py

```python
class Queue(object):
    '''队列'''
    def __init__(self):
        '''初始化队列'''
        self.data = []
        self.front = 0
        self.rear = 0

    def enqueue(self, item):
        '''入队，往队尾添加元素'''
        self.data.append(item)

    def dequeue(self):
        '''出队，从队头删除元素
           返回被删除的元素
        '''
        if self.isEmpty():
            raise Exception('队列为空')

        return self.data.pop(0)

    def travel(self):
        '''遍历队列中的所有元素'''
        for value in self.data:
            print(value, end = ' ')
        print()

    def isEmpty(self):
        '''判断队列是否为空'''
        return len(self.data) == 0

    def length(self):
        '''求队列的长度'''
        return len(self.data)
```

测试代码如下：

```python
if __name__ == '__main__':
    queue = Queue()
    print('队列是否为空：', queue.isEmpty())
    print('队列长度为：', queue.length())
    print('------------------')
    queue.enqueue(28)
    queue.enqueue(36)
    queue.enqueue(43)
    print('插入 3 个元素')
    print('队列是否为空：', queue.isEmpty())
    print('队列长度为：', queue.length())
```

表 10.2　队列的常用操作

队列操作	解　　释
isEmpty()	判断队列是否为空
length()	求队列长度
travel()	遍历队列的所有元素
enqueue(item)	往队尾添加元素
dequeue()	从队头删除元素

```
            queue.travel()
            print('-------------------')
            ret = queue.dequeue()
            print('删除 1 个元素: ', ret)
            print('队列长度为: ', queue.length())
            queue.travel()
            print('-------------------')
            ret = queue.dequeue()
            print('删除 1 个元素: ', ret)
            ret = queue.dequeue()
            print('删除 1 个元素: ', ret)
            print('队列长度为: ', queue.length())
            queue.travel()
            print('-------------------')
            queue.enqueue(52)
            queue.enqueue(66)
            print('插入 2 个元素')
            print('队列是否为空: ', queue.isEmpty())
            print('队列长度为: ', queue.length())
            queue.travel()
```

运行程序，输出结果如下：

```
队列是否为空: True
队列长度为: 0
-------------------
插入 3 个元素
队列是否为空: False
队列长度为: 3
28 36 43
-------------------
删除 1 个元素: 28
队列长度为: 2
36 43
-------------------
删除 1 个元素: 36
删除 1 个元素: 43
队列长度为: 0
-------------------
插入 2 个元素
队列是否为空: False
队列长度为: 2
52 66
```

该程序中，先往队列中插入 3 个元素，然后删除 3 个元素，再插入 2 个元素。注意删除的元素是队头的元素。

上面程序中的队列有个缺陷，当插入了 3 个元素又删除了 3 个元素之后，rear 指向了 3。此时由于 rear 的值已经等于队列数组的长度，按照程序的判断，不能进行插入操作了，可事实上队头 3 个位置却是空的。这样前面已经插入过元素并删除了的空间却无法使用，造成了空间使用率低下。这时希望改进这个队列的实现方法，让被删除了元素的空间可以重新投入使用。

一般的做法是，无论是插入还是删除，一旦 rear 或 front 指针增加 1 的时候超出了所分配的队列空间，就让它指向这片连续空间的起始位置。就是说，如果原来的值是 size-1（例如长度为 4 的队列当值为 3 时），一旦 front 增加 1，则让 front 变为 0。rear 也一样，可以通过取余数的运算 front=(front+1)%size 或 rear=(rear+1)%size 来实现。这样实际上就是把该队列的空间作为一个环形空间，空间中的存储单元可以循环使用，用这种方法实现的队列就称为循环队列。在实际应用中，这样的循环队列会经常被使用。

还是前面的例子，这次使用循环队列来实现。假设有一个长度为 4 的循环队列，初始化的时候，front 和 rear 都指向队头，即 front=0、rear=0，如图 10.11 所示。

依次往队列中插入 28、36、43 这 3 个元素，rear 依次后移，此时 front=0、rear=3，如图 10.12 所示。

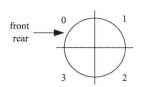

图 10.11　初始化后循环队列的形态

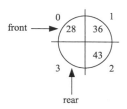

图 10.12　插入 3 个元素后循环队列的形态

然后从队列中删除一个元素，按照队列的规则，删除 front 所指向的元素，front 后移，此时 front=1、rear=3，如图 10.13 所示。

接下来从队列中删除两个元素，依次从队头删除元素，front 后移，此时 front=3、rear=3，队列被清空，如图 10.14 所示。

再次插入两个元素，rear 后移，由于超过了列表长度 size，因此 rear 回到 0，从头开始。此时 front=3、rear=1，如图 10.15 所示。

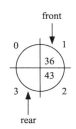

图 10.13　删除一个元素后
循环队列的形态

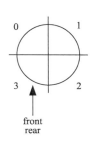

图 10.14　删除两个元素后
循环队列的形态

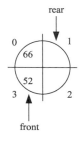

图 10.15　再次插入两个元素
后循环队列的形态

在编写具体的代码之前，还要思考一个问题：现在 rear 指向的位置是进行插入操作的位置；front 指向的位置是进行删除操作的位置。根据 rear 和 front 的值，如何判断队列什么时候为空？什么时候为满？

很显然一开始的时候队列为空，此时 rear=0、front=0。另外插入 1 个元素、删除 1 个元素的时候队列应该也为空，此时 rear=1、front=1。依此类推，可以确定当队列为空的时候，rear==front。

另外，当开始之后，连续插入 4 个元素，队列为满。可以发现依次插入 4 个元素之后，rear 依次变为 1、2、3、0，结果当队列为满的时候 rear=0、front=0。其他情况类似，因此当队列为满的时候，也有 rear==front。

换句话说，当 rear==front 的时候，无法分清队列究竟是空的还是满的，那怎么办？

为了区分这两种情况，可以规定长度为 size+1 的循环队列最多只能有 size 个元素。假如希望最多存放 4 个元素到队列中，此时就应该创建一个长度为 4+1=5 的队列。

这样，当循环队列中只剩下一个空的存储单元的时候，队列即为满。此时判断标准如下。

判断队列是否为空：当 rear==front 的时候队列为空。

判断队列是否为满：当 (rear+1)%(size+1)==front 的时候队列为满。

表 10.3 列出了循环队列中不同 front 和 rear 的值对应的队列长度，以及是否为空或满。

表 10.3　循环队列中不同 front 和 rear 的值对应的队列长度

front	rear				
	rear=0	rear=1	rear=2	rear=3	rear=4
front=0	length=0 空	length=1	length=2	length=3	length=4 满
front =1	length=4 满	length=0 空	length=1	length=2	length=3
front =2	length=3	length=4 满	length=0 空	length=1	length=2
front =3	length=2	length=3	length=4 满	length=0 空	length=1
front =4	length=1	length=2	length=3	length=4 满	length=0 空

循环队列实现代码可参见例 10.3。

【例 10.3】实现循环队列的数据结构，代码如下。

循环队列

Example_queue\queue2.py

```python
class CircularQueue(object):
    '''循环队列'''
    def __init__(self, size):
        '''初始化循环队列'''
        self.data = [None] * (size + 1)
        self.front = 0
        self.rear = 0

    def enqueue(self, item):
        '''入队，往队尾添加元素'''
        if(self.isFull()):
            raise Exception('队列满了')
        self.data[self.rear] = item
        self.rear = (self.rear + 1) % len(self.data)

    def dequeue(self):
        '''出队，从队头删除元素
        返回被删除的元素
        '''
        if self.isEmpty():
            raise Exception('队列为空')
        ret = self.data[self.front]
        self.data[self.front] = None
        self.front = (self.front + 1) % len(self.data)
        return ret

    def travel(self):
        '''遍历队列中的所有元素'''
        for value in self.data:
            print(value, end = ' ')
        print()

    def isEmpty(self):
```

```
        '''判断队列是否为空'''
        return self.front == self.rear

    def isFull(self):
        '''判断队列是否为满'''
        return (self.rear + 1) % len(self.data) == self.front

    def length(self):
        '''求队列的长度'''
        return (self.rear + len(self.data) - self.front) % len(self.data)
```

测试代码如下：

```
if __name__ == '__main__':
    queue = CircularQueue(4)
    print('队列是否为空：', queue.isEmpty())
    print('队列长度为：', queue.length())
    print('-------------------')
    queue.enqueue(28)
    queue.enqueue(36)
    queue.enqueue(43)
    print('插入 3 个元素')
    print('队列是否为空：', queue.isEmpty())
    print('队列长度为：', queue.length())
    queue.travel()
    print('-------------------')
    ret = queue.dequeue()
    print('删除 1 个元素：', ret)
    print('队列长度为：', queue.length())
    queue.travel()
    print('-------------------')
    ret = queue.dequeue()
    print('删除 1 个元素：', ret)
    ret = queue.dequeue()
    print('删除 1 个元素：', ret)
    print('队列长度为：', queue.length())
    queue.travel()
    print('-------------------')
    queue.enqueue(52)
    queue.enqueue(66)
    queue.enqueue(69)
    print('插入 3 个元素')
    print('队列是否为空：', queue.isEmpty())
    print('队列长度为：', queue.length())
    queue.travel()
```

运行程序，输出结果如下：

```
队列是否为空： True
队列长度为： 0
-------------------
插入 3 个元素
队列是否为空： False
队列长度为： 3
28 36 43 None None
-------------------
删除 1 个元素： 28
队列长度为： 2
None 36 43 None None
```

```
--------------------
删除 1 个元素： 36
删除 1 个元素： 43
队列长度为： 0
None None None None None
--------------------
插入 3 个元素
队列是否为空： False
队列长度为： 3
69 None None 52 66
```

该程序中，先往循环队列中插入 3 个元素，然后删除 3 个元素，再插入 3 个元素。注意，后面插入的 3 个元素的位置分别为 3、4、0。

10.4 链表

链表（Linked List）是一种常见的基础数据结构，也是一种线性表。它在每一个节点中都存放了下一个节点的位置信息。

单向链表

限于篇幅，本节只实现单向链表（Single Linked List），读者可参考单向链表的代码自行实现循环链表和双向链表。

在单向链表中，每个节点包含两个域，一个是信息域，另一个是链接域。链接域中的链接指向链表中的下一个节点，而最后一个节点的链接则指向空值，如图 10.16 所示。

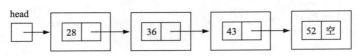

图 10.16　单向链表的形态

单向链表的常用操作如表 10.4 所示。

表 10.4　单向链表的常用操作

链表操作	解　释	链表操作	解　释
isEmpty()	判断链表是否为空	append(item)	在链表尾部添加节点
length()	求链表长度	insert(pos, item)	在链表指定位置添加节点
travel()	遍历整个链表	remove(item)	从链表中删除节点
add(item)	在链表头部添加节点	search(item)	在链表中查找节点是否存在

链表的实现代码可参见例 10.4。

【例 10.4】实现链表的数据结构，代码如下。

Example_linklist\linklist1.py
首先定义节点：
```python
class SingleNode(object):
    '''单向链表的节点'''
    def __init__(self, item):
        # item描述数据项
        self.item = item
```

```
        # next 描述指向下一个元素的指针
        self.next = None
```

定义单向链表的类：

```
class SingleLinkList(object):
    '''单向链表'''
    def __init__(self):
        '''初始化'''
        self.__head = None
```

在单向链表类中实现 isEmpty()、length()、travel()这 3 个方法：

```
    def isEmpty(self):
        '''判断链表是否为空'''
        return self.__head == None
    def length(self):
        '''求链表的长度'''
        cur = self.__head # 找一个变量进行遍历
        count = 0 # 计数

        while True:
            # 如果 cur 为空, 则表示到了链表尾部, 退出循环
            if cur == None:
                break
            # 如果 cur 非空, 则计数+1, cur 后移
            count += 1
            cur = cur.next

        return count
    def travel(self):
        '''遍历链表的所有节点'''
        cur = self.__head # 找一个变量进行遍历

        while True:
            # 如果 cur 为空, 则表示到了链表尾部, 退出循环
            if cur == None:
                break
            # 如果 cur 非空, 则输出当前节点的数据项, 然后 cur 后移
            print(cur.item, end=' ')
            cur = cur.next
        print()
```

如果想要通过 add()方法在单向链表头部插入节点，可以参考下面的思路，如图 10.17 所示。

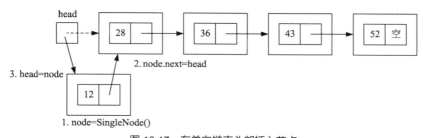

图 10.17　在单向链表头部插入节点

参考下面的代码：

```
    def add(self, item):
        '''往链表头部添加节点'''
```

```
# 1.创建一个节点
node = SingleNode(item)
# 2.新节点的 next 指向头指针
node.next = self.__head
# 3.头指针指向新节点
self.__head = node
```

如果想要通过 append()方法在单向链表尾部插入节点，可以参考下面的思路，如图 10.18 所示。

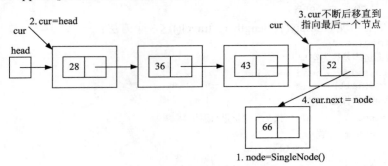

图 10.18   在单向链表尾部插入节点

参考下面的代码：

```
def append(self, item):
    '''往链表尾部添加节点'''
    # 1.创建一个节点
    node = SingleNode(item)
    # 如果链表为空，直接在头部添加
    if self.__head == None:
        self.__head = node
        return
    # 2.定义 cur 变量指向头指针
    cur = self.__head
    # 3.遍历 cur，直到指向尾部
    while True:
        if cur.next == None:
            break
        cur = cur.next
    # 4.cur 的下一个指向 node
    cur.next = node
```

如果想要通过 insert()方法在单向链表中间插入节点，可以参考下面的思路，如图 10.19 所示。

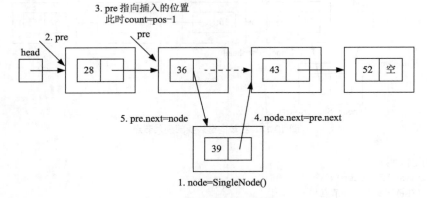

图 10.19   在单向链表中间插入节点

参考下面的代码:

```
def insert(self, pos, item):
    '''在链表中间插入节点'''
    # 如果指定的位置小于等于 0，则在开始插入
    if pos <= 0:
        self.add(item)
        return
    # 如果指定的位置大于等于长度，则在最后插入
    if pos >= self.length():
        self.append(item)
        return
    # 1.创建一个节点
    node = SingleNode(item)
    # 2.定义 pre 变量指向头指针，count 开始计数
    pre = self.__head
    count = 0
    # 3.遍历 pre，同时 count+1，直到 count==pos-1
    while True:
        if count >= pos - 1:
            break
        pre = pre.next
        count += 1
    # 4.node 的下一个指向 pre 的下一个
    node.next = pre.next
    # 5.pre 的下一个指向 node
    pre.next = node
```

如果想要通过 remove()方法在单向链表中删除指定的节点，可以参考下面的思路，如图 10.20 所示。

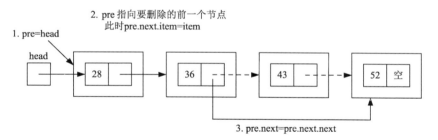

图 10.20　在单向链表中删除指定的节点

参考下面的代码:

```
# 删除成功返回 True，删除失败返回 False
def remove(self, item):
    '''从链表中删除节点'''
    # 如果链表是空的，直接返回 (不删)
    if self.__head == None:
        return False
    # 如果要删除的元素是第一个，则直接让 head 指向下一个
    if self.__head.item == item:
        self.__head = self.__head.next
        return True
```

```
        # 1.定义 pre 变量指向头指针
        pre = self.__head
        # 2.遍历 pre，直到 pre.next 为 item
        while True:
            # 到底了
            if pre.next == None:
                return False
            # 找到了
            if pre.next.item == item:
                break
            pre = pre.next
        # 3.pre 的下一个指向 pre 的下两个(跳过 pre 的下一个)
        pre.next = pre.next.next
        return True
```

如果想要通过 search()方法查找节点，可以参考下面的代码：

```
    def search(self, item):
        '''在链表中搜索节点'''
        cur = self.__head
        while True:
            if cur.item == item:
                return True
            if cur.next == None:
                break
            cur = cur.next

        return False
```

测试代码如下：

```
if __name__ == '__main__':
    list1 = SingleLinkList()
    print('链表长度为: %d' % list1.length())
    print('-------------------')
    list1.append(43)
    print('链表长度为: %d' % list1.length())
    list1.travel()
    print('-------------------')
    list1.add(36)
    print('链表长度为: %d' % list1.length())
    list1.travel()
    print('-------------------')
    list1.add(28)
    print('链表长度为: %d' % list1.length())
    list1.travel()
    print('-------------------')
    list1.append(52)
    print('链表长度为: %d' % list1.length())
    list1.travel()
    print('-------------------')
    list1.append(66)
    print('链表长度为: %d' % list1.length())
    list1.travel()
    print('-------------------')
    list1.insert(2, 39)
```

```
print('链表长度为：%d' % list1.length())
list1.travel()
print('------------------')
list1.insert(0, 19)
print('链表长度为：%d' % list1.length())
list1.travel()
print('------------------')
list1.insert(9, 69)
print('链表长度为：%d' % list1.length())
list1.travel()
print('------------------')
list1.remove(39)
print('链表长度为：%d' % list1.length())
list1.travel()
print('------------------')
list1.remove(19)
print('链表长度为：%d' % list1.length())
list1.travel()
print('------------------')
print('查找 52，结果为：', list1.search(52))
print('查找 51，结果为：', list1.search(51))
```

运行程序，输出结果如下：

```
链表长度为：0
------------------
链表长度为：1
43
------------------
链表长度为：2
36 43
------------------
链表长度为：3
28 36 43
------------------
链表长度为：4
28 36 43 52
------------------
链表长度为：5
28 36 43 52 66
------------------
链表长度为：6
28 36 39 43 52 66
------------------
链表长度为：7
19 28 36 39 43 52 66
------------------
链表长度为：8
19 28 36 39 43 52 66 69
------------------
链表长度为：7
19 28 36 43 52 66 69
------------------
```

```
链表长度为：6
28  36  43  52  66  69
-------------------
查找 52，结果为：True
查找 51，结果为：False
```

该程序中，先在链表尾、链表头、链表中间添加多个节点，再删除 2 个节点，最后在链表中分别查找一个存在的节点和一个不存在的节点。

10.5　树

树（Tree）是一种数据结构，它是由 n 个有限节点组成的具有层次关系的集合。该数据结构看起来像一棵倒挂的树，根朝上，叶朝下。它具有如下的特点。

- 一个节点最多只能有一个前驱节点（即父节点），但可以有多个后继节点（即子节点）。
- 根节点没有前驱节点。
- 非根节点有且只有一个前驱节点。
- 除了根节点外，每个节点可以分为多个不相交的子树。

二叉树是最常见的树，指的是最多有两个子树的有序树，是一种特殊的树。

二叉树是 n 个有限节点的集合。当 $n=0$ 的时候称为空二叉树，$n>0$ 的二叉树由一个根节点和两个互不相交的、分别称为左子树和右子树的二叉树组成。

二叉树中的任何节点的第一个子树称为其左子树，左子树的根称为该节点的左孩子；二叉树中任何节点的第二个子树称为其右子树，右子树的根称为该节点的右孩子。

一般来说，二叉树有图 10.21 所示的几种形态。

- 空树。没有任何节点，如图 10.21（a）所示。
- 只有根，没有左子树和右子树，如图 10.21（b）所示。
- 只有根和左子树，没有右子树，如图 10.21（c）所示。
- 只有根和右子树，没有左子树，如图 10.21（d）所示。
- 根、左子树、右子树都有，如图 10.21（e）所示。

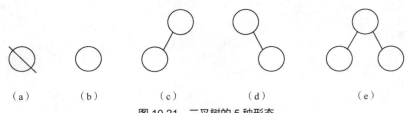

(a)　　　　(b)　　　　(c)　　　　(d)　　　　(e)

图 10.21　二叉树的 5 种形态

在一棵二叉树中，如果除了最后一层没有任何子节点外，每一层上的所有节点都有两个子节点，则该二叉树称为满二叉树，如图 10.22 所示。

从图 10.22 中可以得知，如果二叉树的层数为 K，节点数为 $2^K - 1$，则该二叉树为满二叉树。此时该满二叉树的第 i 层上有个 2^{i-1} 节点。

对满二叉树的节点进行编号，从根节点开始，从上到下，从左到右。如果有另一棵深度为 K，节点个数为 n 的二叉树，它的每一个节点都与深度为 K 的满二叉树中编号 1~n 的节点一一对应时，则该二叉树称为完全二叉树，如图 10.23 所示。

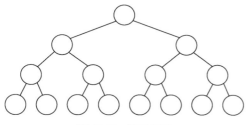

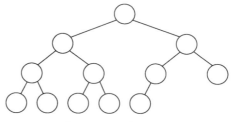

图 10.22　满二叉树　　　　　　　　　　图 10.23　完全二叉树

满二叉树和完全二叉树都属于特殊形态的二叉树。

二叉树的常用操作如表 10.5 所示。

表 10.5　二叉树常用操作

树操作	解　释	树操作	解　释
isEmpty()	判断二叉树是否为空	hasLeftTree()	判断是否有左子树
size()	求二叉树中节点的个数	hasRightTree()	判断是否有右子树
depth()	求二叉树的深度	isLeaf()	判断是否为叶子节点
addLeftTree(lChild)	添加左子树	removeLeftChild()	移除左子树
addRightTree(rChild)	添加右子树	removeRightChild()	移除右子树
clearTree()	清空二叉树	setRootData(data)	设置根节点的数据
getLeftChild()	获取左子树节点	preOrderTravel(btree)	前序遍历
getRightChild()	获取右子树节点	inOrderTravel(btree)	中序遍历
getRootData()	获取根节点数据	postOrderTravel(btree)	后序遍历

可以定义一个二叉树的接口，参见例 10.5。

【例 10.5】实现二叉树的数据结构，代码如下。

Example_tree\btree1.py

首先定义节点：

```python
class BTreeNode(object):
    '''二叉树的节点'''
    def __init__(self, item):
        # item 描述数据项
        self.item = item
        # lchild 描述指向左子树的指针
        self.lChild = None
        # rchild 描述指向右子树的指针
        self.rChild = None
```

定义二叉树的类：

```python
class BTree(object):
    '''二叉树'''
    def __init__(self, data):
        '''初始化'''
        # 存储节点的元素
        self.data = data
```

```
        # 左子树和右子树
        self.lChild = None
        self.rChild = None

    def addLeftTree(self, lChild):
        '''添加左子树'''
        self.lChild = lChild

    def addRightTree(self, rChild):
        '''添加右子树'''
        self.rChild = rChild

    def clearTree(self):
        '''清空二叉树'''
        self.data = None
        self.lChild = None
        self.rChild = None

    def depth(self):
        '''求二叉树的深度'''
        return self.depthBTree(self)

    def depthBTree(self, btree):
        '''求二叉树的深度'''
        if btree.data == None:
            return 0
        elif btree.isLeaf():
            return 1
        else:
            if btree.getLeftChild() == None:
                return self.depthBTree(btree.getRightChild()) + 1
            elif btree.getRightChild() == None:
                return self.depthBTree(btree.getLeftChild()) + 1
            else:
                return max(self.depthBTree(btree.getLeftChild()), self.depthBTree(btree.getRightChild())) + 1

    def getLeftChild(self):
        '''获取左子树节点'''
        return self.lChild

    def getRightChild(self):
        '''获取右子树节点'''
        return self.rChild

    def getRootData(self):
        '''获取根节点数据'''
        return self.data

    def hasLeftTree(self):
        '''判断是否有左子树'''
        if self.lChild == None:
            return False
```

```
        return True

    def hasRightTree(self):
        '''判断是否有右子树'''
        if self.rChild == None:
            return False

        return True

    def isEmpty(self):
        '''判断二叉树是否为空'''
        if self.data == None:
            return True

        return False

    def isLeaf(self):
        '''判断是否为叶子节点'''
        if self.lChild == None and self.rChild == None:
            return True

        return False

    def removeLeftChild(self):
        '''移除左子树'''
        self.lChild = None

    def removeRightChild(self):
        '''移除右子树'''
        self.rChild = None

    def setRootData(self, data):
        '''设置根节点的数据'''
        self.data = data

    def size(self):
        '''求二叉树中节点的个数'''
        return self.sizeBTree(self)

    def sizeBTree(self, btree):
        '''求二叉树中节点的个数'''
        if btree == None:
            return 0
        elif btree.isLeaf():
            return 1
        else:
            if btree.getLeftChild() == None:
                return self.sizeBTree(btree.getRightChild()) + 1
            elif btree.getRightChild() == None:
                return self.sizeBTree(btree.getLeftChild()) + 1
            else:
                return  self.sizeBTree(btree.getRightChild())  +  self.sizeBTree(btree.
getLeftChild()) + 1
```

以上实现了二叉树的基本功能，接下来再实现二叉树遍历功能。

二叉树的遍历是指按照一定的顺序去访问树中所有的节点，通常有 3 种遍历方式：前序遍历、中序遍历、后序遍历。

假设根节点、左孩子节点、右孩子节点分别用 D、L、R 表示，则 3 种遍历方式的顺序分别如下。

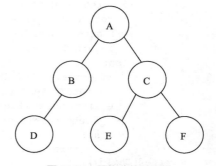

- 前序遍历是指先访问根节点，再访问左、右孩子节点，因此顺序为 DLR。
- 中序遍历是指先访问左孩子节点，再访问根节点，最后访问右孩子节点，因此顺序为 LDR。
- 后序遍历是指先访问左、右孩子节点，再访问根节点，因此顺序为 LRD。

对二叉树进行遍历的代码如下：

Example_tree\btree1.py

```
def preOrderTravel(self, btree):
    '''前序遍历
        顺序为：根节点—左子树—右子树
    '''
    print(btree.getRootData(), end = '\t')
    if btree.getLeftChild() != None:
        self.preOrderTravel(btree.getLeftChild())
    if btree.getRightChild() != None:
        self.preOrderTravel(btree.getRightChild())

def inOrderTravel(self, btree):
    '''中序遍历
        顺序为：左子树—根节点—右子树
    '''
    if btree.getLeftChild() != None:
        self.inOrderTravel(btree.getLeftChild())
    print(btree.getRootData(), end = '\t')
    if btree.getRightChild() != None:
        self.inOrderTravel(btree.getRightChild())

def postOrderTravel(self, btree):
    '''后序遍历
        顺序为：左子树—右子树—根节点
    '''
    if btree.getLeftChild() != None:
        self.postOrderTravel(btree.getLeftChild())
    if btree.getRightChild() != None:
        self.postOrderTravel(btree.getRightChild())
    print(btree.getRootData(), end = '\t')
```

假设我们要构建如下二叉树，如图 10.24 所示。

在例 10.5 的基础上，添加测试代码如下：

```
if __name__ == '__main__':
    # 构建二叉树
    btree = BTree('A')
    bt1 = BTree('B')
    btree.addLeftTree(bt1)
    bt2 = BTree('C')
    btree.addRightTree(bt2)
```

图 10.24　要构建的二叉树

```
bt3 = BTree('D')
bt1.addLeftTree(bt3)
bt4 = BTree('E')
bt2.addLeftTree(bt4)
bt5 = BTree('F')
bt2.addRightTree(bt5)
# 测试树的基本接口
print('树的深度: ', btree.depth())
print('树的节点数: ', btree.size())
print('是否为空树: ', btree.isEmpty())
print('根节点是否为叶子节点: ', btree.isLeaf())
print('最左边节点是否为叶子节点: ', btree.getLeftChild().getLeftChild().isLeaf())
print('根节点是: ', btree.getRootData())
# 遍历
print('\n 前序遍历: ')
btree.preOrderTravel(btree)
print('\n 中序遍历: ')
btree.inOrderTravel(btree)
print('\n 后序遍历: ')
btree.postOrderTravel(btree)
```

运行程序，输出结果如下:

```
树的深度:  3
树的节点数:  6
是否为空树:  False
根节点是否为叶子节点:  False
最左边节点是否为叶子节点:  True
根节点是:  A

前序遍历:
A    B    D    C    E    F
中序遍历:
D    B    A    E    C    F
后序遍历:
D    B    E    F    C    A
```

该程序中，根据 6 个节点构建一棵深度为 3 的二叉树，并分别通过前序、中序、后序的方式遍历该二叉树。

10.6　堆

堆（Heap）通常指一个可以被看作完全二叉树的数组对象，它需要满足如下的性质。
- 堆中某个节点的值总是不大于或不小于父节点的值。
- 堆总是一棵完全二叉树。

其中，根节点为最大值的堆称为最大堆，根节点为最小值的堆称为最小堆。

最小堆与最大堆的形态如图 10.25 所示。

图 10.25 中左边是一个最小堆，右边是一个最大堆。为简单起见，后面都以最小堆为例子来进行

说明。

堆虽然是一棵树，但是通常存放在一个数组中。这个数组的索引从 1 开始（当然也可以从 0 开始，只是从 1 开始计算起来稍微简单一点）。父节点与子节点的父子关系通过数组索引来确定，如图 10.26 所示。

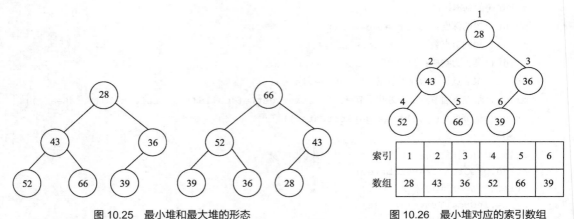

图 10.25　最小堆和最大堆的形态

图 10.26　最小堆对应的索引数组

从图 10.26 中可以看出，通过节点在数组中的索引可以计算出它的父节点、左孩子节点、右孩子节点的索引，计算方式如下。

- 左孩子节点索引=节点索引$\times 2$。
- 右孩子节点索引=节点索引$\times 2+1$。
- 父节点索引=节点索引$\div 2$。

要构建一个堆，除了需要知道如何计算父节点与左、右孩子节点外，还需要知道两个算法：一个是建堆，另一个是保持堆的性质。

首先来建堆。现在给定一个数组，并根据这个数组去建立一个堆。

假设已经有这样一个堆，如图 10.27 所示。我们希望往堆里面插入一个元素 19。首先，把 19 放到堆的最后，如图 10.28 所示。

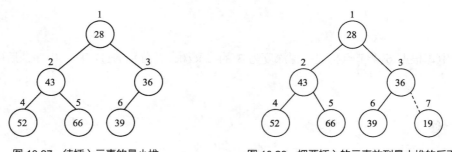

图 10.27　待插入元素的最小堆

图 10.28　把要插入的元素放到最小堆的后面

由于 19<36，索引 7 与父节点索引 3 没有保持堆的性质，因此需要把索引 3 的值往下移；然后发现 19<28，索引 3 与父节点索引 1 又没有保持堆的性质，因此把索引 1 的值往下移，如图 10.29 所示。

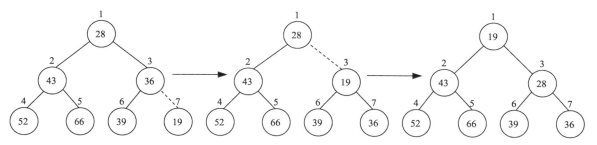

图 10.29　最小堆中插入元素的过程

最终形成了新的堆，如图 10.30 所示。

接下来看如何保持堆的性质。假设已经存在了两个最小堆，现在需要把一个新节点作为这两个最小堆的根，形成新的最小堆。但是添加这个新节点后可能会违背最小堆的性质（这个新节点可能比原来两个最小堆的根的值要大），因此要考虑把它移到正确的位置。操作方法是：从这个节点和它的子节点中选择最小的，如果最小的节点就是这个节点本身，则堆就满足最小堆的性质；否则就将这个节点与最小节点交换，交换后节点在新的位置上也可能违背最小堆的性质，因此需要继续递归进行，直到这个节点比子节点都小或到达子节点位置。

根据上面的思路，我们来看如何在堆中删除元素。假设已经有这样一个堆，如图 10.31 所示。

接下来我们希望从堆里面删除堆顶的元素 19。因为少了一个元素，所以先把最后一个元素 36 放到被删除元素的位置，如图 10.32 所示。

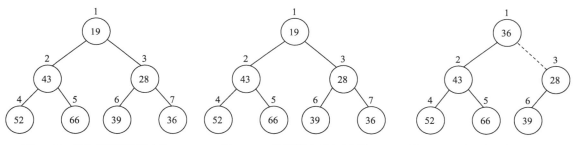

图 10.30　插入元素后的最小堆　　　图 10.31　待删除元素的最小堆　　　图 10.32　从最小堆中删除元素并把最后一个元素放到被删除元素的位置

然后因为索引 1 的元素发生了改变，有可能会导致没有保持堆的性质，所以需要比较索引 1 与子节点索引 2、3 的值，找出最小值。经过比较，发现最小值是索引 3 的值 28，不是索引 1 本身，所以将索引 1 与索引 3 的值交换。

因为索引 3 的元素发生了改变，有可能会导致没有保持堆的性质，所以需要比较索引 3 与子节点索引 6 的值，找出值最小的元素。经过比较，发现值最小的元素就是索引 3 本身的元素 36。此时就可以停止操作了，如图 10.33 所示。

最终形成了新的最小堆，如图 10.34 所示。

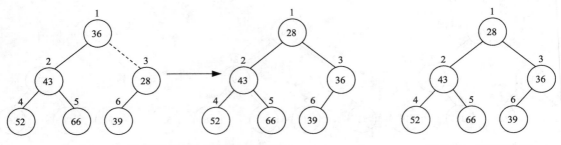

图 10.33　删除元素后保持最小堆性质的过程　　　　　　图 10.34　新的最小堆

堆包含的常用操作如表 10.6 所示。

表 10.6　堆常用操作

堆 操 作	解　　释	堆 操 作	解　　释
isEmpty()	判断堆是否为空	insert(value)	往堆中添加元素
isFull()	判断堆是否为满	findMin()	找出堆中最小的值
length()	求堆的大小	deleteMin()	移除堆中最小的值
travel()	遍历堆中的所有节点	buildHeap()	构建堆

堆的代码参见例 10.6。

【例 10.6】实现堆的数据结构，代码如下。

Example_heap\heap1.py

```python
class Heap(object):
    '''堆'''
    def __init__(self, capacity):
        self.data = [0] * (capacity + 1)
        self.size = 0

    def insert(self, value):
        '''往堆中添加元素'''
        self.size += 1
        hole = self.size
        while hole > 1 and value < self.data[hole // 2]:
            self.data[hole] = self.data[hole // 2]
            hole //= 2
        self.data[hole] = value

    def findMin(self):
        '''找出堆中最小的值'''
        if self.isEmpty():
            raise Exception('堆是空的')

        return self.data[1]

    def deleteMin(self):
        '''移除堆中最小的值'''
        if self.isEmpty():
            raise Exception('堆是空的')

        item = self.findMin()
        self.data[1] = self.data[self.size]
        self.data[self.size] = 0
        self.size -= 1
        self.percolateDown(1)
```

```
            return item

    def buildHeap(self):
        '''构建堆'''
        for i in range(self.size // 2, 0, -1):
            self.percolateDown(i)

    def length(self):
        '''求堆的大小'''
        return self.size

    def isEmpty(self):
        '''判断堆是否为空'''
        return self.size == 0

    def isFull(self):
        '''判断堆是否为满'''
        return self.size == len(self.data) - 1

    def percolateDown(self, hole):
        tmp = self.data[hole]

        while hole * 2 <= self.size:
            child = hole * 2 # 获取左子树节点
            # 如果左子树节点不是最后一个节点并且左子树大于右子树
            if child != self.size and self.data[child + 1] < self.data[child]:
                child += 1 # child 指向右子树
            # 如果 child 指向的值比 tmp 小
            if self.data[child] < tmp:
                self.data[hole] = self.data[child] # 交换值
            else:
                break
            hole = child

        self.data[hole] = tmp

    def travel(self):
        '''遍历堆中的所有节点'''
        for value in self.data:
            print(value, end = ' ')
        print()
```
测试代码如下：
```
if __name__ == '__main__':
    # 构建堆
    items = 10
    heap = Heap(items)
    print('堆是否为空：', heap.isEmpty())
    print('堆中的节点数量为：', heap.length())
    print('-------------------')
    heap.insert(43)
    heap.travel()
    print('-------------------')
    heap.insert(36)
    heap.travel()
    print('-------------------')
    heap.insert(28)
    heap.travel()
    print('-------------------')
```

```
heap.insert(52)
heap.travel()
print('--------------------')
heap.insert(66)
heap.travel()
print('--------------------')
heap.insert(39)
heap.travel()
print('--------------------')
heap.insert(19)
heap.travel()
print('--------------------')
heap.deleteMin()
heap.travel()
```

运行程序，输出结果如下：

堆是否为空：True

堆中的节点数量为：0

```
--------------------
0 43 0 0 0 0 0 0 0 0 0
--------------------
0 36 43 0 0 0 0 0 0 0 0
--------------------
0 28 43 36 0 0 0 0 0 0 0
--------------------
0 28 43 36 52 0 0 0 0 0 0
--------------------
0 28 43 36 52 66 0 0 0 0 0
--------------------
0 28 43 36 52 66 39 0 0 0 0
--------------------
0 19 43 28 52 66 39 36 0 0 0
--------------------
0 28 43 36 52 66 39 0 0 0 0
```

该程序中，根据 7 个节点构建了一个堆，删除根节点后，对该堆进行重构。

10.7 散列表

散列表（Hash Table）是根据键值对记录直接进行访问的数据结构。它通过把键值对映射到表中的一个位置来访问记录，以加快查找的速度。这个映射函数称为散列函数，而存放记录的数组则称为散列表。

这里给出如下的定义：给定表 M，假设存在函数 f(key)，使得对于任意给定的键值 key，通过函数 f()能得到包含该键的记录在表中的地址，则称表 M 为散列表，函数 f(key)为散列函数。

散列表的查找算法步骤如下。

（1）使用散列函数将被查找的键转换为数组的索引。理想情况下不同的键转换为不同的索引，但也有多个键被散列到同一个索引值的情况，此时就需要第（2）步去处理碰撞冲突。

（2）处理碰撞冲突，如使用拉链法和线性探测法。

这里以拉链法为例，可以将键转换为数组的索引($0 \sim n-1$)。但是对于两个或多个键具有相同的索引的情况，需要有一种方法来处理这种冲突。比较直接的方法是：将大小为 M 的数组的每个元素指向一个链表，链表中每一个节点都存储散列值作为该索引的键值对，这就是拉链法，如图 10.35 所示。

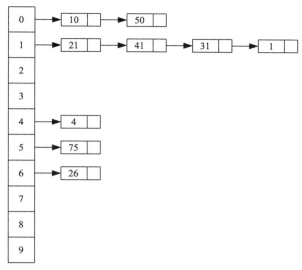

图 10.35　散列表的形态

散列表的常用操作如表 10.7 所示。

散列表的代码可参见例 10.7。

【例 10.7】实现散列表的数据结构，代码如下。

表 10.7　散列表常用操作

散列表操作	解　　释
put(value)	往散列表中添加元素
get(value)	获取散列表中的元素
travel()	遍历散列表

Example_hashmap\hashmap1.py

```python
class HashNode(object):
    def __init__(self, value):
        self.value = value
        self.next = None

    def getValue(self):
        return self.value

    def setValue(self, value):
        self.value = value

    def getNext(self):
        return self.next

    def setNext(self, next):
        self.next = next

class HashMap(object):
    def __init__(self, capacity):
        self.capacity = capacity
        self.nodes = [0] * capacity
        for i in range(capacity):
            self.nodes[i] = HashNode(0) # value 为 0 表示头节点

    def put(self, value):
        '''往散列表中添加元素'''
        newNode = HashNode(value)
        # 计算 key
        key = value % self.capacity
```

```
            # 放到对应的位置
            node = self.nodes[key]
            # 找到链表末尾
            while node.getNext() != None:
                node = node.getNext()
            node.setNext(newNode)

    def get(self, value):
        '''获取散列表中的元素'''
        key = value % self.capacity
        # 找到对应的位置
        node = self.nodes[key]
        # 遍历链表找元素
        while node.getNext() != None:
            node = node.getNext()
            if node.getValue() == value:
                return node.getValue()

        return -1

    def travel(self):
        '''遍历散列表'''
        for key in range(len(self.nodes)):
            print(key, ':', end = '')
            node = self.nodes[key]
            while node.getNext() != None:
                node = node.getNext()
                print('\t', node.getValue(), end = '')
            print()
```

测试代码：

```
if __name__ == '__main__':
    map = HashMap(10)
    map.put(21)
    map.put(75)
    map.put(41)
    map.put(10)
    map.put(4)
    map.put(50)
    map.put(31)
    map.put(26)
    map.put(1)
    print('遍历散列表：')
    map.travel()
    print('--------------------')
    print('散列表中查找 41 的结果为：', map.get(41))
    print('散列表中查找 50 的结果为：', map.get(50))
    print('散列表中查找 26 的结果为：', map.get(26))
    print('散列表中查找 27 的结果为：', map.get(27))
```

运行程序，输出结果如下：

遍历散列表：

```
0 :    10   50
```

```
1 :    21   41   31   1
2 :
3 :
4 :    4
5 :    75
6 :    26
7 :
8 :
9 :
-------------------
散列表中查找 41 的结果为：  41
散列表中查找 50 的结果为：  50
散列表中查找 26 的结果为：  26
散列表中查找 27 的结果为：  -1
```

该程序中，根据多个元素构建了散列表，然后在散列表中分别查找多个存在的元素和不存在的元素。

10.8 图

图（Graph）是一些顶点的集合，这些顶点通过一系列边连接起来。

图分为两种：一种是有向图，即每条边都有方向；另一种是无向图，即每条边都没有方向。

有向图中，通常把边称为弧，有箭头的一端称为弧头，另一端称为弧尾，记作<vi, vj>（使用尖括号表示），表示从顶点 vi 到顶点 vj 有一条边；无向图中的边记作(vi, vj)（使用圆括号表示），它实际上包含着<vi, vj>和<vj, vi>两条弧。

如果有向图中有 *n* 个顶点，则最多可以有 $n \times (n-1)$ 条弧。具有 $n \times (n-1)$ 条弧的有向图被称为有向完全图。以顶点 v 为弧尾的弧的数目称作顶点 v 的出度，以顶点 v 为弧头的弧的数目称作顶点 v 的入度。如果无向图中有 *n* 个顶点，则最多有 $n \times (n-1) \div 2$ 条弧。具有 $n \times (n-1) \div 2$ 条弧的无向图被称为无向完全图。与顶点 v 相关的边的条数称作顶点 v 的度，无向图中不区分出度和入度。

从一个顶点到另外一个顶点所经过的边或弧称为路径。如果路径的第一个顶点和最后一个顶点相同，则这条路径是一条回路。

有向图和无向图的例子如图 10.36 所示。

一般可以通过邻接矩阵来表示图。如果顶点之间有连线，则用 1 来表示；如果顶点之间没有连线，则用 0 来表示。

图 10.36 中有向图的邻接矩阵如图 10.37 所示。图 10.36 中无向图的邻接矩阵如图 10.38 所示。

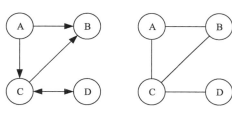

图 10.36 有向图和无向图

	A	B	C	D
A	0	1	1	0
B	0	0	0	0
C	0	1	0	1
D	0	0	1	0

图 10.37 有向图的邻接矩阵

	A	B	C	D
A	0	1	1	0
B	1	0	1	0
C	1	1	0	1
D	0	0	1	0

图 10.38 无向图的邻接矩阵

图的常用操作如表 10.8 所示。

图的代码可参见例 10.8。

【例 10.8】实现图的数据结构，代码如下。

表 10.8　图常用操作

图操作	解　　释
insertVex(vex)	往图中插入一个顶点
insertEdge(vexStart, vexEnd)	往图中插入一条边
travel()	遍历图

Example_graph\graph1.py

```python
class Graph(object):
    def __init__(self, gtype):
        self.vexNum = 0 # 顶点数量
        self.gtype = gtype # 图的类型，0 表示无向图，1 表示有向图
        self.vexValue = [] # 顶点信息
        self.edge = [] # 边的信息，0 表示没有边，1 表示有边

    def insertVex(self, vex):
        '''往图中插入一个顶点'''
        # 增加节点数
        self.vexNum += 1
        # 节点数组与边的信息数组扩容
        if self.vexNum == 1:
            self.vexValue = [0]
            self.edge = [[0]]
        else:
            self.vexValue.append(0)
            self.edge.append([0] * (self.vexNum - 1))
            for i in range(self.vexNum):
                self.edge[i].append(0)

        # 给新节点赋值
        self.vexValue[self.vexNum - 1] = vex

    def insertEdge(self, vexStart, vexEnd):
        '''
        往图中插入一条边
        vexStart: 边开始的顶点
        vexEnd: 边结束的顶点
        '''
        # 找出 start 与 end 的索引
        indexStart = -1
        for i in range(self.vexNum):
            if self.vexValue[i] == vexStart:
                indexStart = i
                break
        if indexStart < 0:
            return

        indexEnd = -1
        for i in range(self.vexNum):
            if self.vexValue[i] == vexEnd:
                indexEnd = i
                break
        if indexEnd < 0:
            return

        # 赋值
        self.edge[indexStart][indexEnd] = 1
        # 无向图需要加上 end 到 start 的路径
        if self.gtype == 0:
```

```
            self.edge[indexEnd][indexStart] = 1

    def travel(self):
        '''遍历图，并输出邻接矩阵'''
        for i in range(self.vexNum):
            print('\t', i, end = '')
        print()

        for i in range(self.vexNum):
            print(i, ':', end = '')
            for j in range(self.vexNum):
                print('\t', self.edge[i][j], end = '')
            print()
```

测试代码：
```
if __name__ == '__main__':
    g = Graph(1) # 0 表示无向图，1 表示有向图
    g.insertVex('A')
    g.insertVex('B')
    g.insertVex('C')
    g.insertVex('D')
    g.insertEdge('A', 'B')
    g.insertEdge('A', 'C')
    g.insertEdge('C', 'B')
    g.insertEdge('C', 'D')
    g.travel()
```

运行程序，输出结果如下：
```
      0    1    2    3
0 :   0    1    1    0
1 :   0    0    0    0
2 :   0    1    0    1
3 :   0    0    0    0
```

该程序中，根据 4 个节点构建了一个有 4 条边的有向图，并对该图进行了遍历。

习题

一、选择题

1. 存在一个满二叉树，有 m 个树叶、k 个分支节点、n 个节点，则下列正确的是（　　　　）。

    A. m+1=2n   B. n=m+1   C. m=k-1   D. n=2k+1

2. 下列程序输出的结果是（　　　　）。
```
from math import sqrt

def main():
    i = 1
    while i < 100:
        x = int(sqrt(i + 100))
        y = int(sqrt(i + 268))
        if x ** 2 == (i + 100) and y ** 2 == (i + 268):
            print(i)
        i += 1

if __name__ == "__main__":
    main()
```

    A. 20   B. 21   C. 22   D. 23

3. 下列程序输出的结果是（　　　　）。

```
def func(n):
    sum = 0
    for i in range(1, n + 1):
        sum += (pow(i, 2))
    return sum

if __name__ == '__main__':
    sum = func(2)
    print(sum)
```

  A. 2   B. 3   C. 4   D. 5

4. 下列程序输出的结果是（ ）。

```
import random

def func(data):
    nums = []
    for i in range(0, len(data)):
        if len(data) > 0:
            r = random.randint(0, len(data) - 1)
            nums.append(data[r])
            data.remove(data[r])
    return nums

if __name__ == '__main__':
    datas = [1, 3, 2, 4]
    print(func(datas))
```

  A. [1, 4, 3, 2]   B. [4, 3, 2, 1]   C. [2, 4, 3, 1]   D. [1, 2, 3, 4]

二、填空题

1. 假设一棵完全二叉树中有 100 个节点，则这个二叉树中有_____个叶子节点。

2. 假设一棵二叉树的中序遍历序列为 bdca，后序遍历序列为 dbac，则这棵二叉树的前序遍历序列为_____。

3. 假设某个顺序循环队列中有 n 个元素，而且规定队头指针 F 指向队头元素的前一个位置，队尾指针 R 指向队尾元素的当前位置，则该循环队列最多存储_____个队列元素。

三、编程题

1. 求数组元素的最大值、最小值、总和与平均值（要求使用不定长参数）。

请输入一组数字：19, 95, 8, 1

总和：123 平均值：30.75 最大值：95 最小值：1

2. 参考单向链表的代码，实现循环链表。

3. 参考单向链表的代码，实现双向链表。

4. 给定一个整数数组（数组中的元素有负有正），求其连续子数组之和的最大值。

定义的数组：[5, -2, -1, 10, -11, 3, -3]

最大子数组和：12

5. 顺时针输出矩阵。例如矩阵为：

```
1    2    3    4
5    6    7    8
9    10   11   12
13   14   15   16
```

则输出的结果为：

1,2,3,4,8,12,16,15,14,13,9,5,6,7,11,10

11 第11章 算法

学习目标

- 了解顺序查找法与二分查找法的区别。
- 熟悉常用的排序算法。
- 了解冒泡排序、选择排序、插入排序的原理与它们之间的区别。
- 了解快速排序的原理。
- 掌握解决递归问题的两个步骤，能解决简单的递归问题。

算法是对解决特定问题的求解步骤的描述，在计算机中表现为指令组成的有限序列，并且每条指令表示一个或者多个操作。本章介绍常用的算法，如查找算法、排序算法、递归算法等，利用图文生动地描述了各个算法的内在结构和具体执行流程。

学完本章后，要求读者对常用的算法熟记于心，能够使用算法解决一些复杂的问题，高效地完成任务。

11.1 查找算法

查找算法是指在大量的数据中寻找特定元素的方法，是计算机应用中常用的基本算法。常用的查找算法有顺序查找法和二分查找法。

11.1.1 顺序查找法

顺序查找法也称为线性查找法，从线性表的一端开始，按顺序扫描，依次将扫描到的节点的关键字与给定值进行比较，如果相等则表示查找成功；如果扫描结束后仍没有找到与关键字相等的节点，则表示查找失败。

【例 11.1】实现顺序查找法，代码如下。

Example_sequentialsearch\sequentialsearch1.py

```python
def sequentialSearch(data, target):
    '''顺序查找'''
    length = len(data)
    # 遍历序列，并逐个进行比对
    for i in range(length):
        if data[i] == target:
            return i

    return -1
```

测试代码：

```
if __name__ == '__main__':
    data = [21, 75, 41, 10, 4, 50, 31, 26, 1]
    target = 26
    result = sequentialSearch(data, target)
    if result >= 0:
        print('元素%d 在序列中的索引是：%d' % (target, result))
    else:
        print('元素%d 在序列中找不到' % target)
    print('-----------------------------')
    target = 27
    result = sequentialSearch(data, target)
    if result >= 0:
        print('元素%d 在序列中的索引是：%d' % (target, result))
    else:
        print('元素%d 在序列中找不到' % target)
```

运行程序，输出结果如下：

元素 26 在序列中的索引是：7

元素 27 在序列中找不到

可以看到，在一个无序列表中查找元素，可以通过顺序查找法逐个进行比对，找出目标在列表中的索引。

11.1.2　二分查找法

二分查找法需要确保线性表中的节点按关键字的值升序或降序排列。然后用给定值先与中间节点的关键字的值进行比较，如果相等则表示查找成功；如果不等则把线性表分成左右两个子表，再根据与中间节点的关键字的值比较大小的结果确定下一步该查找哪个子表，这样递归进行，直到查找到对应的节点（表示查找成功）或查找结束后仍未发现对应的节点（表示查找失败）。

假设待查找的线性表为序列：1、4、10、21、26、31、41、50、75。需要查找的元素为 31。查找步骤如下。

第一步：由于序列长度为 9，令 start 指向序列开始位置（索引 0），end 指向序列结束位置（索引 8），然后让 middle 指向 start 和 end 的中间位置（middle=(start+end)/2，即索引 4），如图 11.1 所示。

由于 middle 指向的值 26 比要查找的元素 31 小，因此从 middle 的右边继续查找。

第二步：start 指向 middle 的右边位置，即索引 5，end 不变，让 middle 指向 start 和 end 的中间位置（middle=(start+end)/2，需向下取整，即索引 6），如图 11.2 所示。

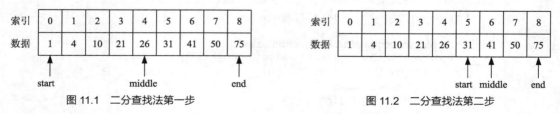

图 11.1　二分查找法第一步　　　　　　　　图 11.2　二分查找法第二步

由于 middle 指向的值 41 比要查找的元素 31 大，因此从 middle 的左边继续查找。

第三步：end 指向 middle 的左边位置，即索引 5，start 不变，让 middle 指向 start 和 middle 的中间位置（middle=(start+end)/2，即索引 5），如图 11.3 所示。

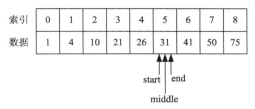

索引	0	1	2	3	4	5	6	7	8
数据	1	4	10	21	26	31	41	50	75

start | end
middle

图 11.3　二分查找法第三步

由于 middle 指向的值就是要查找的元素，因此查找结束。

【例 11.2】实现二分查找法，代码如下。

二分查找法

Example_binarysearch\binarysearch1.py

```python
def binarySearch(data, target):
    '''二分查找'''
    start = 0
    end = len(data) - 1
    while True:
        # 循环退出条件
        if start > end:
            break
        # 中间位置
        middle = (start + end) // 2
        if data[middle] == target:
            # 找到了
            return middle
        elif data[middle] < target:
            # 在右边查找
            start = middle + 1
        else: # data[middle] > target
            # 在左边查找
            end = middle - 1

    return -1
```

测试代码：

```python
if __name__ == '__main__':
    data = [1, 4, 10, 21, 26, 31, 41, 50, 75]
    target = 31
    result = binarySearch(data, target)
    if result >= 0:
        print('元素%d 在序列中的索引是：%d' % (target, result))
    else:
        print('元素%d 在序列中找不到')
```

运行程序，输出结果如下：

元素 31 在序列中的索引是：5

元素 32 在序列中找不到

可以看到，在一个有序列表中查找元素，通过二分查找法可以快速找出目标在列表中的索引。

11.2   排序算法

排序算法是指把一组数据按照一定的规律进行重新排序。排序后的数据可以更方便进行筛选和计算，极大地提高了计算效率。常用的排序算法有冒泡排序、选择排序、插入排序、希尔排序、快速排序、归并排序、堆排序等。

为了方便说明，下面的排序算法都基于把整数按照从小到大的思路和方式进行排序。如果在实际情况下需要从大到小排序，只要对代码稍做调整即可。

11.2.1   冒泡排序

冒泡排序

冒泡排序是把较小的元素前移，把较大的元素后移。该方法主要通过对相邻的两个元素进行大小比较，根据比较的结果对这两个元素进行位置上的交换或保持位置不变。把这个操作依次逐个进行，就能达到排序的最终目的。

第一次冒泡时，把索引为 0 的元素和索引为 1 的元素进行比较，如果是逆序的（索引为 0 的元素的值比索引为 1 的元素的值大），则将这两个元素进行交换；接下来再对索引为 1 的元素和索引为 2 的元素进行比较；依此类推，直到最后两个元素比较结束后，此时就可以把最大的元素冒泡到最右边。

然后，按照上述过程进行第二次、第三次冒泡……直到整个序列全部有序。

假设要排序的序列为：21、75、41、10、4、50、31、26、1。

排序步骤如下。

第一步：把最大的值 75 冒泡到最右边，如图 11.4 所示。

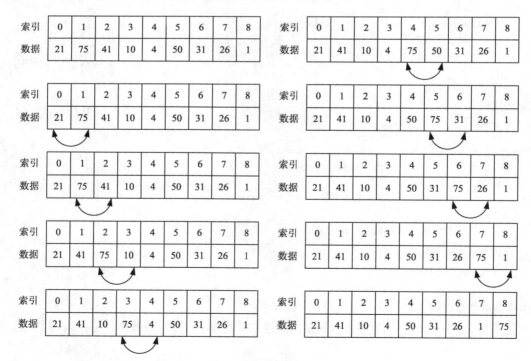

图 11.4   冒泡排序第一步

按照这个思路，编写的代码为：

```
for j in range(8):
    if data[j] > data[j + 1]:
        # 如果这两个数是逆序的，则交换
        data[j], data[j + 1] = data[j + 1], data[j]
```

第二步：把第二大的值 50 冒泡到倒数第二个索引的位置，即索引为 7 的位置，如图 11.5 所示。

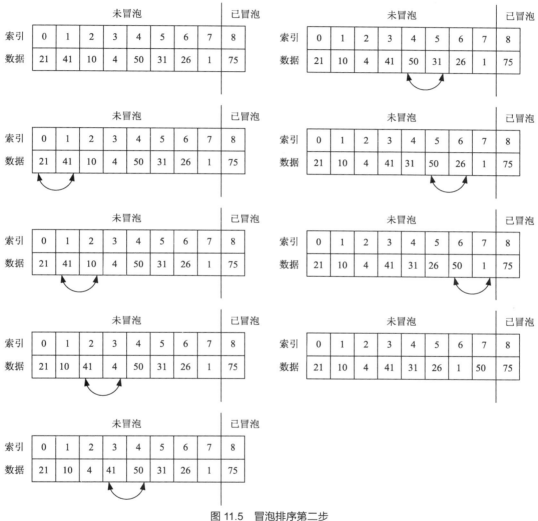

图 11.5　冒泡排序第二步

按照这个思路，编写的代码如下。

```
for j in range(7):
    if data[j] > data[j + 1]:
        # 如果这两个数是逆序的，则交换
        data[j], data[j + 1] = data[j + 1], data[j]
```

第三步到第七步省略。

第八步：把第八大的值 4 冒泡到倒数第八个索引位置，即索引为 1 的位置，如图 11.6 所示。

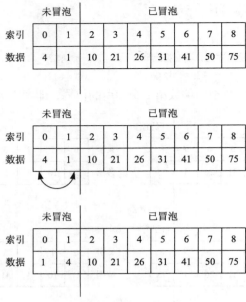

图 11.6　冒泡排序第八步

按照这个思路，编写的代码如下。

```
for j in range(1):
    if data[j] > data[j + 1]:
        # 如果这两个数是逆序的，则交换
        data[j], data[j + 1] = data[j + 1], data[j]
```

留意上面每一步冒泡的代码，唯一的不同是 j 遍历的次数。把该值提取出来做成 i 变量进行遍历，i 取值从 8 到 1。得到所有步骤的代码为：

```
for i in range(9):
    for j in range(8 - 1):
        if data[j] > data[j + 1]:
            # 如果这两个数是逆序的，则交换
            data[j], data[j + 1] = data[j + 1], data[j]
```

这里 9 表示序列的长度，如果换成通用的表示序列长度的 length，则是：

```
for i in range(length):
    for j in range(length - i - 1):
        if data[j] > data[j + 1]:
            # 如果这两个数是逆序的，则交换
            data[j], data[j + 1] = data[j + 1], data[j]
```

最后对该操作进行接口封装，得到最终冒泡排序的代码，参见例 11.3。

【例 11.3】实现冒泡排序，代码如下。

Example_bubblesort\BubbleSort.java
```
def bubbleSort(data):
    '''冒泡排序'''
    # 如果只有一个元素就不用排序了
    length = len(data)
    if length <= 1:
        return
```

```
# 对长度为 length 的序列进行冒泡排序
for i in range(length):
    for j in range(length - i - 1):
        if data[j] > data[j + 1]:
            # 如果这两个数是逆序的，则交换
            data[j], data[j + 1] = data[j + 1], data[j]
```

测试代码：

```
if __name__ == '__main__':
    data = [21, 75, 41, 10, 4, 50, 31, 26, 1]
    print('排序前:', data)
    bubbleSort(data)
    print('排序后:', data)
```

运行程序，输出结果如下：

排序前: [21, 75, 41, 10, 4, 50, 31, 26, 1]

排序后: [1, 4, 10, 21, 26, 31, 41, 50, 75]

可以看到，使用冒泡排序可以按期望对一个无序序列进行排序。

11.2.2　选择排序

选择排序是为每一个位置选择当前无序序列中最小的元素。

选择排序

第一次选择：对全部元素进行比较，选出最小的元素，并与索引为 0 的元素进行交换。

第二次选择：把除索引为 0 的元素以外的所有无序元素进行比较，选择当前无序序列中值最小的元素，并与索引为 1 的元素进行交换。

依此类推，直到整个序列全部有序。

假设要排序的序列为：21、75、41、10、4、50、31、26、1。排序步骤如下。

第一步：找出最小的值，与索引为 0 的元素互换，如图 11.7 所示。

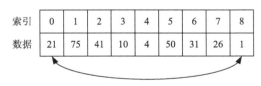

索引	0	1	2	3	4	5	6	7	8
数据	21	75	41	10	4	50	31	26	1

图 11.7　选择排序第一步

按照这个思路，编写的代码为：

```
minIndex = 0
for j in range(0, length):
    # 找到最小数，并记录最小数的索引
    if data[j] < data[minIndex]:
        minIndex = j

# 交换符合条件的数
data[0], data[minIndex] = data[minIndex], data[0]
```

第二步：找出第二小的值，与未排序部分的最左边的元素交换，即与索引为 1 的元素交换，如图 11.8 所示。

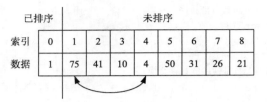

图 11.8　选择排序第二步

按照这个思路，编写的代码为：

```
minIndex = 1
for j in range(1, length):
    # 找到最小数，并记录最小数的索引
    if data[j] < data[minIndex]:
        minIndex = j

# 交换符合条件的数
data[1], data[minIndex] = data[minIndex], data[1]
```

第三步到第七步省略。

第八步：找出第八小的值，与未排序部分的最左边的元素交换，即与索引为 7 的元素交换，如图 11.9 所示。

图 11.9　选择排序第三步

按照这个思路，编写的代码为：

```
minIndex = 7
for j in range(7, length):
    # 找到最小数，并记录最小数的索引
    if data[j] < data[minIndex]:
        minIndex = j

# 交换符合条件的数
data[7], data[minIndex] = data[minIndex], data[7]
```

至此，整个序列的排序完毕，如图 11.10 所示。

0	1	2	3	4	5	6	7	8
1	4	10	21	26	31	41	50	75

图 11.10　选择排序最终状态

留意上面每一步选择的代码，唯一的不同是 j 初始的值。把该值提取出来做成 i 变量进行遍历，i 取值从 0 到 7。得到所有步骤的代码为：

```
for i in range(length):
```

```
        minIndex = i
        for j in range(i, length):
            # 找到最小数，并记录最小数的索引
            if data[j] < data[minIndex]:
                minIndex = j

        # 交换符合条件的数
        data[i], data[minIndex] = data[minIndex], data[i]
```

选择排序的完整过程如图 11.11 所示。

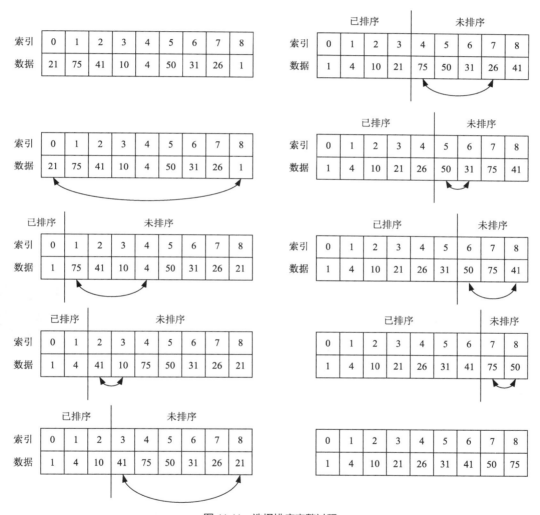

图 11.11　选择排序完整过程

最后对该操作进行接口封装，得到最终选择排序的代码，参见例 11.4。

【例 11.4】实现选择排序，代码如下。

Example_selectionsort\selectionSort1.py
```python
def selectionSort(data):
    '''选择排序'''
    # 如果只有一个元素就不用排序了
    length = len(data)
```

```
        if length <= 1:
            return

        # 对长度为 length 的序列进行选择排序
        for i in range(length):
            minIndex = i
            for j in range(i, length):
                # 找到最小数，并记录最小数的索引
                if data[j] < data[minIndex]:
                    minIndex = j

            # 交换符合条件的数
            data[i], data[minIndex] = data[minIndex], data[i]
```

测试代码：

```
if __name__ == '__main__':
    data = [21, 75, 41, 10, 4, 50, 31, 26, 1]
    print('排序前:', data)
    selectionSort(data)
    print('排序后:', data)
```

运行程序，输出结果如下：

排序前: [21, 75, 41, 10, 4, 50, 31, 26, 1]

排序后: [1, 4, 10, 21, 26, 31, 41, 50, 75]

可以看到，使用选择排序同样可以按期望对一个无序序列进行排序。

11.2.3 插入排序

插入排序是当序列中元素已经部分有序的情况下，通过一次插入一个元素的方式，往有序部分中增加元素。

插入排序

该算法可以从有序序列的最末端开始，把待插入的元素和有序序列中对应位置的元素进行比较。如果待插入元素的值大于该位置的元素的值，则直接插入它的后面即可；否则再和前一位置的元素进行比较，直到找到应该插入的位置为止。

假设要排序的序列为：21、75、41、10、4、50、31、26、1。则插入排序步骤如下。

假设最左边的数为已排序的序列，其他的数为未排序的序列。

第一步：默认索引为 0 的位置的元素为已排序好的序列，其余为未排序的序列。把未排序部分的首个元素，即索引为 1 的元素插入已排序序列，如图 11.12 所示。

已排序		未排序						
索引	0	1	2	3	4	5	6	7	8
数据	21	75	41	10	4	50	31	26	1

图 11.12 插入排序第一步

考虑到该操作比较简单，先不编写实现代码。

第二步：把索引为 2 的元素插入已排序序列，如图 11.13 所示。

第三步到第七步省略。

第八步：把索引为 8 的元素插入已排序序列，如图 11.14 所示。

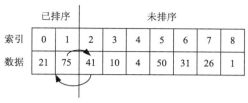

图 11.13　插入排序第二步

图 11.14　插入排序第八步

这次采用从后往前倒推的方式，推导出通用的代码。

第八步编写的代码为：

```
# temp 为本次循环待插入有序列表中的数
temp = data[8]
# 寻找 temp 插入有序列表的正确位置
target = 0
for j in range(7, -1, -1):
    if data[j] <= temp:
        target = j + 1
        break
    data[j + 1] = data[j]
# 插入 temp
data[target] = temp
```

第七步编写的代码为：

```
# temp 为本次循环待插入有序列表中的数
temp = data[7]
# 寻找 temp 插入有序列表的正确位置
target = 0
for j in range(6, -1, -1):
    if data[j] <= temp:
        target = j + 1
        break
    data[j + 1] = data[j]
# 插入 temp
data[target] = temp
```

第六步到第二步的代码省略。

第一步编写的代码为：

```
# temp 为本次循环待插入有序列表中的数
temp = data[1]
# 寻找 temp 插入有序列表的正确位置
target = 0
for j in range(0, -1, -1):
    if data[j] <= temp:
        target = j + 1
        break
    data[j + 1] = data[j]
# 插入 temp
data[target] = temp
```

留意上面每一步选择的代码，唯一的不同是 temp 变量指向 data 序列中的索引值。把该值提取出来做成 i 变量进行遍历，i 取值从 1 到 8（注意实际运行时，还得从第一步运行到第八步）。得到所有步骤的代码为：

```
for i in range(1, length):
    # temp 为本次循环待插入有序列表中的数
    temp = data[i]
    # 寻找 temp 插入有序列表的正确位置
    target = 0
    for j in range(i - 1, -1, -1):
        if data[j] <= temp:
            target = j + 1
            break
        data[j + 1] = data[j]
    # 插入 temp
    data[target] = temp
```

插入排序完整过程如图 11.15 所示。

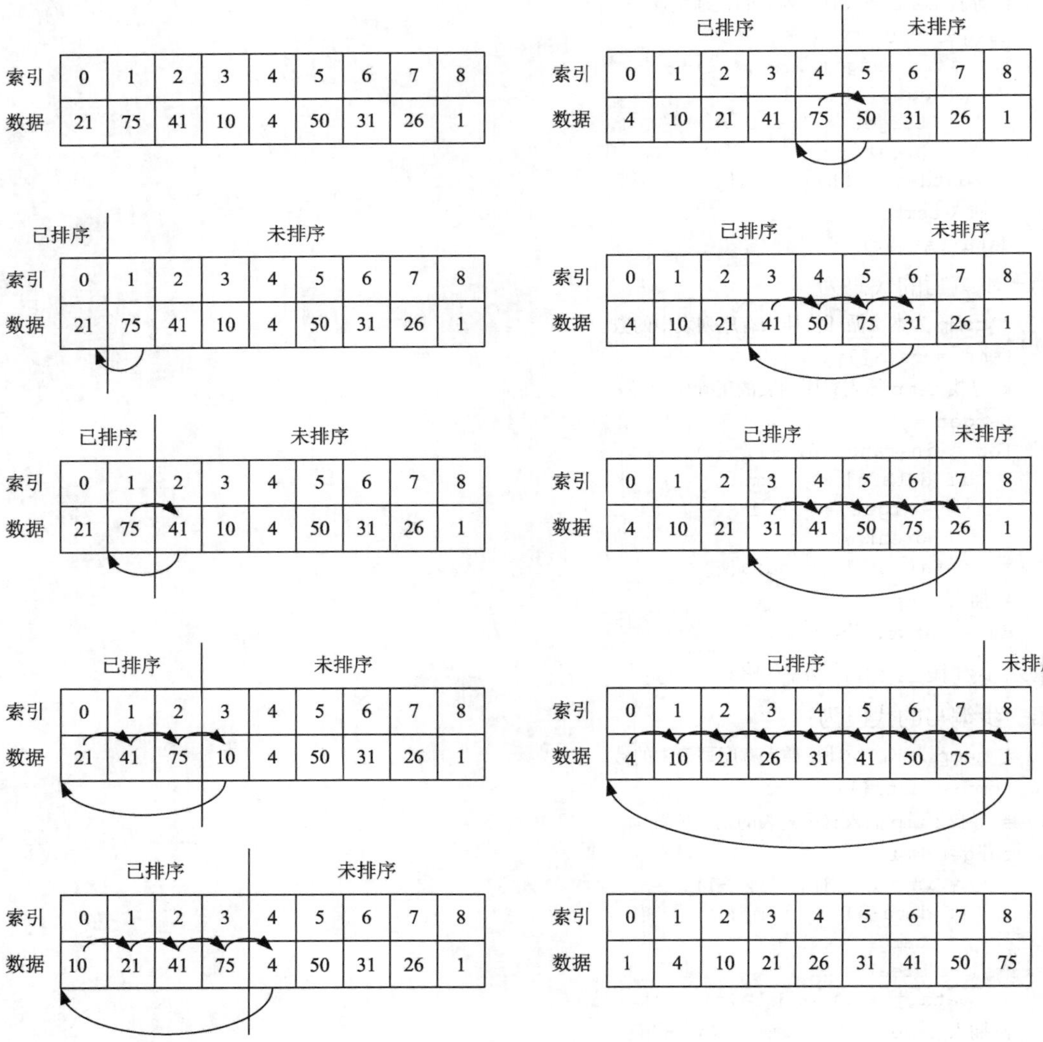

图 11.15　插入排序完整过程

最后对该操作进行接口封装，得到最终插入排序的代码，参见例 11.5。

【例 11.5】实现插入排序，代码如下。

Example_insertsort\insertSort1.py

```python
def insertSort(data):
    '''插入排序'''
    # 如果只有一个元素就不用排序了
    length = len(data)
    if length <= 1:
        return

    # 对长度为 length 的序列进行插入排序
    for i in range(1, length):
        # temp 为本次循环待插入有序列表中的数
        temp = data[i]
        # 寻找 temp 插入有序列表的正确位置
        target = 0
        for j in range(i - 1, -1, -1):
            if data[j] <= temp:
                target = j + 1
                break
            data[j + 1] = data[j]
        # 插入 temp
        data[target] = temp
```

测试代码：

```python
if __name__ == '__main__':
    data = [21, 75, 41, 10, 4, 50, 31, 26, 1]
    print('排序前:', data)
    insertSort(data)
    print('排序后:', data)
```

运行程序，输出结果如下：

```
排序前: [21, 75, 41, 10, 4, 50, 31, 26, 1]
排序后: [1, 4, 10, 21, 26, 31, 41, 50, 75]
```

可以看到，使用插入排序同样可以按期望对一个无序序列进行排序。

冒泡排序、选择排序、插入排序的实现过程比较简单，算法复杂度不高，在实际算法应用过程中用得比较少。

11.2.4　希尔排序

希尔排序（Shell's Sort）是插入排序的一种，也称为"缩小增量排序"。它属于非稳定排序的算法。

希尔排序的基本思想是：先把整个待排序序列分割成若干个子序列（由相隔某个"增量"的元素组成），分别进行直接插入排序。然后依次减少增量并再进行排序。当增量减少至 1 的时候，再对全体元素进行一次直接插入排序。因为直接插入排序在元素基本有序的情况下，效率是比较高的。因此希尔排序在效率上比直接插入排序有较大的改进。

假设要排序的序列为：21、75、41、10、4、50、31、26、1。序列初始状态如图 11.16 所示。

第一步：设置增量为长度的一半，即 9÷2，取整，则为 4。

① 对索引为 0、4、8 的元素进行排序，如图 11.17 所示。

图 11.16　希尔排序初始状态

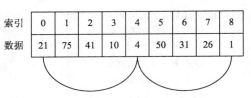

图 11.17　希尔排序第①步

② 对索引为 1、5 的元素进行排序，如图 11.18 所示。

③ 对索引为 2、6 的元素进行排序，如图 11.19 所示。

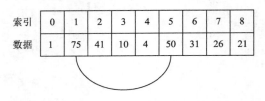

图 11.18　希尔排序第②步

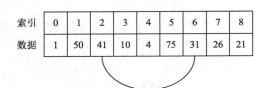

图 11.19　希尔排序第③步

④ 对索引为 3、7 的元素进行排序，如图 11.20 所示。

图 11.20　希尔排序第④步

增量为 4 的排序结果如下，如图 11.21 所示。

索引	0	1	2	3	4	5	6	7	8
数据	1	50	31	10	4	75	41	26	21

图 11.21　希尔排序第一步最终结果

参考代码如下。

```python
for x in range(4):
    for i in range(x + 4, length, 4):
        temp = data[i]
        target = x
        for j in range(i - 4, -1, -4):
            if data[j] <= temp:
                target = j + 4
                break
            data[j + 4] = data[j]
        data[target] = 4
```

第二步：设置增量为之前增量的一半，即 4 / 2 = 2。

① 对索引为 0、2、4、6、8 的元素进行排序，如图 11.22 所示。

② 对索引为 1、3、5、7 的元素进行排序，如图 11.23 所示。

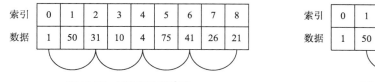

图 11.22　希尔排序第①步　　　　　　图 11.23　希尔排序第②步

增量为 2 的排序结果如下，如图 11.24 所示。

索引	0	1	2	3	4	5	6	7	8
数据	1	10	4	26	21	50	31	75	41

图 11.24　希尔排序第二步最终结果

参考代码如下。

```python
for x in range(2):
    for i in range(x + 2, length, 2):
        temp = data[i]
        target = x
        for j in range(i - 2, -1, -2):
            if data[j] <= temp:
                target = j + 2
                break
            data[j + 2] = data[j]
        data[target] = 2
```

第三步：设置增量为之前增量的一半，即 2 / 2 = 1。

对索引为 0~8 的元素进行排序，如图 11.25 所示。

最终排序结果如图 11.26 所示。

图 11.25　希尔排序第①步

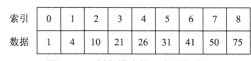

图 11.26　希尔排序第三步最终结果

参考代码如下。

```python
for x in range(1):
    for i in range(x + 1, length, 1):
        temp = data[i]
        target = x
        for j in range(i - 1, -1, -1):
            if data[j] <= temp:
                target = j + 1
                break
            data[j + 1] = data[j]
        data[target] = 1
```

最后对该操作进行接口封装，得到最终希尔排序的代码，参见例 11.6。

【例 11.6】实现希尔排序，代码如下。

Example_shellsort\shellSort1.py

```python
def shellSort(data):
    '''插入排序'''
    # 如果只有一个元素就不用排序了
    length = len(data)
    if length <= 1:
        return

    # 对长度为 length 的序列进行希尔排序
    gap = length // 2
    while gap > 0:
        for x in range(gap):
            for i in range(x + gap, length, gap):
                temp = data[i]
                target = x
                for j in range(i - gap, -1, -gap):
                    if data[j] <= temp:
                        target = j + gap
                        break
                    data[j + gap] = data[j]
                data[target] = temp
        gap //= 2
```

测试代码：

```python
if __name__ == '__main__':
    data = [21, 75, 41, 10, 4, 50, 31, 26, 1]
    print('排序前:', data)
    shellSort(data)
    print('排序后:', data)
```

运行程序，输出结果如下：

排序前: [21, 75, 41, 10, 4, 50, 31, 26, 1]
排序后: [1, 4, 10, 21, 26, 31, 41, 50, 75]

希尔排序的效率比前面 3 种排序的效率要高，但同时增加了不稳定的因素。

11.2.5 快速排序

快速排序是先把序列分割成两部分，其中一部分元素的值全部都小于另一部分元素的值。然后根据这种方法对这两部分序列的元素分别进行快速排序。使用递归的方式来实现这个过程，最终就能够将序列变成一个有序的序列。

快速排序

实际排序的时候，通常以第一个元素为分割的中间值。通过比较把这个元素放到一个合理的位置，并把比它小的元素全部放到它的左边，比它大的元素全部放到它的右边。然后分别将左边和右边的第一个元素再次作为左边和右边部分分割的中间值，依此类推，即可实现快速排序算法。

假设要排序的序列为：21、75、41、10、4、50、31、26、1。以最左边的元素 21 为参考值，把整个序列分割为两部分。左边一部分的元素全部小于 21，右边一部分的元素全部大于 21。

定义 left 指向序列头元素，right 指向序列尾元素，记录下序列头元素为 key（21）。并使 i 指向序列最左边的值，j 指向序列最右边的值。一开始的时候 i=left，j=right，如图 11.27 所示。

第一步：让 j 从右向左移，直到遇到比 key（21）小的值，即 1；i 从左向右移，直到遇到比 key（21）大的值，即 75，如图 11.28 所示。

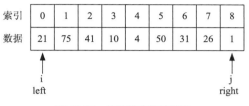

图 11.27　快速排序初始状态

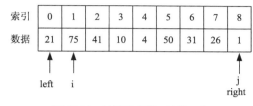

图 11.28　快速排序第一轮第一步

第二步：交换 i 和 j 所指向的值（75 和 1），然后让 j 继续向左移，直到遇到比 key（21）小的值，即 4；i 继续向右移，直到遇到比 key（21）大的值，即 41，如图 11.29 所示。

第三步：交换 i 和 j 所指向的值（41 和 4），然后让 j 继续向左移，直到遇到比 key（21）小的值，即 10；i 继续向右移，结果指向和 j 相同的位置，如图 11.30 所示。

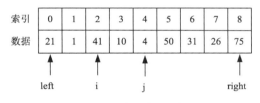

图 11.29　快速排序第一轮第二步

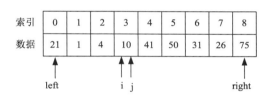

图 11.30　快速排序第一轮第三步

第四步：交换 i 和序列头元素的值（10 和 21），如图 11.31 所示。

此时，可以确保原来序列的头元素（21）现在所处的位置，左边的值（10、1、4）都比它小，右边的值（41、50、31、26、75）都比它大。这样快速排序第一轮就结束了，如图 11.32 所示。

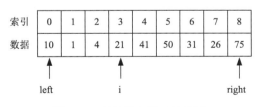

图 11.31　快速排序第一轮第四步

图 11.32　快速排序第一轮最终结果

接下来可以对 21 左边的序列和右边的序列再分别进行快速排序，重复上面的操作，最后即可得到快速排序的结果，参见例 11.7。

【例 11.7】实现快速排序，代码如下。

Example_quicksort\quickSort1.py
```python
def quickSort(data, left, right):
    '''快速排序'''
    # 如果 left 不小于 right，没有排序的意义，直接返回
    if left >= right:
        return
```

```
# 设置最左边的元素为参考值
key = data[left]
# 比 key 小的放左边，比 key 大的放右边
i, j = left, right
while i < j:
    # j 向左移动，直到遇到比 key 小的值
    while data[j] >= key and i < j:
        j -= 1
    # i 向右移动，直到遇到比 key 大的值
    while data[i] <= key and i < j:
        i += 1
    # i 和 j 指向的元素交换
    if i < j:
        data[i], data[j] = data[j], data[i]

# 交换 data[i] 和 data[left]
data[i], data[left] = data[left], data[i]
# 分别对 i 的左边和 i 的右边进行下一层的快速排序
quickSort(data, left, i - 1)
quickSort(data, i + 1, right)
```

测试代码：

```
if __name__ == '__main__':
    data = [21, 75, 41, 10, 4, 50, 31, 26, 1]
    print('排序前:', data)
    quickSort(data, 0, len(data) - 1)
    print('排序后:', data)
```

运行程序，输出结果如下：

排序前: [21, 75, 41, 10, 4, 50, 31, 26, 1]
排序后: [1, 4, 10, 21, 26, 31, 41, 50, 75]

顾名思义，快速排序的效率很高，但快速排序实现的时候往往需要额外的空间来存储中间比较过程产生的数据。在实际开发过程中，如果排序的数据量较大，同时对空间复杂度不太看重，则可以考虑使用快速排序来实现。

11.2.6　归并排序

归并排序是利用分治的思想实现的，即对于一组给定的数据，利用递归和分治技术将数据序列划分为更小的子序列，直到子序列不能再被划分为止；然后对子序列进行排序；最后把排序好的子序列合并为有序序列。

归并排序

假设要排序的序列为：21、75、41、10、4、50、31、26、1。

第一步：划分子序列。

① 定义 left 指向序列头元素，right 指向序列尾元素，mid 指向中间位置的元素，如图 11.33 所示。

② 把原数据序列划分为左右两部分，假设左边的部分是(left, mid)，右边的部分是(mid+1, right)。划分后，效果如图 11.34 所示。

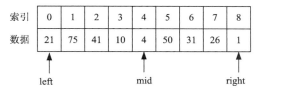

图 11.33 划分子序列第①步

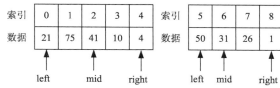

图 11.34 划分子序列第②步

③ 继续进行划分，把上面的两部分划分为 4 部分，如图 11.35 所示。

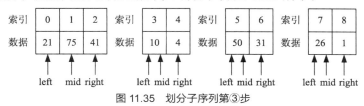

图 11.35 划分子序列第③步

④ 对于最左边的部分，可以继续划分，如图 11.36 所示。

第二步：现在所有的子序列都不能再被划分了，此时即可进行归并。

① 把索引为 0～1 的元素进行排序，并归并到上一层中，如图 11.37 所示。

② 在这一层，可以分别对索引为 0～2、3～4、5～6、7～8 的元素进行排序，并把 0～2 序列和 3～4 序列的元素进行归并，把 5～6 序列和 7～8 序列的元素进行归并，如图 11.38 所示。

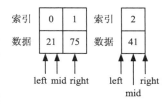

图 11.36 划分子序列第④步

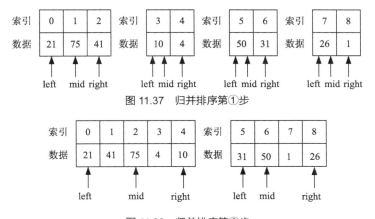

图 11.37 归并排序第①步

图 11.38 归并排序第②步

③ 在这一层，可以分别对索引为 0～4、5～8 的元素进行排序，并归并到上一层，如图 11.39 所示。

④ 对总的序列进行排序，最终结果如图 11.40 所示。

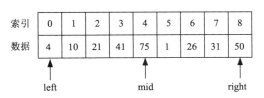

图 11.39 归并排序第③步

索引	0	1	2	3	4	5	6	7	8
数据	1	4	10	21	26	31	41	50	75

图 11.40 归并排序第④步

【例 11.8】实现归并排序，代码如下。

Example_mergesort\mergeSort1.py
```python
def mergeSort(data, left, right):
    '''归并排序'''
    if left < right:
        mid = (left + right) // 2
        mergeSort(data, left, mid) # 左边归并排序，使得左子序列有序
        mergeSort(data, mid + 1, right) # 右边归并排序，使得右子序列有序
        merge(data, left, mid, right) # 合并两个子序列


def merge(data, left, mid, right):
    '''归并数据'''
    temp = [0] * (right - left + 1)
    i = left
    j = mid + 1
    k = 0
    while i <= mid and j <= right:
        if data[i] < data[j]:
            temp[k] = data[i]
            k += 1
            i += 1
        else:
            temp[k] = data[j]
            k+= 1
            j += 1

    # 将左边剩余元素填充进 temp 中
    while i <= mid:
        temp[k] = data[i]
        k += 1
        i += 1
    # 将右边剩余元素填充进 temp 中
    while j <= right:
        temp[k] = data[j]
        k += 1
        j += 1
    # 将 temp 中的元素全部复制到原序列中
    for k2 in range(len(temp)):
        data[k2 + left] = temp[k2]
```

测试代码：
```python
if __name__ == '__main__':
    data = [21, 75, 41, 10, 4, 50, 31, 26, 1]
    print('排序前:', data)
    mergeSort(data, 0, len(data) - 1)
    print('排序后:', data)
```

运行程序，输出结果如下：

排序前: [21, 75, 41, 10, 4, 50, 31, 26, 1]
排序后: [1, 4, 10, 21, 26, 31, 41, 50, 75]

与快速排序比较起来，归并排序不需要额外的存储空间，但是当数据量比较大的时候，归并排

序后面的合并操作花费的时间会越来越多。所以当数据量不大的时候，推荐使用归并排序。

11.2.7 堆排序

堆排序的思想可以参考关于堆的数据结构。首先，将无序序列抽象为一棵二叉树，并构建堆。然后，依次将根节点元素与无序序列的最后一个元素进行交互。最后把排序好的数据从二叉树中剥离出来，再依次进行上述操作，即可完成堆排序。

假设要排序的序列为：21、75、41、10、4、50、31、26、1。每个节点的值都大于或等于其左右孩子节点的值的堆，称为最大堆，如图 11.41 所示。

每个节点的值都小于或等于其左右孩子节点的值的堆，称为最小堆，如图 11.42 所示。

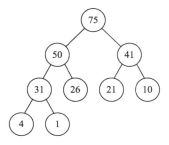

图 11.41　最大堆

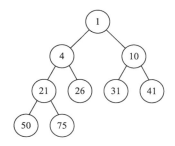

图 11.42　最小堆

现在，将待排序序列构造成一个最大堆，此时，整个序列的最大值就是堆顶的根节点。将其与末尾元素进行交换，此时末尾就为最大值。然后将剩余的 $n-1$ 个元素重新构造成一个最大堆，此时堆顶的根节点即为余下 $n-1$ 个元素的最大值，即 n 个元素的次大值，再将它与倒数第 2 个元素交换。如此反复执行，便能得到一个有序序列。

构造初始堆，将给定的无序序列构造成一个最大堆（升序排序采用最大堆，如果是降序排序则采用最小堆）。

假设给定的无序序列结构如图 11.43 所示。

从最后一个非叶子节点开始（ arr.length / 2-1 = 3，即索引 3 所在的节点 10），从下到上、从右到左进行调整，如图 11.44 所示。

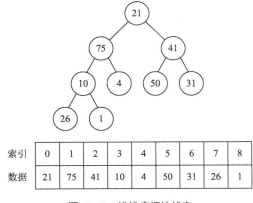

图 11.43　堆排序初始状态

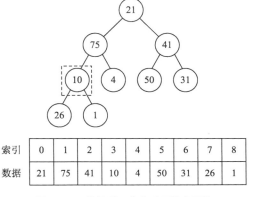

图 11.44　从最后一个非叶子节点开始

第一步：第一个非叶子节点是 10，把以该节点为根的子树调整为最大堆。在 10、26、1 这 3 个数中，26 最大，因此把 10 与 26 进行交换，如图 11.45 所示。

第二步：下一个非叶子节点是 41，把以该节点为根的子树调整为最大堆。在 41、50、31 这 3 个数中，50 最大，因此把 41 与 50 进行交换，如图 11.46 所示。

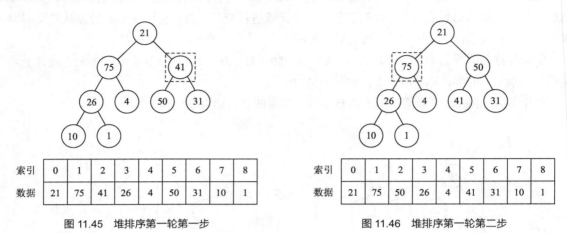

图 11.45　堆排序第一轮第一步　　　　　图 11.46　堆排序第一轮第二步

第三步：下一个非叶子节点是 75，把以该节点为根的子树调整为最大堆。在 75、26、4 这 3 个数中，75 最大，因此无须交换，如图 11.47 所示。

第四步：下一个非叶子节点是 21。把以该节点为根的子树调整为最大堆。

① 在 21、75、50 这 3 个数中，75 最大，因此把 21 与 75 进行交换，如图 11.48 所示。

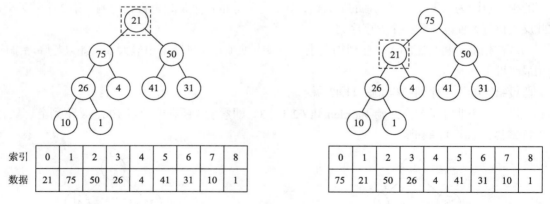

图 11.47　堆排序第一轮第三步　　　　　图 11.48　堆排序第一轮第四步第①小步

② 因为交换后的节点 21 为根的子树仍不满足最大堆，所以需要继续调整。在 21、26、4 这 3 个数中，26 最大，故把 21 与 26 进行交换，如图 11.49 所示。

③ 现在看交换后的节点 21 为根的子树。在 21、10、1 这 3 个数中，21 最大，故这里无须交换，如图 11.50 所示。

此时，就把一个无序序列构造成了一个最大堆。

第五步：将堆顶元素与末尾元素进行交换，使末尾元素最大，此时得到值最大的元素 75，并让该元素脱离堆，如图 11.51 所示。

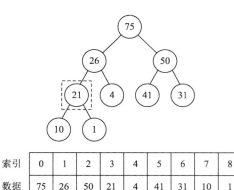

图 11.49 堆排序第一轮第四步第②小步

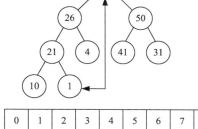

图 11.50 堆排序第一轮第四步第③小步

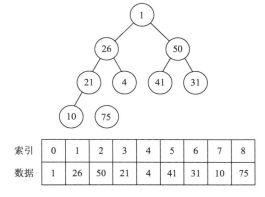

图 11.51 堆排序第一轮第五步

此时，得到最大的元素，并让该元素脱离堆。

在余下的堆中，重复上述步骤，得到第二大元素、第三大元素，如此反复，直到所有的元素都排序好。

【例 11.9】实现堆排序，代码如下。

Example_heapsort\heapSort1.py
```python
def heapSort(data):
    '''堆排序'''
    # 1.构建堆
    length = len(data)
    for i in range(length // 2 - 1, -1, -1):
        # 从第一个非叶子节点从下至上、从右至左调整结构
        adjustHeap(data, i, length)
    # 2.调整堆结构，交换堆顶元素与末尾元素
    for i in range(length - 1, 0, -1):
        # 堆顶元素与末尾元素进行交换
        data[0], data[i] = data[i], data[0]
        # 重新对堆进行调整
        adjustHeap(data, 0, i)
```

```
def adjustHeap(data, i, length):
    # 调整堆（仅是调整过程，建立在堆已构建的基础上）
    temp = data[i]  # 先取出当前元素 i
    k = i * 2 + 1  # 从 i 节点的左孩子节点开始，也就是从 2i+1 处开始
    while k < length:
        # 如果左孩子节点小于右孩子节点，k 指向右孩子节点
        if k + 1 < length and data[k] < data[k + 1]:
            k += 1
        # 如果子节点大于父节点，将子节点的值赋给父节点（不用进行交换）
        if data[k] > temp:
            data[i] = data[k]
            i = k
        else:
            break
        k = k * 2 + 1

    # 将 temp 值放到最终的位置
    data[i] = temp
```

测试代码：

```
if __name__ == '__main__':
    data = [21, 75, 41, 10, 4, 50, 31, 26, 1]
    print('排序前:', data)
    heapSort(data)
    print('排序后:', data)
```

运行程序，输出结果如下：

排序前：[21, 75, 41, 10, 4, 50, 31, 26, 1]

排序后：[1, 4, 10, 21, 26, 31, 41, 50, 75]

与快速排序和归并排序比较起来，堆排序所需的额外内存空间更少，因此可以优先考虑使用堆排序。不过对初学者来说，堆排序的实现过程过于复杂，建议慎用。

11.2.8 排序算法评价标准

上面列出来的排序算法在理论上都可以使用，那么在实际情况下，到底应该选择哪种排序算法呢？这就需要评价这个算法在当前的场合下是否适合使用了。

评价一个排序算法的好坏，可以从以下几个方面去考虑。

（1）时间复杂度：指序列从初始状态经过排序操作到最终排序好的结果状态下所花费的时间度量。

（2）空间复杂度：指序列从初始状态经过排序操作到最终排序好的结果状态下所花费的空间开销。

（3）稳定性：指当两个相同的元素同时出现在某个序列中的时候，经过一定的排序算法后，两者在排序前后相对位置不发生变化。如果能达到这个标准，则该算法是稳定的，否则是不稳定的。

上面几种排序算法的时间复杂度、空间复杂度、稳定性比较如表 11.1 所示。

表 11.1　各种排序的比较

排序算法	时间复杂度	空间复杂度	稳 定 性
冒泡排序	$O(N^2)$	$O(1)$	稳定
选择排序	$O(N^2)$	$O(1)$	不稳定
插入排序	$O(N^2)$	$O(1)$	稳定
希尔排序	$O(N^{3/2})$	$O(1)$	不稳定
快速排序	$O(N*logN)$	$O(logN)$	不稳定
归并排序	$O(N*logN)$	$O(N)$	稳定
堆排序	$O(N*logN)$	$O(1)$	不稳定

11.3　递归算法

在编程中，程序调用自身的编程技巧称为递归。在程序设计语言中，经常会用到递归算法。它通常把一个大型复杂的问题转化为一个相似的但规模较小的问题来解决。只需要少量的程序就可以描述出解决问题过程中存在的大量重复运算的问题，从而极大地减少了程序的代码量。

递归算法

一般来说，解决递归问题有两个重要的步骤：第一是找到退出递归的边界条件；第二是当边界条件不满足的时候，找到进入下一层递归的方法。

递归问题最常见的例子就是求一个正整数的阶乘。阶乘是指所有小于等于该数的正整数的乘积，通常记为 $n!$，另外有 $0!=1$。

例如，$6!=6 \times 5 \times 4 \times 3 \times 2 \times 1=720$。

按照递归问题的解决思路，两个步骤分别如下。

- 找到退出递归的边界条件。当 $n=0$ 的时候，$n!=1$。
- 找到进入下一层递归的方法。当 $n>0$ 的时候，$n!=n*(n-1)!$。

根据上面的思路，编写出如下的代码，参见例 11.10。

【例 11.10】用递归算法计算阶乘，代码如下。

Example_recursion\recursion1.py

```python
def factorial(n):
    # 步骤1：找到递归的边界条件
    if n < 0:
        raise Exception('负数没有阶乘值')
    elif n == 0:
        return 1

    # 步骤2：找到进入下一层递归的方法
    print('%d! = %d! * %d' % (n, n-1, n))
    return factorial(n - 1) * n;
```

测试代码：

```python
if __name__ == '__main__':
    try:
        num = 10
        result = factorial(num)
        print('%d的阶乘为%d' % (num, result))
```

```
        except:
            pass
```

运行程序，输出结果如下：

```
10! = 9! * 10
9! = 8! * 9
8! = 7! * 8
7! = 6! * 7
6! = 5! * 6
5! = 4! * 5
4! = 3! * 4
3! = 2! * 3
2! = 1! * 2
1! = 0! * 1
```

10 的阶乘为 3628800

另一个常见的例子是求斐波那契数列。

斐波那契数列的前两个数是 0 和 1，从第三个开始，每个数都等于前两个之和。该数列的元素为：0、1、1、2、3、5、8、13、21、…。

按照递归问题的解决思路，两个步骤分别如下。

- 找到退出递归的边界条件。当 $n=1$ 和 $n=2$ 的时候，fibo(n)=1。
- 找到进入下一层递归的方法。当 $n>2$ 的时候，fibo(n)=fibo(n-1)+fibo(n-2)。

根据上面的思路，编写出如下的代码，参见例 11.11。

【例 11.11】用递归算法计算斐波那契数列，代码如下。

Example_recursion\recursion2.py

```
def fibo(n):
    # 步骤1：找到递归的边界条件
    if n <= 0:
        raise Exception('负数和0没有意义')
    elif n == 1:
        return 0
    elif n == 2:
        return 1

    # 步骤2：找到进入下一层递归的方法
    return fibo(n - 1) + fibo(n - 2)
if __name__ == '__main__':
    print('斐波那契数列前 20 项为：')
    for i in range(1, 21):
        result = fibo(i)
        print('第%d项为: %d' % (i, result))
```

运行程序，输出结果如下：

斐波那契数列前 20 项为：

第 1 项为: 0

第 2 项为: 1

第 3 项为: 1

第 4 项为: 2

第 5 项为: 3

第 6 项为: 5

第 7 项为：8
第 8 项为：13
第 9 项为：21
第 10 项为：34
第 11 项为：55
第 12 项为：89
第 13 项为：144
第 14 项为：233
第 15 项为：377
第 16 项为：610
第 17 项为：987
第 18 项为：1597
第 19 项为：2584
第 20 项为：4181

从上面两个例子可以看到，递归算法实现的代码比较简单。但实际上当程序运行起来后，递归函数需要多次频繁调用。在函数调用时，系统需要创建独立的内存空间来存放变量并进行运算；在函数退出的时候，对应的内存空间就会被销毁。多次的函数调用会造成内存空间不断被创建和释放，这样程序运行的效率是非常低的。如果由于编码错误导致递归的时候找不到退出的边界条件，还可能会造成死机的现象，因此要慎用递归算法。

习题

一、选择题

1. 能进行二分查找的线性表，一定是（　　　）。

　　A. 链式方式存储，且元素按关键字分块有序

　　B. 顺序方式存储，且元素按关键字分块有序

　　C. 链式方式存储，且元素按关键字有序

　　D. 顺序方式存储，且元素按关键字有序

2. 下面程序输出的结果是（　　　）。

```python
def main():
    n = 0
    m = 1
    while m < 100:
        if m % 2 == 0:
            n = n - m
        elif m % 2 == 1:
            n = n + m
        m += 1
    print(n)

if __name__ == '__main__':
    main()
```

　　A. 5　　　　　　　　B. 10　　　　　　　C. 20　　　　　　　D. 50

3. 下面程序输出的结果是（　　　）。

```python
from math import sqrt
```

```
num = []
for i in range(2, 6):
    if i > 1:
        j = 2
        for j in range(2, int(sqrt(i + 1))):
            if (i % j == 0):
                break
        else:
            num.append(i)
print(num)
```

    A. [0,1,2,3]   B. [1,2,3,4]   C. [2,3,4,5]   D. [3,4,5,6]

二、填空题

1. 如下是输出 9×9 乘法表的代码，补充完整程序。

```
def main():
    _____:
        _____:
            print("{}x{}={}\t".format(j, i, i * j), end="  ")
        print()

if __name__ == '__main__':
    main()
```

2. 如下是使用递归算法计算 6! 的值的代码，根据现有代码，补充完整程序。

```
def main(n):
    if n == 1:
        _____
    else:
        _____

if __name__ == '__main__':
    print(main(6))
```

三、编程题

1. 在控制台中输入两个正整数 a 和 b，计算出它们的最小公倍数和最大公约数。

请输入第一个数 x=4
请输入第二个数 y=6
4 和 6 的最大公约数是:2
4 和 6 的最小公倍数是:12

2. 定义一个字符串，输出该字符串的所有可能出现的排序情况，如定义的字符串为"广州市"，则输出所有的排列情况。

广州市,广市州, 州广市,州市广,市州广,市广州

3. 假设有 1 角、2 角、5 角、1 元、10 元的零钱各 15 张。在结账的时候，需要找零 22.8 元给顾客，此时收银员希望使用最少的张数找给顾客。现在如何求得最少的张数呢？

输入每种零钱的数量: 15 15 15 15 15
输入你需要找零的钱:22.8
一共使用了 2 张 10.00 元
一共使用了 2 张 1.00 元
一共使用了 1 张 0.50 元
一共使用了 1 张 0.20 元
一共使用了 1 张 0.10 元

4. 使用递归算法实现二分法查找。

5. 使用递归算法实现快速排序算法。

6. 输入一个整数，随机生成 1~100 的整数，然后对其使用递归算法实现冒泡排序输出。

请输入需要生成随机整数的个数：8

随机生成的整数，排序前：[64, 32, 1, 81, 18, 77, 54, 77]

随机生成的整数，排序后：[1, 18, 32, 54, 64, 77, 77, 81]

7. 假设有多个学生的姓名、年龄、身高、成绩等信息，将每个学生的信息保存到字典中，并把所有的学生信息保存到一个列表中。

```
info = [
    {'name': 'Zhangsan', 'age': 23, 'height': 172.3, 'score':65},
    {'name': 'Lisi', 'age': 30, 'height': 165.4, 'score':75},
    {'name': 'Wangwu', 'age': 26, 'height': 155.5, 'score':69},
    {'name': 'Zhaoliu', 'age': 21, 'height': 160.0, 'score':91},
    {'name': 'Maqi', 'age': 18, 'height': 159.8, 'score':53},
    {'name': 'Niuba', 'age': 20, 'height': 163.6, 'score':66},
    {'name': 'Linjiu', 'age': 31, 'height': 175.1, 'score':52},
    {'name': 'Chenshi', 'age': 25, 'height': 160.2, 'score':70},
]
```

现在要求进行以下几种排序。

（1）对年龄进行冒泡排序，从小到大。

（2）对身高进行选择排序，从大到小。

（3）对分数进行插入排序，从大到小。

第五篇

实 战 篇

第12章 项目开发与实现——五子棋

学习目标

- 掌握基本软件开发流程。
- 根据需求建立面向对象模型。分析场景中需要包含哪些类，并建立类与类之间的关系。
- 根据实际场景绘制流程图，并根据流程图写出对应代码。

本章结合前面所学的内容，实现一个简单的案例——五子棋。

12.1 游戏说明

相信大部分读者都下过五子棋并且熟悉游戏规则，但为了下面项目解说方便，这里还是简单介绍一下规则，并把编程时的一些要点进行简单的说明。

1. 游戏规则

五子棋有如下游戏规则。

（1）棋盘大小为 15×15。

（2）空棋盘开局，黑方先下，黑白双方轮流下子，每次只能下一子。

（3）棋子下在棋盘的空白交叉点上，不能下在方框中。棋子下定后，不能移动，不到终局不能移开。

（4）当 5 颗相同颜色的子连成一条直线（横、竖、斜均可），即宣布某方获胜；当棋盘所有交叉点都下满棋子但仍旧无法分出胜负时，即为和棋。

2. 编程注意事项

我们必须对棋盘上每个交叉点设定一个具体的二维坐标，来指示棋子摆放的位置。在计算机的逻辑中，开始位置的坐标应该是(0,0)，但在人类的逻辑中，开始位置的坐标是(1,1)，所以我们要做一个简单的协调。方法有以下两种。

方法一：把每个二维数组坐标的 x、y 值都加上 1 来标记棋盘坐标。

方法二：直接忽略 $x=0$ 那一行的点和 $y=0$ 那一列的点，即(0, 0)~(0, 15)和(0, 0)~ (15, 0)。

对计算机来说，一般是把左上角的坐标定义为开始坐标，考虑到用户在终端输入 3,b 字样的时候一般是表示第 3 行第 2 列，需要指定纵向为 x 轴，从上到下 x 增加；横向为 y 轴，从左到右 y 增加。在五子棋程序中也以这样的规则为棋盘定义坐标。左上角的棋盘坐标为(1, 1)，右上角坐标为(1, 15)，左下角坐标为(15, 1)，右下角坐标为(15, 15)。

判断胜利的条件是 5 颗相同颜色的棋子连在一起，但考虑到最特殊的情况，有可能下完一颗棋子后，有 9 颗相同颜色的棋子会连在一起，如图 12.1 所示。因此原则上，要判断刚下棋子的坐标两边各偏移 4 个位置，共 9 个位置中，是否有连续 5 颗相同颜色棋子相连。

图 12.1　9 颗相同颜色的棋子连在一起

可连成 5 子的方向共有水平、垂直、左上右下斜、左下右上斜 4 个方向。因此当放下棋子的时候，要判断棋子的这 4 个方向是否连成 5 子。假设下棋的坐标为(x,y)，说明如下。

- 水平方向：判断$(x, y-4)$、$(x, y-3)$、$(x, y-2)$、$(x, y-1)$、(x, y)、$(x, y+1)$、$(x, y+2)$、$(x, y+3)$、$(x, y+4)$这 9 个坐标中是否有连续 5 颗棋子颜色相同。
- 垂直方向：判断$(x-4, y)$、$(x-3, y)$、$(x-2, y)$、$(x-1, y)$、(x, y)、$(x+1, y)$、$(x+2, y)$、$(x+3, y)$、$(x+4, y)$这 9 个坐标中是否有连续 5 颗棋子颜色相同。
- 斜（左上右下）方向：判断$(x-4, y-4)$、$(x-3, y-3)$、$(x-2, y-2)$、$(x-1, y-1)$、(x, y)、$(x+1, y+1)$、$(x+2, y+2)$、$(x+3, y+3)$、$(x+4, y+4)$这 9 个坐标中是否有连续 5 颗棋子颜色相同。
- 斜（左下右上）方向：判断$(x+4, y-4)$、$(x+3, y-3)$、$(x+2, y-2)$、$(x+1, y-1)$、(x, y)、$(x-1, y+1)$、$(x-2, y+2)$、$(x-3, y+3)$、$(x-4, y+4)$这 9 个坐标中是否有连续 5 颗棋子颜色相同。

3.　计算机下棋的策略

在人机对弈的时候，计算机如何选择下棋的点是人工智能领域一个很有趣的研究方向，同时逻辑上也非常复杂。这里只给出最简单的下棋策略，即随机找个空位下，而把更多的精力放在如何搭建这个环境上。读者如果对此有兴趣，可以尝试自己设计计算机下棋的策略。

12.2　建立模型

建立棋子、棋盘、游戏引擎 3 个类，分别包含如下的属性与方法。

1.　棋子类 ChessMan

该类包含以下属性和方法。

（1）属性

① color：棋子的颜色。该属性可以设置如下值。

- 'x'：黑棋。
- 'o'：白棋。
- '+'：空位。

② pos：棋子在棋盘上的坐标。该属性是一个长度为 2 的元组，表示棋子的 x 和 y 坐标值。

（2）方法

① char getColor()：读取棋子的颜色。

② setColor(color)：设置棋子的颜色。

③ getPos()：读取该棋子的位置。

④ setPos(pos)：设置棋子在棋盘上的位置。

2. 棋盘类 ChessBoard

该类包含以下属性和方法。

（1）属性

① BOARD_SIZE：棋盘的宽和高的值。（该属性为类属性）

② board：棋盘上各个坐标点的状态。

（2）方法

① __init__()：构造器。创建 board 对象。

② initBoard()：初始化棋盘（把所有坐标点清空）。

③ printBoard()：输出棋盘。

④ setChess(pos, color)：在对应坐标上放置棋子。

⑤ setChessman(chessman)：把棋子对象放到棋盘上。

⑥ getChess(pos)：获取对应坐标上的棋子。

⑦ isEmpty(pos)：判断对应坐标上是否没有棋子。

3. 游戏引擎类 Engine

该类包含以下属性和方法。

（1）属性

chessboard：棋盘对象。

（2）方法

① __init__(chessboard)：构造器。传入 chessboard 对象。

② computerGo(chessman)：计算机下棋。计算机生成的坐标存入棋子对象中。

③ parseUserInputStr(inputStr, chessman)：用户下棋。对用户在终端输入的坐标字符串进行解析，提取坐标的 x 和 y 值，并存入 chessman 对象中。

④ boolean isWon(pos, color)：赢棋判断。判断在指定坐标上放上指定的棋子颜色是否满足赢棋的条件。

12.3 输出棋盘

首先把棋盘输出。按如下步骤进行操作，代码参考例 12.1。

（1）定义一个棋盘类 ChessBoard，类中定义静态属性 BOARD_SIZE，并通过构造器给非静态属性 board 分配好内存。

【例 12.1】实现输出棋盘的功能，代码如下。

Example_gobang_1\chessboard.py
```
# 五子棋棋盘类
class ChessBoard(object):
    # 类属性
    BOARD_SIZE = 15 # 棋盘的大小
    # 初始化
```

```
    def __init__(self):
        # 棋盘下标从 0 到 15
        self.__board = [[0 for i in range(0,ChessBoard.BOARD_SIZE+1)] for j in
range(0,ChessBoard.BOARD_SIZE+1)]
```

（2）使用 initBoard()方法对属性 board 进行初始化，把所有空格设置为"+"符号：

Example_gobang_1\chessboard.py

```
    # 清空棋盘
    def initBoard(self):
        # 直接忽略第 0 行
        for i in range(1,ChessBoard.BOARD_SIZE+1):
            for j in range(1, ChessBoard.BOARD_SIZE+1):
                self.__board[i][j] = '+'
```

（3）用 printBoard()方法在终端输出棋盘：

Example_gobang_1\chessboard.py

```
    # 输出棋盘
    def printBoard(self):
        # 输出列号
        print('  ', end='')
        for i in range(1,ChessBoard.BOARD_SIZE+1):
            c = chr(ord('a') + i - 1) # ord: 字母转 ASCII 值。chr: ASCII 值转字符
            print(c, end='')
        print()
        # 输出行号加棋盘
        for i in range(1,ChessBoard.BOARD_SIZE+1):
            # 输出行号
            if 1 <= i <= 9:
                print(' ', end='')
            print(i, end='')
            # 输出棋盘内容
            for j in range(1, ChessBoard.BOARD_SIZE+1):
                print(self.__board[i][j], end='') # 不能换行
            # 换行
            print()
```

（4）实现输出棋盘的测试代码：

Example_gobang_1\main.py
```
from chessboard import *

# 测试输出棋盘的功能
def test1():
    chessboard = ChessBoard()
    chessboard.initBoard()
    chessboard.printBoard()

if __name__ == '__main__':
    test1()
```

运行程序，输出结果如下：

```
  abcdefghijklmno
 1+++++++++++++++
 2+++++++++++++++
```

```
 3+++++++++++++++
 4+++++++++++++++
 5+++++++++++++++
 6+++++++++++++++
 7+++++++++++++++
 8+++++++++++++++
 9+++++++++++++++
10+++++++++++++++
11+++++++++++++++
12+++++++++++++++
13+++++++++++++++
14+++++++++++++++
15+++++++++++++++
```

至此，一个空的棋盘就可以顺利输出了。

12.4　放置棋子

下面考虑如何在棋盘上放置棋子。按如下步骤进行操作，代码参见例 12.2。

（1）通过坐标和颜色在棋盘上放置棋子。

① 在 ChessBoard 类中，添加一个方法，用于在指定坐标上放置指定颜色的棋子。

【例 12.2】实现在棋盘上放置棋子的功能，代码如下。

Example_gobang_2\chessboard.py

```python
# 摆放棋子
# 参数 1：坐标 (必须为元组，长度为 2)
# 参数 2：棋子的颜色
def setChess(self, pos, color):
    if not isinstance(pos, tuple):
        raise Exception('第 1 个参数必须为元组')
    if pos[0] <= 0 or pos[0] > ChessBoard.BOARD_SIZE:
        raise Exception('下标越界')
    if pos[1] <= 0 or pos[1] > ChessBoard.BOARD_SIZE:
        raise Exception('下标越界')
    self.__board[pos[0]][pos[1]] = color
```

② 实现通过坐标和颜色放置棋子的测试代码：

Example_gobang_2\main.py

```python
# 测试放置棋子方法 1
def test21():
    chessboard = ChessBoard()
    chessboard.initBoard()
    # 在 (3,5) 坐标上放置黑棋
    chessboard.setChess((3,5), 'x')
    # 输出棋盘
    chessboard.printBoard()

if __name__ == '__main__':
    #test1()
    test21()
```

运行程序，输出结果如下：

```
 abcdefghijklmno
 1+++++++++++++++
 2+++++++++++++++
 3++++x++++++++++
 4+++++++++++++++
 5+++++++++++++++
 6+++++++++++++++
 7+++++++++++++++
 8+++++++++++++++
 9+++++++++++++++
10+++++++++++++++
11+++++++++++++++
12+++++++++++++++
13+++++++++++++++
14+++++++++++++++
15+++++++++++++++
```

（2）通过棋子对象在棋盘上放置棋子。

另外，也可以把棋子的位置和颜色包装到 ChessMan 类中，然后直接把棋子对象放置到棋盘上。

① 创建 ChessMan 类，描述棋子对象，并在该类中添加描述棋子坐标的属性 pos、描述棋子颜色的属性 color，再添加属性对应的 getter() 和 setter() 方法：

Example_gobang_2\chessman.py

```python
# 五子棋棋子类
class ChessMan(object):
    # 初始化
    def __init__(self):
        self.__pos = [0, 0]
        self.__color = '+'

    def setPos(self, pos):
        self.__pos = pos

    def getPos(self):
        return self.__pos

    def setColor(self, color):
        self.__color = color

    def getColor(self):
        return self.__color
```

② 在 ChessBoard 类中，添加一个方法，用于把棋子对象放置到棋盘上：

Example_gobang_2\chessboard.py

```python
from chessman import *

    # 把棋子对象摆放到棋盘上
    def setChessman(self, chessman):
        if not isinstance(chessman, ChessMan):
            raise Exception('类型不对，第1个参数必须为棋子对象')
        pos = chessman.getPos()
        color = chessman.getColor()
        self.setChess(pos, color)
```

③ 实现通过棋子对象在棋盘上放置棋子的测试代码：

Example_gobang_2\main.py

```
# 测试放置棋子方法 2
def test22():
    chessboard = ChessBoard()
    chessboard.initBoard()
    # 创建一个棋子对象，颜色为白棋，位置为(4,7)
    chessman = ChessMan()
    chessman.setPos((4,7))
    chessman.setColor('o')
    # 把该棋子对象放置到棋盘上
    chessboard.setChessman(chessman)
    # 输出棋盘
    chessboard.printBoard()


if __name__ == '__main__':
    #test1()
    #test21()
    test22()
```

运行程序，输出结果如下：

```
  abcdefghijklmno
 1+++++++++++++++
 2+++++++++++++++
 3+++++++++++++++
 4++++++o++++++++
 5+++++++++++++++
 6+++++++++++++++
 7+++++++++++++++
 8+++++++++++++++
 9+++++++++++++++
10+++++++++++++++
11+++++++++++++++
12+++++++++++++++
13+++++++++++++++
14+++++++++++++++
15+++++++++++++++
```

至此，在棋盘上放置棋子的功能就可以实现了。

（3）通过坐标读取棋子。

另外，还需要实现通过坐标读取棋子的代码和判断棋盘上某个坐标点是否为空的代码，这在后面的功能中需要用到。

① 在 ChessBoard 类中，添加一个方法，根据坐标读取对应位置的棋子。

Example_gobang_2\chessboard.py

```
    # 根据坐标获取棋子的颜色
    def getChess(self, pos):
        if pos[0] <= 0 or pos[0] > ChessBoard.BOARD_SIZE:
            raise Exception('下标越界')
        if pos[1] <= 0 or pos[1] > ChessBoard.BOARD_SIZE:
            raise Exception('下标越界')
        return self.__board[pos[0]][pos[1]]
```

② 在 ChessBoard 类中，添加一个方法，判断坐标点是否为空。

Example_gobang_2\ChessBoard.java

```python
# 判断某个坐标点是否为空
def isEmpty(self, pos):
    if pos[0] <= 0 or pos[0] > ChessBoard.BOARD_SIZE:
        raise Exception('下标越界')
    if pos[1] <= 0 or pos[1] > ChessBoard.BOARD_SIZE:
        raise Exception('下标越界')
    if self.__board[pos[0]][pos[1]] == 'x' or self.__board[pos[0]][pos[1]] == 'o':
        return False
    return True
```

③ 实现根据坐标读取棋子的测试代码。

Example_gobang_2\Test.java

```python
# 测试读取棋子
def test23():
    chessboard = ChessBoard()
    chessboard.initBoard()
    chessboard.setChess((3,5), 'x')
    chess = chessboard.getChess((3,5))
    print(chess)
    ret = chessboard.isEmpty((3,5))
    if ret:
        print('empty')
    else:
        print('not empty')

if __name__ == '__main__':
    #test1()
    #test21()
    #test22()
    test23()
```

运行程序，输出结果如下：

```
x
not empty
```

12.5 计算机下棋策略

下面考虑如何让计算机下棋。当然目前的策略是随便找个空位下，按如下步骤进行操作，代码参见例 12.3。

（1）创建 Engine 类，该类用于实现一些下棋策略的方法。

① 在 Engine 类中定义属性和构造器。

由于下棋策略类中需要包含棋盘对象，因此添加一个属性 board，并在构造器中初始化 board 属性。

【例 12.3】实现计算机下棋的功能，代码如下。

Example_gobang_3\engine.py

```python
from chessboard import *
from chessman import *

class Engine(object):
```

```
     # 初始化: 需要把棋盘对象传入
     def __init__(self, chessboard):
         self.__chessboard = chessboard
```

② 在 Engine 类中实现方法 computerGo()，该方法实现计算机下棋的策略：

Example_gobang_3\engine.py
```
import random


     # 计算机下棋的策略
     # 判断棋子的颜色: 返回下棋的位置
     # 传入棋子对象的时候: 把棋子的颜色写入
     # 该方法中负责填写棋子的坐标
     def computerGo(self, chessman):
         if not isinstance(chessman, ChessMan):
             raise Exception('类型不对，第 1 个参数必须为棋子对象')

         while True:
             # posX 和 posY 在 1~15 中随机生成一个数
             posX = random.randint(1,15)  # [1,15]
             posY = random.randint(1,15)
             if self.__chessboard.getChess((posX, posY)) == '+':
                 print('计算机下棋的位置:%d,%d' % (posX, posY))
                 # 把 posX 和 posY 写入棋子对象中
                 chessman.setPos((posX, posY))
                 # 退出 while 循环
                 break
```

（2）实现计算机下棋的测试代码：

Example_gobang_3\main.py
```
from engine import *

# 测试计算机下棋的策略
def test3():
    chessboard = ChessBoard()
    chessboard.initBoard()
    # 创建 Engine 对象
    engine = Engine(chessboard)
    # 创建棋子对象: 并写入棋子颜色
    chessman = ChessMan()
    chessman.setColor('o')
    engine.computerGo(chessman)  # 方法中填入坐标
    # 把该棋子对象放置到棋盘上
    chessboard.setChessman(chessman)
    # 输出棋盘
    chessboard.printBoard()


if __name__ == '__main__':
    #test1()
    #test21()
    #test22()
    #test23()
```

```
    test3()
```

运行程序，输出结果如下：

```
 abcdefghijklmno
 1+++++++++++++++
 2+++++++++++++++
 3+++++++++++++++
 4+++++++++++++++
 5+++++++++++++++
 6+++++++++++++++
 7+++++++++++++++
 8+++++++++++++++
 9+++++++++++++++
10+++++++++++++++
11++++o++++++++++
12+++++++++++++++
13+++++++++++++++
14+++++++++++++++
15+++++++++++++++
```

至此，计算机下棋的功能就可以实现了。

注意，每次运行的结果都不一样，说明计算机下棋是随机的。

12.6 读取用户下棋的位置

下面考虑让用户在终端输入下棋的坐标，程序经过解释并在棋盘上对应坐标放置棋子。按如下步骤进行操作，代码参见例 12.4。

（1）在 Engine 类中，实现方法 parseUserInputStr()，该方法实现分析用户输入的字符串，并解释下棋位置坐标的功能。

【例 12.4】实现识别用户下棋坐标的功能，代码如下。

Example_gobang_4\engine.py

```
# 用户在终端下棋
# 提示用户，传入用户输入的字符串，并解释该字符串对应的坐标
# 传入棋子对象的时候，把棋子的颜色写入
# 该方法中负责填写棋子的坐标
# 例如(3,b)，表示第三行第二列
def parseUserInputStr(self, inputStr, chessman):
    if not isinstance(chessman, ChessMan):
        raise Exception('类型不对，第 2 个参数必须为棋子对象')

    ret = inputStr.split(',')
    value1 = ret[0] # '3'
    value2 = ret[1] # 'b'
    # 转换成坐标
    posX = int(value1)
    posY = ord(value2) - ord('a') + 1
    chessman.setPos((posX, posY))
```

（2）实现用户下棋的测试代码：

Example_gobang_4\main.py
```python
# 测试解释用户下棋的坐标
def test4():
    chessboard = ChessBoard()
    chessboard.initBoard()
    # 创建 Engine 对象
    engine = Engine(chessboard)
    # 创建棋子对象，并写入棋子颜色
    chessman = ChessMan()
    chessman.setColor('x')
    input = '10,m'  # 模拟用户输入
    engine.parseUserInputStr(input, chessman)
    # 把该棋子对象放置到棋盘上
    chessboard.setChessman(chessman)
    # 输出棋盘
    chessboard.printBoard()


if __name__ == '__main__':
    #test1()
    #test21()
    #test22()
    #test23()
    #test3()
    test4()
```

运行程序，输出结果如下：
```
  abcdefghijklmno
 1+++++++++++++++
 2+++++++++++++++
 3+++++++++++++++
 4+++++++++++++++
 5+++++++++++++++
 6+++++++++++++++
 7+++++++++++++++
 8+++++++++++++++
 9+++++++++++++++
10+++++++++++x++
11+++++++++++++++
12+++++++++++++++
13+++++++++++++++
14+++++++++++++++
15+++++++++++++++
```

至此，用户下棋的功能就可以实现了。

12.7　判断赢棋条件

下面考虑判断赢棋的条件。按如下步骤进行操作，代码参见例 12.5。

（1）在 Engine 类中，添加方法 isWon() 和 isWonMan()，判断是否赢棋。其中 isWon() 方法根据输入的位置和颜色，判断该位置的 4 个方向上是否有连续 5 颗这种颜色的棋子连在一起；isWonMan()

方法则根据输入的棋子对象，判断当摆放该棋子后是否满足赢棋条件。

【例 12.5】实现判断是否赢棋的功能，代码如下。

Example_gobang_5\engine.py

```python
# 判断是否赢棋
# 当在 pos 坐标放置 color 颜色的棋子后，胜负是否已分
# 返回 True 表示胜负已分，返回 False 表示胜负未分
def isWon(self, pos, color):
    if not isinstance(pos, tuple):
        raise Exception('第 1 个参数必须为元组')
    if pos[0] <= 0 or pos[0] > ChessBoard.BOARD_SIZE:
        raise Exception('下标越界')
    if pos[1] <= 0 or pos[1] > ChessBoard.BOARD_SIZE:
        raise Exception('下标越界')

    # 垂直方向的判断
    startX = 1
    if pos[0] - 4 >= 1:
        startX = pos[0] - 4
    endX = ChessBoard.BOARD_SIZE
    if pos[0] + 4 < ChessBoard.BOARD_SIZE:
        endX = pos[0] + 4

    count = 0  # 统计有多少连续的棋子
    for posX in range(startX, endX + 1):
        if self.__chessboard.getChess((posX, pos[1])) == color:
            count += 1
            if count >= 5:
                return True
        else:
            # 一旦断开，统计计数清 0，但不能退出
            count = 0

    # 水平方向的判断
    # 读者可尝试自行实现

    # 左上右下方向的判断
    # 读者可尝试自行实现

    # 左下右上方向的判断
    # 读者可尝试自行实现

    return False

# 判断胜负
# 判断棋子对象的棋子放置后，胜负是否已分
# 调用 isWon() 并返回它的返回值即可
def isWonman(self, chessman):
```

```
        if not isinstance(chessman, ChessMan):
            raise Exception('类型不对，第 1 个参数必须为棋子对象')
        pos = chessman.getPos()
        color = chessman.getColor()
        return self.isWon(pos, color)
```

（2）实现判断赢棋功能的测试代码：

Example_gobang_5\main.py

```
# 测试判断是否赢棋
def test5():
    chessboard = ChessBoard()
    chessboard.initBoard()
    # 创建 Engine 对象
    engine = Engine(chessboard)
    # 连续放置 5 颗棋子
    chessboard.setChess((7,5), 'x')
    chessboard.setChess((8,5), 'x')
    chessboard.setChess((9,5), 'x')
    chessboard.setChess((10,5), 'x')
    chessboard.setChess((11,5), 'x')
    # 输出棋盘
    chessboard.printBoard()
    # 判断胜负
    ret = engine.isWon((7,5), 'x')
    if ret:
        print('赢了')
    else:
        print('没赢')
    #
    chessman = ChessMan()
    chessman.setColor('x')
    chessman.setPos((7,5))
    ret = engine.isWonman(chessman)
    if ret:
        print('赢了')
    else:
        print('没赢')

if __name__ == '__main__':
    #test1()
    #test21()
    #test22()
    #test23()
    #test3()
    #test4()
    test5()
```

运行程序，输出结果如下：

```
  abcdefghijklmno
 1++++++++++++++++
```

```
 2++++++++++++++
 3++++++++++++++
 4++++++++++++++
 5++++++++++++++
 6++++++++++++++
 7++++x+++++++++
 8++++x+++++++++
 9++++x+++++++++
10++++x+++++++++
11++++x+++++++++
12++++++++++++++
13++++++++++++++
14++++++++++++++
15++++++++++++++
```
赢了
赢了

注意：这里只实现垂直方向上赢棋的判断代码，其他 3 个方向（水平、左上右下、左下右上）的赢棋判断代码读者可自行实现。

12.8 程序主流程

要实现程序的主流程，首先画出流程图，如图 12.2 所示。

根据流程图实现代码，具体参见例 12.6。

（1）在 Engine 类中，添加一个 play()方法，实现主流程。

【例 12.6】实现五子棋的主流程，代码如下。

Example_gobang_6\engine.py
```
# 游戏主流程
def play(self):
    # 实现游戏的主流程
    userBlack = True # True:用户选择黑棋。
False:用户选择白棋。该值每盘棋变一次
    userGo = True # True:当前轮到用户下。False:
当前轮到计算机下。该值每步棋变一次

    while True:
        # 外循环：描述一盘棋

        # 1.用户选择先后
        print('请选择先后。b 代表黑，w 代表白:')
        userInput = input('> ')
        #if userInput[0] == 'b':
        if userInput.startswith('b'): # 用户输入'b'
            userBlack = True # 用户选择黑棋
```

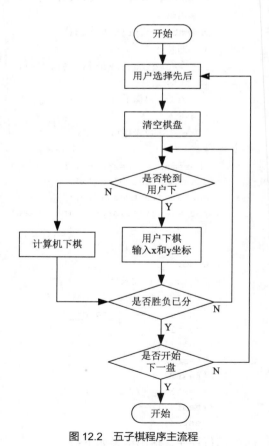

图 12.2　五子棋程序主流程

```
        userGo = True  # 第一步轮到用户下
else:  # 用户输入'w'
    userBlack = False  # 用户选择白棋
    userGo = False  # 第一步轮到计算机下

# 2.初始化棋盘
self.__chessboard.initBoard()
self.__chessboard.printBoard()

while True:
    # 内循环: 描述一步棋
    chessmanUser = ChessMan()
    chessmanPc = ChessMan()
    if userBlack:
        chessmanUser.setColor('x')
        chessmanPc.setColor('o')
    else:
        chessmanUser.setColor('o')
        chessmanPc.setColor('x')

    # 3.判断是否轮到用户下
    if userGo:  # 轮到用户下
        # 3.1 如果轮到用户下, 则用户在终端输入 x 和 y 坐标
        print('请下棋')
        userInput = input('> ')
        self.parseUserInputStr(userInput, chessmanUser)
        # parseUserInputStr()中会把坐标写入 chessmanUser 对象
        self.__chessboard.setChessman(chessmanUser)
    else:  # 轮到计算机下
        # 3.2 如果轮到计算机下, 则随机选择空位下
        self.computerGo(chessmanPc)
        self.__chessboard.setChessman(chessmanPc)

    # 输出棋盘
    self.__chessboard.printBoard()

    # 4.判断是否赢棋
    if userGo:  # 轮到用户下
        if self.isWonman(chessmanUser):
            # 4.1 如果赢棋, 退出内循环(break)
            print('恭喜赢了')
            break
        else:
            # 4.2 如果没有赢棋, 则切换棋子, 内循环继续
            userGo = not userGo

    else:  # 轮到计算机下
        if self.isWonman(chessmanPc):
```

```
                              # 4.1 如果赢棋，退出内循环(break)
                              print('呵呵输了')
                              break
                       else:
                              # 4.2 如果没有赢棋，则切换棋子，内循环继续
                              userGo = not userGo

              # 5.判断是否继续游戏
              print('是否继续?y/n')
              userInput = input('> ')
              if userInput.startswith('y'):
                     # 5.1 如果用户选择继续，则外循环继续
                     pass
              else:
                     # 5.2 如果用户选择退出，则退出外循环(break)
                     break
```

（2）在 Test 类中，创建 ChessBoard 对象和 Engine 对象，并调用 Engine 对象的 play()方法：
Example_gobang_6\main.py

```
# 主流程
def main():
    # 自己实现
    chessboard = ChessBoard()
    # 创建 Engine 对象
    engine = Engine(chessboard)
    # 开始游戏
    engine.play()


if __name__ == '__main__':
    #test1()
    #test21()
    #test22()
    #test23()
    #test3()
    #test4()
    #test5()
    main()
```

运行程序，即可实现简单的人机对弈功能，可简单地垂直放置 5 颗棋子，效果如下：

```
请下棋
> 7,f
  abcdefghijklmno
 1+++++++++++++++
 2+++++++++++++++
 3+++++x+++++++++
 4+++++x+++++++++
 5+++++x+++++++++
 6+++++x+++++++++
 7+++++x+++++++o+
 8++++++o++++++++
```

```
 9+++++++++++++++
10+++++++++++++++
11+++++++++++++++
12+++++++++++++o+
13+++++++++++++++
14+++++++++++++++
15+++++++++o+++++
```

恭喜赢了

是否继续?y/n

至此，就完成了一个简单的五子棋程序开发。